GAOZHI GAOZHUAN

YUANYI ZHUANYE XILIE GUIHUA JIAOCAI 高职高专园艺专业系列规划教材

园艺植物栽培技术

（第2版）

YUANYI ZHIWU ZAIPEI JISHU

主　编　李卫琼

副主编　李自强　吴　勇

U0240448

重庆大学出版社

内容提要

本书主要满足我国高职高专农业职业院校培养种植类人才的需要,根据教学对象的培养目标,力求体现体例新颖、重点突出、深浅适度和实用够用的特点,注重理论知识和实践操作的有机融合,突出科学性、实践性和针对性。本书共9个项目,主要内容包括:走进园艺、园艺植物栽培理论基础、设施园艺、园艺植物的繁殖、园艺植物的栽植、园艺植物的田间管理、园艺植物生长发育调控、园艺产品采收技术与市场营销。本书把花卉、果树、蔬菜生产中具有共性的内容放在一起,不同的栽培特点进行单独讲授。每个项目附有学习目标、技能目标实训、知识链接,内容先进实用、通俗易懂,实训部分突出实用性且可操作性强。

本书可作为高职高专、成人高校及本科院校的二级职业技术学院园艺专业教材,同时也可供农学、植物保护、农艺等专业使用,还可作为农业生产和农业推广部门的参考用书及培训教材。

图书在版编目(CIP)数据

园艺植物栽培技术 / 李卫琼主编. --2 版. --重庆:
重庆大学出版社,2020.7(2024.7 重印)
高职高专园艺专业系列规划教材
ISBN 978-7-5624-7717-4

Ⅰ.①园… Ⅱ.①李… Ⅲ.①园林植物—栽培技术—
高等职业教育—教材 Ⅳ.①S688

中国版本图书馆 CIP 数据核字(2020)第 125794 号

高职高专园艺专业系列规划教材
园艺植物栽培技术
(第 2 版)

主 编 李卫琼
副主编 李自强 吴 勇
策划编辑:梁 涛

责任编辑:李定群 高鸿宽 版式设计:梁 涛
责任校对:陈 力 责任印制:赵 晟

*

重庆大学出版社出版发行
出版人:陈晓阳
社址:重庆市沙坪坝区大学城西路 21 号
邮编:401331
电话:(023)88617190 88617185(中小学)
传真:(023)88617186 88617166
网址:http://www.cqup.com.cn
邮箱:fxk@cqup.com.cn(营销中心)
全国新华书店经销
重庆新华印刷厂有限公司印刷

*

开本:787mm×1092mm 1/16 印张:13.25 字数:331 千
2020 年 7 月第 2 版 2024 年 7 月第 6 次印刷
印数:10 501—13 500
ISBN 978-7-5624-7717-4 定价:36.00 元

GAOZHIGAOZHUAN
YUANYI ZHUANYE XILIE GUIHUA JIAOCAI

高职高专园艺专业系列规划教材
编委会

（排名不分先后）

GAOZHIGAOZHUAN

YUANYI ZHUANYE XILIE GUIHUA JIAOCAI

高职高专园艺专业系列规划教材

参加编写单位

（排名不分先后）

安徽林业职业技术学院 湖北生态工程职业技术学院

安徽滁州职业技术学院 湖北生物科技职业技术学院

安徽芜湖职业技术学院 湖南生物机电职业技术学院

北京农业职业学院 江西生物科技职业学院

重庆三峡职业学院 江苏畜牧兽医职业技术学院

甘肃林业职业技术学院 辽宁农业职业技术学院

甘肃农业职业技术学院 山东菏泽学院

贵州毕节职业技术学院 山东潍坊职业学院

贵州黔东南民族职业技术学院 山西省晋中职业技术学院

贵州遵义职业技术学院 山西运城农业职业技术学院

河南农业大学 陕西杨凌职业技术学院

河南农业职业学院 新疆农业职业技术学院

河南濮阳职业技术学院 云南临沧师范高等专科学校

河南商丘学院 云南昆明学院

河南商丘职业技术学院 云南农业职业技术学院

河南信阳农林学院 云南热带作物职业学院

河南周口职业技术学院 云南西双版纳职业技术学院

华中农业大学

　　本书是根据国家"十三五"职业教育规划教材建设的具体要求以及高等职业教育的特点，基于工作过程和职业岗位的需求分析，结合高职高专人才培养目标，在重庆大学出版社的精心策划和组织下编写的，可供高职高专农学、植物保护、农艺等种植类专业使用，也可作为农业生产和农业推广部门的参考书籍和培训教材。

　　本书从高职高专教育人才培养目标和教学改革的实际出发，精选教学内容，优化知识结构，参考了国内外同类教材的编写经验，也尽可能吸收了一些新知识、新技术，内容翔实、新颖。本书内容与生产实际相结合，理论知识和实训相结合，形成了涵盖专业能力，传授所应知应会的知识和技能。编写中按照园艺植物栽培的理论基础和技术基础，主要设施类型、环境调控及应用，花卉、果树、蔬菜基本的栽培技术，共9个项目。本书的编写以能力培养为主线，以够用、实用为原则，这样既有利于学生了解园艺植物栽培的基本知识，又有利于学生掌握必需的实践操作技能。内容安排由浅入深，循序渐进，学以致用，着重加强学生智力开发和实践能力的培养。在知识阐述和内容结构上，力求通俗易懂、简明扼要、条理清晰，突出实际应用，使本书尽量能反映高等职业教育的特点。

　　参加本书编写的人员都是来自南北各地从事本专业课程教学多年的骨干教师和企业一线技术人员，大家共同研究编写教学大纲，集思广益，对编写的内容进行悉心的构思和磋商，力求使本书适应高职高专对人才培养的教学需求。云南农业职业技术学院园艺与园林系李卫琼担任主编，李自强、吴勇担任副主编。具体的分工是李卫琼编写项目2任务2.1、项目3、项目5任务5.2、项目6任务6.4、技能1、技能2、技能4、技能12；毕节职业技术学院吴勇编写项目7、技能13；云南农业职业技术学院李自强编写项目1、项目9、技能15；濮阳职业技术学院李涵编写项目5任务5.1、项目6任务6.1、技能6、技能9、技能11；新疆农业职业技术学院张金枝编写项目4、项目6任务6.2、技能5、技能7、技能8；商丘职业技术学院秦涛编写项目6任务6.3、项目8、技能10、技能14；毕节职业技术学院曾佐伟编写项目2任务2.2、任务2.3、技能3。本书参阅了许多国内外文献，在此也向有关作者表示诚挚的谢意。

　　由于编者水平有限，加之时间仓促，书中缺点和不妥之处在所难免，望读者批评指正，以便进一步修订。

编　者

2020年5月

目 录
Contents

项目1 走进园艺

知识目标

掌握园艺植物的概念。

了解我国园艺业发展简史、现状及发展趋势。

随着人类社会和经济的迅速发展,人民生活水平的提高和改善,对食物和环境提出更高、更新的要求。蔬菜、水果在食物构成中的比例越来越大,在补充人体营养、增进人体健康中发挥着重要的作用,花卉也越来越多地进入了寻常百姓家庭,装饰和美化人们的生活。

1)园艺植物的概念及作用

园艺植物是指一类供人类食用或观赏的植物。园艺植物包括果树、蔬菜、花卉、茶树、芳香植物、药用植物及食用菌等。园艺植物与人类的生活息息相关,为人类的生活带来了很多的益处。园艺植物对人类的身体健康有着各种不同的好的影响,是人类生活不可或缺的一部分。

(1)蔬菜、水果是人体所需维生素的主要来源

因人体自身代谢中不能产生维生素,必须靠食物来供给,很多园艺产品是人类维生素、矿物质、蛋白质、碳水化合物等营养物质的重要来源,而且能刺激食欲,调节体内酸碱平衡,促进肠的蠕动帮助消化。蔬菜和水果中含有人体必需的各种矿质营养,是人体矿质营养的重要来源,尤其是钙、铁、磷营养较为丰富。蔬菜和水果也是人体纤维素的重要来源,对于人体的血液循环、消化系统和神经系统都有调节功能,因而在维持人体正常生理活动和增进健康方面占有举足轻重的地位。

(2)园艺产品还是重要的保健食品

很多园艺产品是由天然营养成分和特殊活性物质所构成的,是对人体有某种或多种特定功能的食品。园艺产品中,如梨具有清热解毒、生津润燥、清心降火的作用,对肺、支气管及上呼吸道有相当好的滋润功效,还可帮助消化、促进食欲,并有良好的解热利尿作用。每天吃上1~2个梨可有效缓解秋燥;洋葱中含有的二苯基硫化亚磺酸盐化合物,具有较强的抗炎活性。同时,洋葱中含有的蒜素,有很强的抗菌灭菌能力,能抑制各种细菌病毒的入侵,对呼吸系统、消化系统疾病的防治有明显效果;百合具有镇静、止咳作用,适用于支气管炎、肺气肿、肺结核咯血等病症的患者食用;山楂中的槲皮苷,具有扩张气管、促进气管纤毛运动、排痰平喘的功效,适用于支气管炎的治疗,等等。

(3)花卉对人体的保健作用

鲜花,生活中有很多鲜花,不仅具有观赏价值,而且还有美容养颜、营养滋补及延年益寿、治病强身的功效。

花卉与人们的生活有着直接、间接且千丝万缕的联系。花卉对人体的健康有以下作用：

①美化环境。

②调节气候。

③净化空气。

④医疗保健。

⑤美食美容。

⑥监测作用。

⑦花香怡人。

此外,花卉还可提高人们的文化艺术修养水平。

室内绿化景观将成为市民们最亲近、欣赏时间最长的自然景观。通过室内绿化、鲜花布置和插花艺术的表现,培养人们热爱生活、热爱自然的情操。

2)园艺生产的历史、发展趋势及对策

(1)园艺生产的历史

园艺学是一门古老的科学,人类最早在什么时候开始进行园艺生产还不是很清楚。据说古代《圣经》中描绘的亚当与夏娃所在的伊甸园是一个苹果园,虽然只是传说,但说明园艺生产的历史确实很悠久。据考证,大约公元前3 800年前(距今4 000~5 000年),古埃及人已开始种植无花果、柠檬、葡萄、西瓜、洋葱等作物。公元前700年前,埃及人已建成规范的皇家花园。埃及、希腊、罗马、印度和中国是世界上园艺发展最早的国家。据西安东郊半坡村新石器遗址考证,约在6 000年前就有菜籽和一些果树的种子。

我国古代公元前1 000多年前的《诗经》中就记载了20多种园艺作物。其中,就有甜瓜的记载。公元前97年(距今2 000多年)的《史记》中记载有我国黄淮流域已有大面积栽培枣、梨,以及长江流域大面积栽培柑橘等,并对果树砧穗之间嫁接亲和关系有记载。说明当时果树嫁接技术已达到了很高的水平。大约在公元7世纪(距今1 200多年)花卉栽培技术已相当成熟,当时洛阳牡丹栽培已闻名全国。在汉代(距今2 000多年)我国已有简易的温室栽培蔬菜,到了唐代(距今1 700多年)已有利用地热进行蔬菜促成栽培。新疆园艺作物的栽培历史也很悠久,新疆素有"瓜果之乡",是我国葡萄和甜瓜栽培最早的地方,吐鲁番葡萄栽培,大约在公元五六世纪(距今1 400多年)。

以上说明,园艺生产在我国古代的农业生产中已占有重要的地位。

(2)园艺生产发展的现状和存在的问题

①园艺产业发展现状。园艺产品在国民经济中的作用不断增强,从2001年开始,蔬菜产值超过粮食成为种植业第一产业,此后所占比重呈逐年上升的态势(蔬菜播种面积由1992年的571 122万 hm²发展到2005年的1 772 107万 hm²、2006年的1 821 169万 hm²)。如果计算上果品(2005年果园面积1 003 152万 hm²、2006年1 004 123万 hm²)和花卉(2006年种植面积7 212万 hm²),则园艺产业在种植业中的比重更大,园艺产业在农村经济中的支柱地位日益稳固。此外,园艺产业是劳动密集型产业,效益高,有利于解决就业、发展农村经济、缩小城乡差距。

②抵御自然灾害和市场风险能力弱。我国的园艺生产多为个体分散生产、抵御自然灾害和市场风险能力弱。小生产与大市场、大流通的矛盾十分突出,由于土地分散,生产组织

化程度低,加之政府宏观调控职能很难控制园艺产品的种植面积,使园艺产品种植计划性不强,面积变动大,从而造成价格波动过大、过剩,"卖难"问题十分突出。

③园艺产品利用形态多为生鲜状态,运输途中损失大。园艺产品利用形态多为生鲜状态,一般含水量在90%以上,又由于园艺产品产后处理相对落后,园艺产品的加工程度不高,产后处理链尚未形成或很不规范,造成运输途中损失严重的现状。据统计,我国蔬菜每年在地头和流通过程中损失浪费率高达产量的1/3。

④品牌化率低。虽然我国是世界果品、蔬菜、花卉生产大国,苹果、梨产量为世界第一,柑橘产量仅次于巴西和美国,且2007年蔬菜和水果的出口均为增长,但我国的园艺产品大多以原料或半成品的形式出口,没有龙头品牌,没有高附加值或精深加工的产品,我国的园艺产业在国际竞争中将只能赚取廉价的劳务费。而我国的劳动力成本正在迅速上升,过去园艺生产中的成本优势将逐渐弱化。

⑤园艺产品的安全生产重视不够。一方面是人们对食品安全高度敏感,另一方面是对生产环节的控制和监管很难到位。虽然我国是世界果品、蔬菜、花卉生产大国,但由于农药、化肥残留超标,仅有5%能够参与国际竞争。许多发达国家出于对食品安全性和贸易保护主义考虑,相应出台了越来越多的技术贸易限制措施,不断提高农产品的准入门槛。2006年5月29日日本《食品中残留农业化学品肯定列表制度》的出台和实施,就是有针对性地加强了对进口农产品、食品的药物残留监控。2007年日本扣留我国农产品、食品共439批次,其中因农药残留超标被扣的蔬菜120批,占被扣产品的27.33%。

（3）园艺产业发展趋势

①正在向适度规模产业化经营方向发展。园艺产业在政府引导、企业带动、重点户示范等多项措施的共同作用下,正在向规模化经营、产业化生产的现代化农业方向发展。通过培养园艺产品经纪人、加强流通环节管理等措施,正在形成各环节有机结合、利益共享的产业结构,有望实现园艺产品的种植、加工、销售等一体化经营。通过园艺经纪人跑市场、摸行情,哪里市场紧缺就把产品运往哪里,同时根据市场需求,引导农民种植一些价格高、市场潜力大的时令园艺产品。通过建设具有区位优势和重要集散功能的批发市场,增强大流通枢纽以及商流、物流、信息流等方面的综合功能来加强流通管理。

②各地优势园艺产业和品牌发展迅猛。我国有丰富的名特优园艺资源,如:新疆的哈密瓜、葡萄,山东菏泽的牡丹,宁夏的枸杞,烟台的苹果,莱阳的梨,潍坊的萝卜,云南的鲜切花,等等。政府正在通过大力推进"地理标志"产品认证和"一村一品"工程来挖掘和发挥各地的资源优势,近年来,各地的优势园艺业得到了迅猛发展。目前,我国的园艺产业正朝着高产、优质、高效、生态、安全的方向加速发展,城乡居民对安全优质园艺产品的消费需求也呈快速增长的态势。提倡无公害、绿色、有机园艺产品的生产,有品牌、有商标已成为发展趋势,"从农田到餐桌"的食品安全质量体系正在建立,因此,无公害、绿色、有机园艺具有广阔的发展前景和市场空间。

③观光、休闲园艺发展迅速。随着人民生活水平的提高,在城郊等许多地方,以观光、旅游、采摘等为主的休闲园艺、生态餐厅等迅速发展,都市农业提上发展日程。生态餐厅又称温室生态餐厅,餐厅有充满绿色的自然环境,综合运用建筑学、园林学、设施园艺学、生态学等相关学科知识进行规划、设计和建设,以设施园艺调控技术、农艺栽培技术来维护餐厅的优美环境,形成以绿色景观植物为主,蔬、果、花等植物合理配置,结合假山、瀑布、小桥

流水等园林景观,全方位地展现绿色、优美、宜人的就餐环境。发展生态餐厅要有较好的地理优势和客源潜力,目前我国已有生态餐厅200多家。旅游和种植结合在一起,走果、菜、花综合经营发展的道路,集农业生产、生态建设和愉悦身心于一体,实现了城乡互动,拓展了城市发展空间。

（4）发展园艺产业的对策和措施

①因地制宜,发展特色园艺产业。根据各地资源的差异,按照国内外市场需求,生产具有当地区位优势、资源优势,适于当地气候特点和生产实际的有特色、高附加值的优势园艺产品。资源包括地理条件和历史人文条件等。例如,张家口、承德地区是全国突出的夏秋蔬菜优势产区,生产优质错季蔬菜产品;而洛阳、菏泽的牡丹则带有历史人文特色;云南利用独特的气候条件,进行切花的周年生产及冬早蔬菜生产。现在我国正在鼓励推广的"一村一品"和"地理标志"战略,就是要根据各自区域的资源禀赋和特点,以市场为导向,变资源优势为产业和品牌优势,使其逐步成为具有区域特点的产业链或产业集群。

②采取差异化战略,推动市场竞争力提升。随着人民生活水平的不断提高和生活质量的不断改善,以及城市化的加速发展,消费市场不断细分,消费习惯的多样性正在形成,要求产品多样化、高营养、无公害化。因此,要求园艺产品的生产安排上合理布局形成特色:一是要合理搭配品种,在产品上实现差异化;二是要在茬口安排上也要实行多样化,错开播种期,实现同一上市期的产品种类多样化和同种类产品的不同上市期。

③实施品牌战略,为园艺产业的健康发展保驾护航。食品安全越来越受到重视,消费者对品牌和名特优园艺产品的追求正在增加,因此要求在安全、无公害农产品生产的基础上,增加产品中有机园艺产品、特色园艺产品等高质高价产品的比例;在通过注册商标大力开展品牌经营的基础上,结合地理标志、无公害认证等措施,打造绿色有机园艺产品。一个园艺产品发展的好坏与社会的发展水平、社会环境、政府支持、产品包装、营销策划等方面有着密切的关系,但最终能够走多远关键在园艺产品本身的内在质量,其他方面只是锦上添花。因此,取得了商标、地理标志,获得了绿色食品、有机食品认证,还需要在产品的内在品质上下功夫。

④加强营销,保持产业持续发展。采取多措施、多角度的营销策略,形成多元化的市场营销模式,如现场展示、展览会、展销会、节假日礼品盒礼品箱、超市直销等,还有保健、教育、采摘、娱乐、休闲等各个方面。北京小汤山现代农业科技示范园的园艺产品以直销为主,在北京的60多家超市有专柜,还提供节假日礼品菜,2005年销售蔬菜430万kg,销售收入超过2 700万元。打造品牌,还要做好产品的营销服务,才能保持产业的持续发展。

⑤与国家政策保持一致,争取政策扶持。国家在不同的发展时期,会有不同的产业发展方向,以及相应的扶持政策和鼓励措施。园艺产业的发展,要善于搭上国家政策扶持这趟便车。现在国家鼓励适度规模经营、各种安全认证、地理标志的申请与认证等,许多地方政府会相应地出台一些鼓励措施,或者政府出面举行一些推介活动。例如,江苏东台西瓜获得原产地证明商标以后,政府协助在主销区开展推介活动,同时规定创建西瓜无公害、绿色、有机食品品牌分别奖励申报主体1万元、2万元、3万元。各地方政府都在热衷于举办各种与当地特色园艺产品有关的节日,是对当地特色园艺产业做大做强的有力支持。

⑥科学种植,持续发展。虽然园艺产业在国民经济中的地位不断加强,农民种植园艺作物、农业相关企业发展园艺产品的积极性在提高,园艺产品的生产也越来越受到各地政

府的重视,但园艺生产中出现的新情况新问题也应得到重视。目前,连作是制约设施园艺特别是蔬菜产业持续高效发展的瓶颈。盲目扩大高山蔬菜的种植面积就面临着环境被破坏的危险。发展经济不能以牺牲人类赖以生存的环境为代价。同理,发展园艺产业,也应探求既能实现发展目标,又能保护和改善生态环境的途径,寻求农业持续发展之路。

3)《园艺植物栽培技术》的任务、内容、学习方法

《园艺植物栽培技术》是直接服务于园艺植物栽培生产和经营的实用性课程。我国园艺植物栽培历史悠久,但我们的栽培技术与世界先进水平相比,还有很大的差距。生产专业化、布局区域化、生产规范化、服务社会化的现代化格局还没有形成。科研滞后生产、生产滞后市场的现象还相当突出。尤其是产品在质量上还不能满足日益增长的需要,与社会主义市场经济不相适应。因此,"园艺植物栽培技术"的任务是在继承历史的同时,借鉴世界先进经验与技术,站在产业化的高度,利用我国丰富的园艺植物资源,推进商品化生产,为我国的社会主义精神文明和物质文明服务。

《园艺植物栽培技术》是种植类专业的重要课程之一。学习本课程的主要任务是掌握果树、蔬菜、花卉栽培的基础理论和技能,为从事园艺植物的生产奠定基础,即能够掌握各类园艺植物生长发育特点,对生长环境加以调节、利用,满足栽培园艺植物的需要,同时采取一些栽培措施,最终到达优质、高产、多样化产品周年均匀供应市场,从而获得最佳的经济和社会效益。

园艺植物栽培课是一门实践为主、理论服务于实践的课程,学习中必须以有关学科的理论为基础,理论联系实际,既要学习园艺植物栽培的基本知识,主动参与实践,在实践中理解各项环节的原理,还要对关键技能在课内外进行强化训练,达到岗位能力需要。

复习思考题

1. 通过网络、访问农业生产部门及查阅资料等方式,调查国内外的果树、蔬菜、花卉生产现状。

2. 结合当地的实际情况,你认为园艺植物的生产存在什么问题,有什么建议。

项目2 园艺植物栽培理论基础

知识目标

掌握园艺植物的分类方法，各类园艺植物对温度、光照、湿度、土壤养分等方面的要求。

掌握各环境因子对植物生长发育的影响。

深入了解园艺植物的环境调控方法。

技能目标

能准确识别各种常见的果树、蔬菜、花卉。

能准确判别田间园艺植物的各生长发育时期。

学会对果树、蔬菜、花卉进行分类。

能够应用环境调节的手段在生产中提高园艺产品的品质和质量。

任务 2.1 园艺植物的分类

地球上的植物有 40 多万种,其中高等植物 30 多万种,归属 300 多个科,绝大多数的科含有园艺植物。据统计,全世界果树(含野生果树)大约有 60 科,2 800 多种,其中较重要的果树有 300 多种,主要栽培的有近 70 种;蔬菜约有 30 科,200 余种,我国栽培的蔬菜有 100 多种,其中普遍栽培的有 40~50 种;观赏植物远多于果树和蔬菜的种类,而且随着时间的推移会不断地增加。园艺植物习性各异,各地又有各地的习俗名称,这就造成了人们对园艺植物了解的一个很大障碍。不论从研究和认识的角度,还是从生产和消费的角度,都需要对纷繁复杂的园艺植物进行归纳分类。总体来说,园艺植物分类方法有两个分类体系:一是科学分类法,即用植物学专业术语描述其性状特点和用世界上统一的拉丁学名命名;二是实用分类法,即除尽量参考植物学特征外,更重要的是从有利于生产管理、有利于营销等角度考虑,将用途或生产等方面相同或比较接近的归为一类,如把园艺植物分为果树、蔬菜、观赏植物就是按照用途来进行实用分类的。

2.1.1 科学分类法

根据植物学的形态特征,并应用所掌握的资料去确定某一植物的分类学地位。植物学的分类基础单位是"种",由高到低的等级为界→门→纲→目→科→属→种;界下有亚界,门下有亚门,纲下有亚纲,同样就有亚目,亚科,亚属,亚种,亚变种,亚变型。人们常听到的品种(Clivar),是一专业术语,是指为了农业、林业和园艺上的目的,指凡被繁殖(有性或无性)后仍能保持这种可资区别的特征栽培个体之集合。它是劳动的产物,而不是植物学上的分类。

用植物学分类法确定了某一植物实体的界限、位置和隶属等级后,就要对这一实体进行科学的命名。现在国际上公认的命名法基本采用了林奈 1753 年提出的双命名法,由属名、种名、命名人的拉丁名或缩写构成。如果是变种,则在种名的后面加上变种(Varietas)的缩写 Var,然后再加上变种名,后面同样附以定名人的姓氏或姓氏缩写,如红鸡冠花的学名为 *Celosia argentea* L. var. *cristata* Kuntze。

植物分类的优点,可以明确科、属、种间在形态、生理上的关系,以及遗传上、系统发育上的亲缘关系,有共同的拉丁文。缺点是同一科的蔬菜,如马铃薯、番茄同属于茄科植物,但它们的实用器官和栽培技术却大不相同。

2.1.2 实用分类法

实用分类法最大的优点是方便人们应用,在分类过程中不要过多地去考虑植物本身的特点,但实用分类法往往会出现一些交叉现象。例如银杏,其种子可供食用,其树形挺拔、叶形奇特,而且其叶片又可提取药用成分,因此既是果树,又是观赏植物和药用植物;又如百合和藕(荷花)既是观花植物,又是蔬菜植物。另外,实用分类法在实际应用中也会有一些局限性,如覆盖较全面时分出的类别太多,不便于识记。

1)果树分类

(1)按照果树叶的生长特性分类

①落叶果树。果树的叶片在秋冬季全部脱落,翌年春季再发芽长叶。因此,落叶果树有生长期和休眠期明显的界限。苹果、梨、桃、李、梅、柿、葡萄、核桃、板栗、樱桃等都是落叶果树(见图2.1)。这些果树北方和南方都有栽培,但以北方为主。

| 苹果 | 梨 | 桃 | 李 | 梅 |

| 柿 | 葡萄 | 核桃 | 板栗 | 樱桃 |

图 2.1　落叶果树

②常绿果树。叶片终年常绿,春季新叶长出后老叶才逐渐脱落,每片叶的寿命为一年甚至几年。常绿果树在年周期活动中无明显的休眠期。柑橘、枇杷、荔枝、龙眼、芒果、菠萝、香蕉、椰子等都是常绿果树(见图2.2)。这些果树一般多在南方栽培。

| 柑橘 | 荔枝 | 龙眼 | 芒果 | 菠萝 |

图 2.2　常绿果树

(2)按照果树植物适宜的栽培气候条件分类

①寒带果树。一般能耐 -40 ℃的低温,只能在高寒地区栽培,如榛、醋栗、穗醋栗、山葡萄、果松等。

②温带果树。多是落叶果树,适宜在温带栽培,休眠期需要一定的低温。如苹果、梨、桃、杏、李、枣、核桃、柿、樱桃等。

③亚热带果树。既有常绿果树,也有落叶果树,这些果树通常在冬季需要短时间的冷凉气候。如柑橘、荔枝、龙眼、梅、无花果、猕猴桃、枇杷、杨梅等。枣、梨、李、柿等果树中有一些品种或类型也可以在亚热带地区栽培。

④热带果树。适宜在热带地区栽培的常绿果树,较耐高温、高湿,如香蕉、菠萝、芒果、椰子等。

（3）根据果实形态结构特征并结合生长习性分类

①仁果类。苹果、梨、山楂等。

②核果类。桃、梅、李、杏、樱桃等。

③浆果类。葡萄、猕猴桃、柿、草莓、石榴、醋栗、穗醋栗、树莓等。

④坚果类。板栗、核桃、银杏、阿月浑子、榛子、扁桃、椰子等。

⑤柑果类。枳、柑、橘、橙、柚、柠檬、葡萄柚等。

2）蔬菜的分类

（1）农业生物学分类

从农业生产的要求出发，将生物学特性和栽培技术相似的蔬菜归为一类，较适合农业生产。具体分类如下：

①根菜类。包括萝卜、胡萝卜、食用甜菜等（见图2.3）。以肥大的直根为食用部分，均为2年生植物，种子繁殖。一般要求温和的气候，耐热不耐寒。要求土层疏松深厚才能形成美观的肉质根。

萝卜　　　　　　　胡萝卜　　　　　　　根用芥菜　　　　　　　芜菁

图2.3　根菜类

②白菜类。包括白菜、甘蓝、芥菜等（见图2.4）。均用种子繁殖，以柔嫩的叶丛，叶球、花茎，花球或肉质茎供食用。多为2年生，第1年形成产品器官，第2年抽薹开花。喜欢冷凉湿润的气候和肥沃的土壤，不耐热，在栽培上应避免先期抽薹。

结球白菜　　　　　不结球白菜　　　　　结球甘蓝　　　　　　　花椰菜

图2.4　白菜类

③茄果类。包括茄子、辣椒、番茄，都是喜温的1年生蔬菜，只能在无霜期内生长（见图2.5）。对日照长短要求不严，适于育苗移栽。在栽培上要注意调节营养生长与生殖生长的平衡关系。

番茄　　　　　　　茄子　　　　　　　　辣椒

图2.5　茄果类

④瓜类。包括西瓜、冬瓜、苦瓜、甜瓜等所有葫芦科植物（见图2.6）。多数茎为蔓生，

雌雄同株异花,喜温不耐寒,要求有较高的温度和充足的阳光,通常需整枝和支架。

黄瓜　　　　　　南瓜　　　　　　西瓜　　　　　　甜瓜

苦瓜　　　　　　冬瓜　　　　　　瓠瓜　　　　　　丝瓜

图2.6　瓜类

⑤豆类。包括菜豆、豇豆、毛豆、蚕豆等豆科植物(见图2.7)。其中,蚕豆、豌豆较耐寒,其余要求温暖的气候条件,一般都有发达的根瘤和根群,需氮肥较少,一般采用直播,不耐移栽。

菜豆　　　　　　蚕豆　　　　　　毛豆　　　　　　豌豆

图2.7　豆类

⑥葱蒜类。包括大蒜、洋葱、韭菜、大葱等都属于百合科(见图2.8)。特点是根系不发达,要求土壤湿润肥沃,气候温和,但耐热性、耐寒性和耐旱性也较强。大蒜用营养繁殖,其他用种子繁殖。

大葱　　　　　　洋葱　　　　　　蒜　　　　　　　韭菜

图2.8　葱蒜类

⑦薯蓣类。包括马铃薯、芋、生姜、山药等(见图2.9),一般为含淀粉丰富的块茎、块根等蔬菜,除马铃薯不耐炎热外,其余的都喜温耐热。疏松肥沃的土壤有利于产品器官的形成,生产上多用无性器官繁殖。

芋　　　　　　　甘薯　　　　　　姜　　　　　　　山药

图2.9　薯蓣类

⑧绿叶菜类。产品均为绿叶及嫩茎,种类繁多,分属于不同的科属,如芹菜、莴苣、菠菜、茼蒿、苋菜、落葵、蕹菜等(见图2.10)。其中,苋菜、蕹菜耐炎热,莴苣、芹菜好冷凉。大多为2年生,用种子繁殖,生长迅速,植株矮小,生长期短,适宜间作套种。

菠菜　　　　　　茼蒿　　　　　　苋菜　　　　　　芹菜

图2.10　绿叶菜类

⑨水生蔬菜。该类蔬菜适宜生长在沼泽或浅水中,包括莲藕、慈姑、茭白、荸荠等(见图2.11)。大部分用无性器官繁殖,为多年生植物。在温暖季节生长,冬季地上部分枯萎。

藕　　　　　　荸荠　　　　　　慈姑　　　　　　茭白

图2.11　水生蔬菜

⑩多年生蔬菜。包括黄花菜、竹笋、香椿、石刁柏,繁殖一次,收获多年(见图2.12)。在温暖季节生长,冬季休眠。

香椿　　　　　　竹笋　　　　　　金针菜　　　　　　百合

图2.12　多年生蔬菜

⑪食用菌类。包括蘑菇、香菇、木耳、平菇等(见图2.13)。有人工栽培的,有野生的,属腐生真菌,要求温暖湿润的环境,均用分生孢子接种繁殖。

金针菇　　　　　　　　香菇　　　　　　　　木耳

图2.13　食用菌类

(2)按照食用产品器官分类

蔬菜(食用菌除外)食用的产品器官有根、茎、叶、花、果实5种,因此,根据这些食用产品器官,蔬菜可分为5大类:

①根菜类(以肥大的根部为产品)。可分为:直根类,以肥大的主根为食用产品,如萝卜、胡萝卜、根用甜菜;块根类,以肥大的侧根或营养芽发生的根为产品,如甘薯、山药。

②茎菜类。这类蔬菜食用部分是茎或变态茎,如芦笋(石刁柏)、竹笋、芦蒿、莴苣、茭白、茎蓝、马铃薯、菊芋、洋姜等。

③叶菜类(以叶片及叶柄为产品的蔬菜)。可分为:普通叶菜,如小白菜、菠菜、莴苣、荠菜;结球叶菜,如结球甘蓝、包心荠菜、结球莴苣;辛香叶菜,如香菜、葱、韭菜、茴香等;鳞茎(形态上是由叶鞘基部膨大而形成),如洋葱、大蒜、百合等。

④花菜类(以花器或肥嫩的花枝为产品的蔬菜)。可分为:花球类,如花椰菜、绿菜花等;花薹类,如紫菜薹、菜心、芥蓝等;花器类,如黄花菜、朝鲜蓟等。

⑤果菜类(以果实和种子为产品)。可分为:瓠果类,如南瓜、西瓜、冬瓜、丝瓜等;浆果类,如茄子、辣椒、番茄等;荚果类,如菜豆、毛豆、豌豆、蚕豆;杂果类,如甜玉米、茭角等。

3) 花卉的分类

(1) 依据生物学特性和生长习性分类

①草本花卉。花卉的茎,木质部不发达,支持力较弱,称草质茎。具有草质茎的花卉,称为草本花卉(见图 2.14)。草本花卉中,按其生育期长短不同,又可分为 1 年生、2 年生和多年生几种。

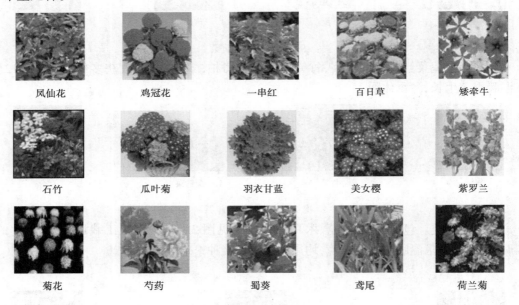

凤仙花	鸡冠花	一串红	百日草	矮牵牛
石竹	瓜叶菊	羽衣甘蓝	美女樱	紫罗兰
菊花	芍药	蜀葵	鸢尾	荷兰菊

图 2.14 草本花卉

a. 1 年生草本花卉。生活期在一年以内,当年春季播种,当年秋季开花、结实,当年死亡,如一串红、刺茄、半支莲(细叶马齿苋)等。

b. 2 年生草本花卉。生活期跨越两个年份,一般是在秋季播种,到第二年春夏开花、结实,直至死亡,如金鱼草、金盏花、三色堇等。

c. 多年生草本花卉。生活期在两年以上,它们的共同特征是都有永久性的地下部分(地下根、地下茎),常年不死。但它们的地上部分(茎、叶)却存在着两种类型,有的地上部分能保持终年常绿,如文竹、四季海棠、虎皮掌等;有的地上部分,是每年春季从地下根际萌生新芽,长成植株,到冬季枯死,如美人蕉、大丽花、鸢尾、玉簪、晚香玉等。

②木本花卉。花卉的茎,木质部发达,称木质茎。具有木质茎的花卉,称为木本花卉

（见图2.15）。木本花卉主要包括乔木、灌木、藤本3种类型。

| 月季 | 玫瑰 | 牡丹 | 杜鹃 | 白玉兰 |

图2.15　木本花卉

a. 乔木花卉。主干和侧枝有明显的区别，植株高大，多数不适于盆栽，其中少数花卉，如桂花、白兰、柑橘等也可作盆栽。

b. 灌木花卉。主干和侧枝没有明显的区别，呈丛生状态，植株低矮、树冠较小，其中多数适于盆栽，如月季花、贴梗海棠、栀子花、茉莉花等。

c. 藤本花卉。枝条一般生长细弱，不能直立向上生长，通常为蔓生，如迎春花、金银花等，在栽培管理过程中，通常设置一定形式的支架，让藤条附着生长。

③多浆（肉质）类花卉。这类花卉，由于原产沙漠地带，长期适应干旱环境，茎和叶多有变态，茎变得肉质粗大，能贮存大量水分和养料。叶变成刺状，能减少体内水分的蒸腾，如仙人掌、三棱箭、令箭荷花等（见图2.16）。

| 仙人球 | 景天 |

图2.16　多浆（肉质）类花卉

④水生类花卉。终年生长于水中或沼泽地，如荷花、睡莲、菖蒲、慈姑等（见图2.17）。

| 荷花 | 王莲 | 睡莲 | 千屈菜 | 凤眼莲 |

图2.17　水生类花卉

（2）其他分类法的分类

①按栽培方式分类，可分为露地花卉、温室花卉、切花栽培、促成栽培、抑制栽培、无土栽培、荫棚栽培、种苗栽培等，草本和木本的花卉都包括在内。

②按经济用途分类，可分为药用花卉、香料花卉、食用花卉以及生产纤维、淀粉、油料的花卉等。这些植物有草本的，也有木本的。

③按观赏部位分类，可分为：

a. 观花类。观赏部位为花朵，观赏其花色、花形、花香为主，如牡丹、月季、菊花、虞美人等。

b. 观果类。以观赏果实为主，果实色彩鲜艳、挂果期长，如金橘、石榴、五色椒、火棘、佛手等。

c. 观叶类。以观赏叶形、叶色为主，花卉的叶形、叶色多种多样，色彩艳丽并富有变化，具有很高观赏价值。耐阴，特别适宜室内布置，如变叶木、龟背竹、竹芋、万年青、橡皮树等。

d. 观茎类。以观赏茎枝为主，这类花卉的茎、分枝形态奇特，婀娜多姿，具有独特观赏价值，如仙人掌、佛肚竹、光棍树、竹节蓼等。

此外，还有观赏其他部位或器官的花卉，如银芽柳主要观赏冬芽，马蹄莲、红掌观赏佛焰苞，一品红、叶子花观赏苞片，海葱观赏鳞茎。

任务 2.2 园艺植物生长发育的特点

2.2.1 园艺植物生长发育的规律性

园艺植物与其他植物一样，无论是从种子到种子或从球根到球根，在一生中既有生命周期的变化，又有年周期的变化。在个体发育中，多数种类经历种子休眠与萌发、营养生长和生殖生长三大时期（无性繁殖的种类可以不经过种子时期）（见图 2.18）。上述各个时期或周期的变化，基本上都遵循一定的规律性，如发育阶段的顺序性和局限性等。由于园艺植物种类繁多，原产地的生态环境复杂，常形成众多的生态类型，其生长发育过程和类型以及对外界环境条件的要求也比其他植物繁多而富于变化。不同种类的园艺植物的生命周期长短差距甚大，一般花木类的生命周期从数年至数百年，如牡丹的生命周期可达 300 ~ 400 年之久，草本花卉的生命周期短的只有几天（如短命菊），长的可达一年、两年至数年（如翠菊、万寿菊、凤仙菊、须苞石竹、蜀葵、洋地黄、金鱼草、美女樱、三色堇等）。

发芽期   幼苗期   发棵期

开花结果期

图 2.18 园艺植物的生长过程

园艺植物同其他植物一样，在年周期中表现最明显的有两个阶段，即生长期和休眠期的规律性变化。但是，由于园艺植物种和品种极其繁多，原产地条件也极为复杂，同样年周期的情况也多变化,尤其是休眠期的类型和特点有多种多样:1 年生花卉由于春天萌发后,当年开花结实而后死亡,仅有生长期的各时期变化,因此年周期即为生命周期,较短而简单。2 年生花卉秋播后,以幼苗状态越冬休眠或半休眠,多数宿根花卉和球根花卉则在开花结实后,地上部分枯死,地下贮藏器官形成后进入休眠越冬(如萱草、芍药、鸢尾以及春植球根类的唐菖蒲、大丽花、荷花等)或越夏(如秋植球根类的水仙、郁金香、风信子等,它们在越夏中进行花芽分化),还有许多常绿性多年生花卉,在适宜环境条件下,几乎周年生长保持常绿而无休眠期,如万年青、书带草和麦冬草等。

人们早已知道植物生长到一定大小或树龄时才能开花,并把到达开花前的这段时期称为"花前成熟期"或"幼期"(在果树学和树木学中称为"幼年期"),这段时期的长短因植物种类或品种而异。园艺植物不同种或品种间的花前成熟期差异很大,有的短至数日,有的长至数年乃至几十年。瓜叶菊播种后需 8 个月才能开花;牡丹播种后需 3~5 年才能开花;有些木本观赏树更长,为 20~30 年,如欧洲冷杉为 25~30 年,欧洲落叶松为 10~15 年。一般来说,草本花卉的花前成熟期短,木本花卉的花前成熟期较长。

2.2.2 园艺植物生长发育的整体性

园艺植物是统一的有机体,在其生长发育的过程中,各器官和组织的形成及生长表现为相互促进或相互抑制的现象,即园艺植物生长发育表现为整体性,也可称为相关性。认识园艺植物生长相关性的规律,具有重要的实践意义。生产上为了获得所需的园艺植物,经常利用水肥管理、整枝、修剪、密植等技术来调整各部位间的生长关系。

1) 地上部分和地下部分的相关性

园艺植物地上部分和地下部分在生长上有明显的相关性。植株主要由地上地下两大部分组成,因此维持植株地上部与地下部的生长平衡是园艺植物优质丰产的关键。而植株地上、地下的相互依赖关系主要表现在以下两方面:

(1)物质相互交流

一方面根系吸收水分、矿质元素等经根系运至地上供给叶、茎、新梢等新生器官的建造和蒸腾;另一方面根系生长和吸收活动又有赖于地上部叶片光合作用形成同化物质及通过茎从上往下的传导,温度、光照、水分、营养及植株调整等均影响根、茎、叶的生长,从而导致地上部与地下部的比例不断变动。

(2)激素物质起着重要的调节作用

正在生长的茎尖合成生长素,运到地下部根中,促进根系生长,而根尖合成细胞分裂素运到地上部,促进芽的分化和茎的生长,并防止早衰;激素类物质一般通过影响营养物质分配,以保证生长中心的物质供应和顶端优势的形成。

每株果树、花卉或蔬菜本身都是 1 个整体,植株上任何器官的消长,都会影响到其他器官的消长。因此,摘除 1 片叶子或剪掉 1 个枝条,对整个植株的关系,并不是单纯地少了 1 片叶子或 1 个枝条,同时也影响到未摘除的叶、枝条及其他器官的生长发育。果树的修剪调节及蔬菜、花卉的整枝、摘心、打杈、摘叶、吊蔓等植株调整工作由于能有效调整各器官的比例,提高单位叶面积的光合效率,促进生育平衡,因此,在园艺植物优质、高效生产中发挥着重要作用。

地上部分和地下部分的相对生长强度,通常用根冠比来表示。外界条件对根冠比的影响较大。一般在土壤比较干燥、N肥少、光照强的条件下,根系的生长量大于地上枝叶的生长量,根冠比大;反之,在土壤湿润、N肥多、光照弱、温度高的条件下,地上枝叶生长迅速,则根冠比小。另外,栽培措施中的修剪整枝短期内增大了根冠比,但由于具有促进枝叶生长的作用,因而长期效应是降低了根冠比。

知识链接

什么叫根冠比

根冠比是指植物地下部分与地上部分的鲜重或干重的比值。它的大小反映了植物地下部分与地上部分的相关性;在园艺植物苗期,为了给作物创造良好营养生长条件,要促进根系生长,增大根冠比。具体措施有创造良好的土壤条件、中耕断根、蹲苗等措施。

2) 极性与顶端优势

极性是指植物体或其离体部分的两端具有不同的生理特性。生长素在植物体内的传导方式是极性运输,即只能从植物形态学的上端运向下端。极性运输使生长素在植物体内形成以器官顶端为中心的浓度梯度,并维持植物不同组织中的生长素浓度差,以调控植物的发育。因此,在利用植物的某些器官如枝条进行扦插繁殖时,应避免倒插,以便发生的新根能够顺利进入土中。

顶端优势也属于极性运输的一种,指的是植物的顶芽优先生长而侧芽受抑制的现象。植物侧芽的数目通常大大超过水分和有机、无机营养所能维持其生长的枝条数。生产上,常用消除或维持顶端优势的方法控制作物、果树和花木的生长,以达到增产和控制花木株型的目的。

3) 营养生长和生殖生长的相关性

营养生长是生殖生长的基础,没有良好的营养生长,就没有良好的生殖生长,这是两者协调统一的一面。但是,由于营养生长所需要的物质基础都是根系吸收的水分、矿质营养和叶片制造的光合产物,因此,营养生长和生殖生长存在着抑制、竞争关系。这种抑制和竞争关系表现在茎叶的生长与花芽分化、果实发育之间的营养竞争。当营养生长过旺时,植株生长表现为"疯长",造成花芽分化数量少,花芽分化质量差,落花落果严重。当生殖生长过旺时,植株生长表现为"坠秧",植株矮小,叶片数少,叶面积小,新生枝条抽生少,生长量小。在协调营养生长和生殖生长的关系方面,生产上积累了很多经验。例如,加强肥水管理,防止营养器官的早衰;控制水分和N肥的使用,不使营养器官生长过旺;在果树及观果植物生产中,适当疏花、疏果以使营养收支平衡。并有积余,以便年年丰产,消除"大小年"。对于以营养器官为观赏目的的植物,则可通过供应充足的水分,增施氮肥,摘除花芽等措施来促进营养器官的生长。

2.2.3 木本植物的生长发育周期

木本植物包括观赏树木、林木和果树,其个体发育过程中存在着两个生长发育周期,即生命周期和年生长周期,在播种后的第一年和以后的年生长周期中,都需要经历发育的周期变化,才能正常生长。

1)木本植物的生命周期

在有性繁殖情况下,木本植物的生命周期可分为童期、成年期和衰老期3个阶段。

(1)童期

从种子萌发到第一次开花,称为童期。童期除不能开花外,还具有许多与成年植株不同的生理和形态特点。例如,与成年树相比,童期的叶片较小,细长,叶缘多锐齿或裂片,芽较小而尖,树冠趋于直立,生长期较长,落叶较迟,扦插容易生根等。这一时期,根冠和根系的离心生长旺盛,光合和呼吸面积迅速扩大,开始形成树冠和骨干枝,逐步形成树体特有的结构,同化物质积累逐渐增多,为首次开花结实做好了形态上和内部物质上的准备。

童期的长短,因树木种类、品种类型及栽培技术而异,枣、葡萄、桃、杏等童期较短,一般为2～4年,荔枝、银杏等的童期则需9～10年或更长时间。处于童期的植物,可塑性大,有利于定向培养。因此,童期的栽培措施是加强土壤管理,充分供应水肥,促进营养器官健康而匀称的生长,轻修剪多留枝,使其根深叶茂,形成良好的树体结构,制造和积累大量的营养物质,为早见成效打下良好的基础。

(2)成年期

从植株具有稳定持续开花结果能力时起,到开始出现衰老特征时结束为成年期。木本植物此期一般为连续多年自然开花结果,通常根据其结果状况又分为结果初期、结果盛期和结果后期。

①结果初期。从第一次开花到开始大量开花之前。这一时期,根冠和根系加速扩大,是离心生长最快的时期,可能达到或接近最大营养面积,达到定型的大小。但此期花芽较小,质量较差,坐果率低,对于以观花、观果为目的的园艺植物,轻剪和重肥是主要措施,目的是使树冠尽快达到预定的最大营养面积,迅速进入开花结果盛期。但同时需防止园艺植物旺长,多施P、K肥,环剥(割),使用生长调节剂等措施控制生长过旺。

②结果盛期。树木开始大量开花结实,经过维持最大数量花果的稳定期到开始出现大小年,开花结实连续下降的初期为止。这一时期,树冠分枝的数量增多,花芽发育完全,开花结实部位扩大,数量增多。此期树冠定型,是观赏的最佳时期。但由于花果量大,消耗的营养物质多,出现了大小年现象。骨干枝的离心生长停止,根系末端的须根开始出现大量死亡,树冠的内膛开始发生少量生长旺盛的更新枝条。由于消耗的营养物质多,因此,要注重肥水供应,细致修剪,均衡搭配营养枝、结果枝和结果预备枝的组成,并注意疏花疏果节约养分,保证生长、结果和花芽形成达到稳定平衡。

③结果后期。从大量开花结果的稳定状态遭到破坏,开始出现大小年,数量明显下降的年份起,直到几乎失去观花、观果价值为止。这一时期,树体树势衰退,新梢生长量减少,先端枝条和根系开始回枯,向心更新强烈,生长衰弱,病虫增多,抗性减弱。

因此,在栽培上应以延缓树体衰老为目的,注意增施肥水,促发新根,适当重剪、回缩和利用更新枝条,大年疏花疏果,小年促进新梢生长,控制花芽数量。

(3)衰老期

从骨干枝、骨干根逐步衰亡,生长显著减弱到植株死亡为止,称为衰老期。这一时期,骨干枝、骨干根大量死亡,新生枝条细而弱,结果枝和结果母枝越来越少,树冠更新复壮能力很弱,抵抗力显著降低,极易生病虫害。实际生长中,树体寿命并不采用自然寿命,而是

根据其经济效益状况,提前砍伐。

2)木本植物的年生长周期

除常绿树木外,落叶树木在年生长周期中有明显的生长期和休眠期之分。

(1)生长期

植物各部分器官表现出显著形态特征和生理功能的时期,称为生长期。生长期是植物旺盛生长、生理活动最活跃、新陈代谢最快的时期。落叶树木自春季萌芽开始,至秋季落叶为止。它主要包括萌芽、营养生长、开花坐果、果实发育和成熟、花芽分化和落叶等物候期。而常绿树木由于开花、营养生长、花芽分化及果实发育可同时进行,老叶的脱落又多发生在新叶展开之后,1年内可多次萌发新梢。有些树木可多次花芽分化,多次开花结果,其物候期更为错综复杂。尽管如此,同一植物年生长周期顺序是基本不变的,各物候期出现的早晚则受气候条件影响而变化,尤以温度影响最大。

由于遗传性和生态适应性的不同,木本植物生长期的长短,各器官生长发育的顺序,各物候期开始的迟早和持续时间的长短不同。

知识链接

新梢生长期

从萌芽后新梢开始生长,一直到顶芽出现为止是新梢生长期。一年中新梢生长速度呈波浪形,生长高峰到来的时期、次数、封顶早晚均因树种、年龄、当年气候条件及管理水平而异。一般开始时新梢生长较缓慢,一定时期后枝条生长明显加快,随后进入缓慢生长期。有的树种在年周期内只在春季抽生一次新梢,称为新梢,如核桃等。有的能抽几次新梢,既有春梢,又有夏梢或秋梢,如月季、白兰、桂花等。

(2)休眠期

树木从秋季正常落叶到次春萌发为止是落叶树木的休眠期,表现为植物的芽、种子或者其他器官生命活动微弱,生长发育停滞。休眠是树木进化中为适应不良环境,如低温、高温、干旱等所表现出来的一种特性。在休眠期中,由于生长促进物不活化,蛋白质合成受阻,生理活性下降,新陈代谢作用的强度减弱。

休眠期长短因树种、品种、原产地环境及当地自然气候条件等而异。一般原产寒带的植物,休眠期长,要求温度也较低。当地气候条件中尤以温度高低影响最大,直接左右休眠期的长短。通常温度越低,休眠时间越短;温度越高,休眠时间越长。落叶树木所需要的低温一般为 $0.6 \sim 4.4 \ ℃$。

常绿树木植物一般无明显的自然休眠。但外界环境条件变化时,如高温、低温、干旱等,也可导致短暂的被迫休眠,一旦不良环境条件解除,便可迅速恢复生长。

休眠期是树木生命活动最微弱的时期。在此期间栽植树木有利于成活;对衰弱树木进行深挖切根有利于根系更新而影响下一个生长季的生长。因此,休眠期的开始和结束,对园艺树木的栽植和养护有着重要的影响。根据栽培实践的需要,可从两个方面考虑:

①提早或推迟进入休眠期。

②提早或延迟解除休眠期。

2.2.4　草本植物的生长发育周期

草本植物繁多,按照草本植物生命周期的长短,可分为1年生、2年生和多年生草本植物3类。

1)1年生草本植物的生命周期和年生长周期

当年播种,当年开花结实完成生命周期的草本植物,称为1年生草本植物。其生命周期与年生长周期相同,可分为以下4个阶段:

(1)发芽期

从种子萌动至子叶充分展开,真叶露心为发芽期,主要分解利用种子中的贮藏养分,栽培上应选择籽粒饱满的种子,创造最适的发芽条件,缩短发芽期,保护子叶,为培育壮苗创造条件。

(2)幼苗期

从第1片真叶露心到第4~6片真叶展开为幼苗期。许多果菜类植物在幼苗期就已开始花芽分化,如瓜类。因此,应尽量创造适宜的环境条件,培育适龄壮苗。

(3)发棵期

从幼苗期结束到植株开始现蕾、开花为发棵期。此期根、茎、叶等器官加速生长,花芽进一步分化、发育。不同植物此期长短有较大差异。生长上,进入发棵期应以"促"为主,促使茎叶旺盛生长,为果实发育奠定营养基础。

(4)开花结果期

从植株现蕾、开花到生长结束,为开花结果期。这一时期根、茎、叶等营养器官继续生长,同时不断开花结果,存在着营养生长和生殖生长的矛盾。

2)2年生草本植物的生命周期和年生长周期

2年生草本植物一般播种当年是营养生长,越冬后翌年春夏季抽薹、开花、结实。如雏菊、瓜叶菊、紫罗兰等,其生命周期和年生长周期也相同。此类植物多耐寒或半耐寒,营养生长过渡到生殖生长需要一段低温过程,通过春化阶段和较长的日照完成光照阶段而抽薹开花。因此,其生命周期可明显分为以下两个阶段:

(1)营养生长期

营养生长前期经过发芽期、幼苗期、发棵期,不断分化叶片增加叶树,扩大叶面积,为产品器官形成和生长奠定基础。营养生长后期为营养积累期,一方面根茎叶继续生长,另一方面同化产物迅速向贮藏器官转移,使之膨大充实,形成叶球(白菜与甘蓝类)、肉质根(萝卜、胡萝卜等)、鳞茎(葱蒜类)等产品器官。2年生草本植物器官采收后,一些种类存在不同程度的生理休眠,如马铃薯块茎、洋葱的鳞茎等。但大部分种类无生理休眠期,只是由于环境条件不适宜,处于被动休眠状态。

(2)生殖生长期

花芽分化是营养生长过渡到生殖生长的形态标志。对于两年生植物来说,通过了一定的发育阶段以后,在生长点引起花芽分化,然后现蕾、开花、结实。需要说明的是,由于2年生植物的抽薹一般要求高温长日照条件。因此,一些植物如白菜虽在深秋已经开始花芽分

化,但不会马上抽薹,而需等到翌年春季高温长日照来临时才能抽薹开花。

3)多年生草本植物的生命周期和年生长周期

多年生草本植物是指一次播种或栽植以后,可以采收多年,无须每年繁殖,如草莓、石刁柏、菊花、芍药等。它们播种或栽植后,一般当年即可开花、结果或形成产品,当冬季来临时,地上部枯死,完成一个生长周期。这一点与1年生植物相似,但由于其地下部能以休眠形式越冬,次年春暖时重新发芽生长,进行下一个周期的生命活动,这样不断重复,类似多年生木本植物。

园艺植物的生命周期并非一成不变,随着环境条件、栽培技术等改变,会有较大变化。例如,结球白菜和萝卜等,秋播是典型的2年生植物,早春播种时,受低温影响,营养器官未充分膨大即抽薹开花,成为1年生植物。又如,2年生植物甘蓝在温室条件下,未经低温春化,可始终停留在营养生长状态,成为多年生植物。此外,金鱼草、瓜叶菊、一串红、石竹等花卉原为多年生植物,而在北方地区常作1,2年生栽培。

任务2.3　园艺植物的环境调控

园艺植物的生长环境主要是指生长地周围的生态因子,如温度、光照、水分、土壤、空气、生物等环境因素。园艺植物的生长发育除了受自身的遗传特性影响外,还受制于环境条件的现状及变化趋势。一方面环境因子直接影响园艺植物生长发育的进程和质量,另一方面园艺植物在自身发育过程中不断与周围环境进行物质交换,如吸收 CO_2、放出 O_2,吸收无机物质、合成有机物质,以及进行能量转换等,对环境条件的变化也会产生各种不同的反应。因此,通过园艺植物的环境调控(如控温、控水等),一方面便于正确的改善环境条件,以满足园艺植物对外界物质和能量的要求,另一方面可充分发挥园艺植物的生态适应潜力,使其能更充分地利用环境条件和更有效地改造环境,从而最大限度地发挥园艺植物的优势和潜力。

2.3.1　园艺植物温度环境调控

温度是影响植物生存的主要生态因子之一,温度对园艺植物的生长发育及其生理活动有显著的影响。由于园艺植物长期生活在温度的某种周期性变化之中,形成了对周期性温度变化的适应性。因此,温度影响园艺植物的地理分布,其中年平均温度是主要因素。

1)温度与植物生长的关系

所有园艺植物的生长发育对于温度都有一定的要求,都各自有最低温度、最适温度和最高温度3个基点。植物能生长的最低温度和最高温度称为植物生长温度的最低点和最高点,生长最快的温度称为其最适点,三者合起来称为植物生长温度的三基点。植物生长温度的三基点因其地理起源的不同而不同。起源于严寒地区的植物,能在气温为0 ℃甚至稍低于0 ℃的条件下生长,而它们的生长最适温度通常在10 ℃以下。大部分温带地区的植物,在5℃以下或10℃以下没有可觉察的生长,这些植物生长的温度最适点,通常为25～30℃,而最高点为35～40℃。生长的最适温度是植物生长最快的温度,但对于植物的健壮来说,却并不一定是最适宜的。因为在这样的温度条件下,植物虽然生长最快,但消耗的物质也多。此时,植株如果处于不利的环境条件下,如春季晚霜和干旱,极易受到损伤。

2)温度与植物的发育及花色的关系

温度对植物的发育有深刻的影响。一些植物在发育的某一时刻,特别是发芽后不久,需要经受较低温度才能形成花芽,这种现象称为春化作用。例如,白菜、油菜、萝卜、三色堇、虞美人等2年生植物;其中2年生草花的春化阶段一般需要0～10℃的低温,若在春后温暖时播种则不能开花。一些落叶花灌木如碧桃,在7—8月炎热天气时形成花芽后,必须经过一定低温才能正常开花,否则花芽发育受阻,花朵发育受阻,花朵异常。

温度的高低还会影响花色的变化,有些植物受影响显著,有些受影响较小。例如,蓝白复色的矮牵牛,蓝色或白色部分的多少受温度的影响很大。这种植物在30～35℃高温下,花呈蓝色或紫色;而在15℃下呈白色;在上述两种温度之间时,则呈蓝白复色。月季、菊花、大丽花在较低温度下花色浓艳,而在高温下则花色黯淡。

3)极端温度

植物生长发育对温度的适应性,也有一定的范围,温度过高或过低则植物生理过程受抑制或完全停止,对植物产生不良影响,甚至死亡。

（1）高温对植物的伤害

一般当气温达到35～40℃时,植物停止生长,气温超过45℃时受到严重伤害。

高温对植物的伤害作用:首先,破坏了光合作用和呼吸作用的平衡,叶片气孔不闭,蒸腾加剧,植物"饥饿"而亡;其次,高温下蒸腾作用加强,根系吸收的水分无法弥补蒸腾的消耗,从而破坏了植物体内的水分平衡,叶片失水、萎蔫的结果,使水分的传输减弱,最终导致植株枯死。最后,高温会使细胞内的蛋白质凝固变性失去活性,叶、花、树皮会因强烈辐射受到灼伤。另外,土温的升高也会造成树木根茎的灼伤。

植物不同,对高温的忍耐力也不同。叶片小、质厚、气孔较少的种类,对高温的耐性较高。米兰在夏季高温下生长旺盛,花香浓郁;而仙客来、吊钟和水仙等,因不能适应夏季高温而休眠;一些秋播草花在盛夏来临前即干枯死亡,以种子状态越夏。同一种植物在不同发育阶段对高温的抗性也不同,通常休眠期抗性最强(如种子期),生长发育初期(开花期)最弱。

（2）低温对植物的伤害

低温伤害是指植物在能忍受的极限低温以下所受到的伤害,其外因主要决定于降温的强度、持续的时间和发生的时期;内因主要决定于植物种类的抗寒能力,此外还与植株的发育状况有关。

低温伤害的表现主要有以下4种:

①寒害。受接近0℃低温影响,植物组织体内水分虽未结成冰但已遭受低温伤害。喜温植物易受寒害。

②霜害。气温0℃左右,地表水及植物体表结成冰霜造伤害,即秋春季的早、晚霜危害。

③冻害。0 ℃以下低温侵袭,植物体内组织发生冰冻而造成的伤害,细胞结构已遭破坏,主要表现为树干黑心、树皮或树干冻裂、休眠的花芽冻伤、幼树被冻拔。

④冻旱。又称冷旱,是低温与生理干旱的综合表现。

低温造成对植物的伤害,主要发生在春、秋季和寒冷的冬季。温度回升后的突然降温,或交错的降温(气温冷热变化频繁),对植株的危害更为严重。

不同种类的植物抗寒能力差异很大。一般南方植物忍受低温能力差,有的在 10 ~ 15 ℃气温下即受冻,但起源于北方的落叶树种则能在 - 40 ℃或更低的温度条件下安全越冬。同种不同品种间的抗寒能力也不同。另外,植物处于不同发育阶段其抗寒能力也不同,通常休眠期抗寒性最强,营养生长阶段次之,生殖生长阶段最弱。

4)温度调控

温度是植物的重要生存因子,植物的所有生理活动和生化反应都与温度有关,温度条件的好坏,往往关系到栽培的成败。因此,做好环境温度调控是园艺植物栽培的重要研究内容之一。可采用各种遮光措施,减少太阳辐射能;地面灌水或喷水,增加土壤蒸发耗热;去除植物老叶,以利通风降温。防止热量流失,最有效、最实用和最经济的方法就是采取覆盖,如小拱棚、地膜覆盖栽培畦、薄膜(无坊布)覆盖裸露地面等。

在生产实践中,也可采取一些有效措施提高植物的耐寒能力。提高植物耐寒性的过程称为抗寒锻炼,即用人工或自然的方法,对萌动的种子或幼苗进行适度的低温处理,提高其抗寒性。经过抗寒锻炼后,抗性增强。细胞内的糖含量增加,束缚水/自由水比值增大,原生质的黏度、弹性增大,代谢活动减弱。

2.3.2　园艺植物光环境调控

光是植物的生命之源。没有光照,植物就不能进行光合作用,其生长发育也就没有物质来源和物质保障。光对植物生长发育的影响,主要表现在光照强度、光照持续时间和光质 3 个方面。在一定的光照强度下,植物才能进行光合作用,积累碳素营养;适宜的光照,使植株生长健壮,着花多,色艳香浓。提高光能利用率,是园艺植物栽培研究的主要任务之一。

1)光照强度

光照强度常依地理位置、地势高低、云量及雨量等的不同而呈规律性的变化。即随纬度的增加而减弱,随海拔的升高而增强。一年之中以夏季光照最强,冬季光照最强;一天之中以中午光照最强,早晚光照最弱。不同园艺植物对光照度反应不一,据此可将其分为以下 3 类。

(1)阳性植物

阳性植物又称喜光植物,在较强的光照下生长良好。光照强度对该类植物的生长发育及形态结构的形成有重要作用,在强光环境中生长发育健壮,在荫蔽和弱光条件下生长发育不良,如桃、杏、枣、玫瑰、仙人掌等。

(2)阴性植物

阴性植物又称阴地植物,是在较弱光照下比在强光照下生长良好的植物。它可在低于全光照的 1/50 下生长,光补偿点平均不超过全光照的 1%。阴性植物多生长在潮湿、背阴的地方。长时间的强光直射,植物生长不良,有的甚至死亡,如八角金盘、龟背竹、兰花、红豆杉等。

（3）中性植物

耐荫植物介于上述两者之间,比较喜光,稍能耐阴,对光的适应幅度较大,也称中性植物。光照过强或过弱都对其生长不利,如枇杷、青冈属、槭属等。过强的光照常超过其光饱和点故盛夏应遮阴,但过分蔽阴又会削弱光合强度,常造成植物因营养不良而逐渐衰弱死亡,如桂花、白兰、花柏等。

值得注意的是,不同植物对光的需求量有较大的差异,同一种植物对光的反应也常因环境改变而发生变化。例如,同一树种,生长在分布区南界的植物比分布区中心的植物耐阴,而分布区北界的植物则较喜光;同时随海拔的升高喜光性增强。另外,栽培地点的改变,植物的喜光性也会发生相应的变化,如原产热带、亚热带的植物原属阳性,但引到北方后,夏季却不能在全日照条件下生长,需要适当遮阴,这是由于原产地雨水多,空气湿度大,光的透射能力较弱,光照度比多晴少雨空气干燥的北方要弱的原因。因此在北方栽植南方的部分阳性植物时,应与中性植物一样对待,如苏铁等。

2）光质

光质又称光的组成,是指具有不同波长的太阳光谱成分,集中在波长为 150 ~ 3 000 nm,主要由紫外线、可见光和红外线 3 部分组成。植物感受光能的主要器官是叶片,并由叶绿素完成重要的光合反应。叶片以吸收可见光和紫外线为主,即波长为 380 ~ 760 nm 的光（即红、橙、黄、绿、青、蓝、紫光）,是太阳辐射光谱中具有生理活性的波段,称为生理辐射或光合有效辐射。

不同波长的光对植物的生长发育、种子萌发、叶绿素合成及形态形成的作用是不一样的。生理辐射光主要由叶绿素和类胡萝卜素所吸收,其中以红橙光的吸收最多,具有最大的光合活性;蓝紫光也能被叶绿素和类胡萝卜素吸收,但同化效率仅为红橙光的 14%;绿光大部分被绿色叶片透射或反射,很少被吸收利用。红橙光能促进叶绿素的形成,有利于碳水化合物的合成,加速长日照植物的生长发育,延长短日照植物的发育,促进种子萌发。蓝紫光有利于蛋白质的合成,加速短日照植物的发育,但蓝紫光促进花青素的形成,抑制植物的伸长,而使植株矮小。紫外线有利于维生素 C 的合成,但强紫外线会破坏细胞分裂素和生长素的合成而抑制植株生长。例如,在自然界中高山植物一般都具有茎秆短矮、叶面缩小、毛茸发达、叶绿素增加、茎叶富含花青素、花色鲜艳等特性,这除了与高山昼夜温差大有关外,主要与蓝、紫、青等短波长及紫外线较强等密切相关。

3）光周期

光照持续时间因纬度而各不相同,呈周期的变化:纬度越低,最长日和最短日光照延续时间的差距越小;而随着纬度的增加,日照长短的变化也趋明显。昼夜周期中光照期和暗期长短的交替变化称为光周期。植物需要一定的光照与暗期交替条件才能开花的现象,称为光周期现象。光周期现象是生物对昼夜光暗循环格局的反应。根据这一特性可将园艺植物分为以下 3 类:

（1）长日照植物

这类植物大多原产于温带和寒带，每天需要 12～14 h 以上的光照才能形成花芽，否则不能开花或开花明显推迟，如荷花、唐菖蒲、凤仙花等。

（2）短日照植物

这类植物大多原产于热带和亚热带，需较短的日照长度才能形成花芽，光照持续时间超过一定限度则不开花或延迟开花，一般需要 14 h 以上的黑暗，黑暗时间越长，开花越早，如秋菊、一品红、一串红等。

（3）中日照植物

这类植物对日照持续时间长短的敏感性较差，只要其他条件满足，在任何长度的日照下均能开花，如月季、黄瓜、茄子、番茄、辣椒、菜豆、君子兰、向日葵、蒲公英等。

4）光调控

光也是植物的重要生存因子，俗话说：万物生长靠太阳，有收无收在于温，收多收少在于光。因此，通过光环境调控，即通过减弱光照条件或人工补光灯措施，可有效提高光能利用率，达到优质高产的目标。

（1）减弱光照的措施

减弱光照的措施主要是人工遮光。遮光方法主要有覆盖遮阳物（如遮阳网、防虫网、无纺布、苇帘等），一般可遮光 50%～55%，降温 3.5～5.0 ℃，目前是生产上应用最广泛的。

（2）人工补光

冬春两季及连续阴雨天气的情况下，日照时间短，作物生长缓慢，产量低，这时可进行人工补光。利用人工补光可增加作物产量和缩短作物生长时间，具体应用有以下 3 种：

①利用人工光照强度，提高光合有效辐射量，以增加光合作用效率。

②利用人工光照调控光照时间，以延长作物每天的生长时间。

③利用特种光源为作物生长提供不同光质的光照。

2.3.3 园艺植物的湿度调控

在植物生长发育过程中，环境湿度也会直接或间接影响其生命活动。环境湿度主要指空气湿度和土壤湿度两种。

1）空气湿度

在空气湿度适宜时，如土壤水分充足，则植物蒸腾较旺盛，植物生长较好。若较长时间空气湿度处于饱和条件下，植物生长将受抑制，导致谷物籽粒的灌浆速度降低，棉花蕾铃脱落加重，棉籽生命力降低和影响棉花采收质量等。空气湿度太小，会加重土壤干旱或引起大气干旱，特别在气温高而土壤水分缺乏的条件下，植物的水分平衡被破坏，水分入不敷出，会阻碍生长而造成减产。空气湿度的高低，可制约某些植物花药开裂、花粉散落和萌发的时间，从而影响植物的授粉受精。湿度与作物病虫害的发生也有密切关系。小麦吸浆虫喜湿度大的环境，棉蚜、红蜘蛛则适宜在湿度较小的环境中生活。湿度大，易导致小麦锈病等多种病害流行。

2）土壤湿度

土壤湿度决定农作物的水分供应状况。土壤湿度过低，形成土壤干旱，光合作用不能正常进行,降低园艺植物的产量和品质;严重缺水导致作物凋萎和死亡。土壤湿度过高,恶化土壤通气性,影响土壤微生物的活动,使作物根系的呼吸、生长等生命活动受到阻碍,从而影响作物地上部分的正常生长,造成徒长、倒伏、病害滋生等。土壤水分的多少还影响田间耕作措施和播种质量,并影响土壤温度的高低。

3)环境湿度的调控

环境湿度大,极易造成病害发生与流行,因此,要特别注意环境湿度调控。降低湿度的最好措施就是通风,可以去除植株底下的老叶,加速通风;除去地膜等覆盖物,降低土壤湿度。

2.3.4 园艺植物的土壤调控

土壤的理化性质与植物的生长发育极为密切,良好的土壤结构能满足植物对水、肥、气、热的要求。土壤对植物生长的影响是由多种因素综合决定的,如土壤厚度、母岩、质地、土壤结构、营养元素含量、酸碱度等。但在一定条件下,某些因素在其中会起主导作用。

1)土壤温度

土壤温度直接影响根系的活动,同时制约着各种盐类的溶解速度、土壤微生物的活动以及有机质的分解和养分转化等。根系的生长与土温有关,土温过高或过低都会对根系产生影响,造成低温休眠或高温休眠,甚至导致伤害。

土壤温度与太阳辐射、气温和土壤特性有关,太阳光强,气温高,土温也高。土壤热量主要来源于太阳辐射能,经土壤表面吸收传到深层。不同深度的土壤温度不一样,变化幅度也有较大的差异,一般地表30 cm以内的土壤温度变化较快,90 cm以下土层周年变化较小,根系往往常年都能生长。

2)土壤肥力

通常将土壤中有机质及矿质营养元素的高低作为表示土壤肥力的主要内容。土壤有机质含量应在2%以上才能满足园艺植物高产优质生产所需。在生产上,为获得园艺植物的高产优质,常采用基肥、种肥、追肥相结合的施肥方式为园艺植物创造良好的营养条件。

3)土壤酸碱度

土壤酸碱度对园艺植物的生长发育有着密切关系,由于酸碱度与土壤理化性质和微生物活动有关,因此,土壤有机质和矿质元素的分解和利用,也与土壤酸碱度密切相关。不同园艺植物有其不同的适宜土壤酸碱度范围。

4)土壤通气性

土壤通气性是土壤的重要特性之一,是保证土壤空气质量,使植物正常生长,微生物进行正常生命活动等不可缺少的条件。土壤通气不良会影响微生物活动,降低有机质的分解速度及养分的有效性;而土壤中氧少而二氧化碳多时,会使土壤酸度提高,适宜于致病霉菌的发育,易使作物感染病虫害。同时,良好的通气性是作物吸收大量水分必不可少的条件。

5)土壤调控

在园艺植物栽培上,由于集约化程度高,施肥量大,连作严重,土壤理化性质和生物状

况等都发生较大变化,因此,采取增施有机肥、平衡施肥、中耕松土等调控措施,才能保持良好的生长发育。

复习思考题

1. 园艺植物科学分类法和实用分类法各有何优缺点?
2. 花卉按观赏部位可分为哪几类? 举例说明。
3. 木本植物生命周期包括哪几个阶段? 各自有何特点?
4. 植物生命周期包括哪几个阶段? 各自有何特点?
5. 简述环境对园艺植物的影响及如何进行调控。

项目3 设施园艺

知识目标

了解设施栽培在园艺植物生产中的作用和意义。

了解各种栽培设施的种类、结构特点及用途。

技能目标

熟悉设施内各种环境条件的控制系统。

掌握在栽培过程中根据园艺植物种类科学利用设施栽培调控植物生长的环境。

任务 3.1　设施的类型、结构与性能

近 30 年来,设施园艺发展迅速,已成为园艺植物高产优质的主要保障。设施栽培是用一定设施和工程技术手段改变自然环境,在环境可控条件下,按照植物生长发育要求的最佳环境,以最少的资源和资金投入进行现代化的农业生产,使单位面积产量、品质、效益大幅度提高。设施栽培的效率和效益比传统露地栽培要提高几倍,甚至几十倍。

3.1.1　设施栽培的特点

设施栽培是在设施条件下的一项栽培新技术,与传统露地栽培相比,设施栽培可以人为调控温度和湿度等环境条件,避免或减小外界不良气候的影响,为园艺植物生长发育提供良好的条件;有利于提早播种育苗,延长生长期;也便于运用新技术,实现工厂化栽培。但是,设施栽培缺点是透光差,湿度大,以及土壤盐分积累使植物生长受到影响等。

3.1.2　保护地设施类型

我国很早就出现了对植物进行保护的技术,如北方的风障、阳畦、温床,以及在苗床上覆盖稻草、马粪等,在栽培上上发挥了较好的作用。这些都是我国设施栽培的雏形。国外从 20 世纪 50 年代中期就开始进行设施栽培技术研究,初期的设施主要是使用大棚、温室,到 20 世纪 70 年代开始研究现代化温室技术。目前,美国、加拿大、荷兰、日本等国已普及智能温室技术,随着科学技术的进步,设施栽培呈现了全新的局面。新型覆盖材料如塑料薄膜、遮阳网、无纺布等取代了传统的稻草、马粪;保护设施从小拱棚向普通大棚、连栋大棚发展,从竹木结构向混凝土、镀锌管、钢架结构发展;设施的功能日趋完善,从单一的保温,增温功能发展为光、温、水、气、肥全天候自动调节;规模上,也有作坊式零散小批量生产向工厂化的规模生产发展。现介绍目前在生产中应用较多的几种设施类型。

1)温室

温室又称暖房,能透光、保温(或加温),用来栽培植物的设施。在不适宜植物生长的季节,能提供生育期环境条件和增加产量,多用于低温季节喜温蔬菜、花卉、林木等植物栽培或育苗等。在现代化的园艺植物生产中,温室可对温度等环境因素进行有效控制,在生产中有重要作用。它比其他栽培设施(如大棚、风障、冷床、温床等)对环境因子调节和控制能力更强、更全面。温室的种类很多,根据使用目的、建筑形式、保温程度及建筑材料等不同,有各种各样的温室。

(1)根据用途分类

①展览温室。也称"观赏温室",一般建立在公园和植物园等公共场所,室内培育与陈列各种观赏植物,供参观欣赏之用。

②生产温室。主要用于蔬菜、花卉、果树的促成栽培,或作为某些不耐寒花卉的越冬场所。

③繁殖温室。专供繁殖与培育各种花卉、果树、桑树、茶树、林木以及各种蔬菜幼苗之用。发展工厂化育苗必须具备此类温室。

④试验温室。专供进行农业科学研究与教学实习之用,包括进行杂交试验、肥料试验、生理生态试验。

⑤检疫温室。专供培养为害农作物的各种害虫、病菌,观察其生活习性、为害情况,并进行防治试验;对新引入植物进行病虫检疫消毒和隔离防治等。

（2）根据建筑形式分类

①单屋面温室。是温室中历史最古老、结构最简单的一种温室。其屋顶单面向南倾斜,北面是称为"后壁"的高墙。南面为低墙,称为"前壁"（见图3.1）。这种温室的优点是冬季受光充足,易保温;其缺点是阳光来自一方,室内光照分布不均,植株向南弯曲。

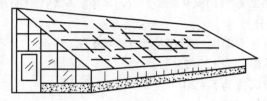

图3.1 单屋面温室结构图

②双屋面温室。是现代应用最广的一种温室,其外形与普通民房相似,中有屋脊,屋顶向东西两侧平均倾斜（见图3.2）。这种温室的优点是,室内容积大,阳光均匀而充足,管理方便,植株生长正常;但建筑费用较大,温度容易散失,通常要有加温设备。

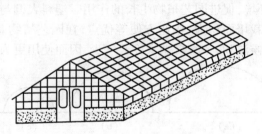

图3.2 双屋面温室结构图

③不等式屋面温室。这种温室的南北两向的屋面长度不相等,南向屋面占全屋面的3/4,北向屋面占1/4,故又称"3/4屋顶温室",北壁比南壁高。这种温室的优缺点介于上述两种温室之间。

④连栋式温室。由两个或两个以上两屋顶温室连接在一起的温室,面多为东西向。这种温室阳光充足,受光均匀,适于大规模生产性栽培,其主要缺点是保温性能较差。

⑤高效节能温室。这种温室主要依赖日光的自然热能和夜间的保温设备来维持室内温度,一般不需要配备加温设备,是一种高效节能的栽培设施（见图3.3）。

（3）根据建筑材料分类

①土温室。

②砖木结构温室。

③钢架混凝土结构温室。

④钢架结构温室。

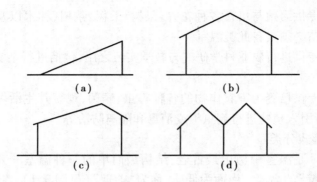

图 3.3　温室建筑类型

(a)单屋面温室　(b)双屋面温室　(c)不等屋面温室　(d)连栋式温室

(4)根据温度高低分类

①高温温室。室内冬季温度一般保持为 18 ~ 36 ℃。

②中温温室。冬季保持为 12 ~ 25 ℃。

③低温温室。一般保持为 5 ~ 20 ℃。

④冷室。室内温度保持为 1 ~ 10 ℃。

2)塑料大棚

塑料大棚简称大棚,是指不用砖石结构围护,只以竹、木、水泥构件或钢材等作骨架,在表面覆盖塑料薄膜的拱形保护设施(见图 3.4)。因具有调节棚内温湿度、防风霜等自然灾害,改善园艺植物生长环境,促进园艺植物生长的作用。塑料大棚与温室相比,具有结构简单、一次性投资少、有效栽培面积大、作业方便等优点,在园艺植物栽培生产中应用较为普遍,特别是南方,由于气候温和,冬季极端寒冷天气少,因而使用更为普遍。

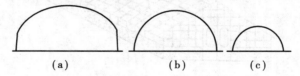

图 3.4　塑料大棚类型示意图

(a)大棚　(b)中棚　(c)小棚

我国塑料大棚类型较多,根据棚架结构可分为竹木结构大棚、简易钢管大棚、装配式镀锌钢管大棚、无柱钢架大棚及有柱式大棚等;根据利用时间长短,可分为季节性大棚和周年性大棚;根据其覆盖形式,可分为单栋大棚和连栋大棚(见图 3.5)。各地可以经济适用为原则,选择适宜生产的大棚类型。例如,南方多采用拱圆形的连栋钢架塑料大棚,并配备喷灌设施、钢架苗床、加温系统、遮阳网等进行周年生产;北方一般选择季节性竹木结构或简易钢管大棚形式,结合露地生产。

3)荫棚

园艺植物中不耐阴的植物,既不耐夏季的高温,又不耐强烈的日光照射,夏季一般均在荫棚下养护。夏季的绿枝扦插和播种育苗也需在荫棚下进行。荫棚主要由棚架和遮阴网等覆盖物组成(见图 3.6、图 3.7)。

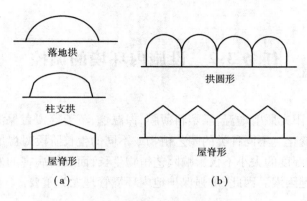

图 3.5 塑料薄膜大棚的类型

(a)单栋大棚 (b)连栋大棚

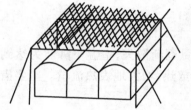

图 3.6 荫棚示意图

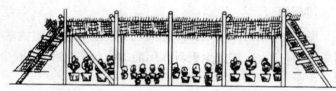

图 3.7 荫棚的构造(正面)

荫棚的种类和形式很多,大致可分为永久性和临时性两大类。永久性荫棚一般与温室结合,用于温室花卉的夏季养护;临时性荫棚多用于露地繁殖床和切花栽培。另外,荫棚还可分为生产荫棚和展览荫棚。温室花卉用的永久性荫棚,多为东西向延长,建在通风良好且不积水处。一般高2.5~3 m,用铁管或水泥柱构成主架,棚架覆盖遮阳网,遮光率视植物种类而定。荫棚宽度一般为6~7 m,不宜过窄,以免影响遮阴效果。临时性荫棚一般比较低矮,高度为0.5~1.0 m,上覆盖遮阳网。扦插用的荫棚,在插穗未生根前,可覆盖2~3层。当生根时可逐渐减至1层,最后全部除去,以增加光照,有利于植物生长。

4)电热温床

电热温床是育苗床设置于繁殖温室中,在苗床土中(深16 cm),利用绝缘的电阻线和控制仪,通过人工控制,提供适于幼苗生长发育所需的温度进行育苗。在这种育苗方式下,种子出芽快,幼苗生长发育好,苗龄短,种苗质量高,而且省工、省种,是目前国内大力推广的一项先进育苗方式。

3.1.3 保护地内设备

保护地内栽培必须有相应的设施设备来调节温、湿、光、气等环境,也要具备施肥、灌溉的设施。条件一般的农户塑料温室大棚多用人工或半人工方式进行,而完善的现代化温室需具备加温系统、通风降温系统、光调节系统、灌溉系统及施肥系统等设备。

任务 3.2 设施内环境的调控

温室、大棚靠太阳光照射增温,靠塑料薄膜、保温毯、草苫等覆盖保温。棚内温度、湿度受外界气候变化而变化。不同种类的园艺植物或不同的生长阶段对温度、湿度和光照要求不同,温度的高低和湿度的大小不仅影响园艺植物生长,而且与病害的发生紧密相关,是栽培成功与失败的关键因素。因此,加强保护地内环境管理尤为重要。

3.2.1 温度管理

1)保温

温室、大棚白天接收太阳光照,温度上升;夜间室内热量逐渐散失,室温下降。为达到保温目的,白天应加大土壤对太阳能的吸收率;夜间应减少放热,增大地表热流量。主要措施有:

(1)增大温室、大棚的透光率

全方位的、合理的采光角度,使用无滴薄膜,保持透光面的洁净,增加透光率,使土壤积蓄更多的热量。

(2)采用多层覆盖

这是最经济有效的保温措施,设置两层保温幕,可节省热量23% ~58%;多层覆盖分为内覆盖和外覆盖。内覆盖材料多用保温薄膜、无纺布等,如温室、大棚 + 保温幕,温室、大棚 + 中小棚,温室、大棚 + 地膜,等等(图3.9)。外覆盖多采用保温被、草苫覆盖(见图3.8)。

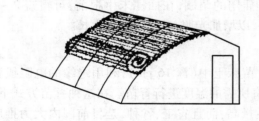

图 3.8 保温被覆盖示意图　　　　　图 3.9 保温幕示意图

(3)采用保温性能好的材料

在建造日光温室时,后墙、两侧山墙、后屋面采用保温性能好的材料,并适当加大厚度,或用多层材料组合在一起,都可加强隔热、保温性能。对于前坡透光屋面,夜间用草帘覆盖。

其他保温措施还有:加强温室、大棚的密封性能,减小覆盖材料的缝隙,检查材料结合处,把有缝隙的地方封住。

2)加温

为维持园艺植物正常生长,防止在温度较低的冬季出现冷害或冻死,或者为满足喜温植物的生长,可采用酿热、火道、锅炉热风或电热加温等方式来提高棚内温度。

3）降温

（1）通风换气

自然换气降温,利用通气窗口或掀开大棚薄膜进行自然对流。强迫换气降温,侧面每隔 7~8 m 设一台或每 1 000 m² 设 30~40 台排风扇,以气窗为进气通道。

（2）冷却系统降温

蒸发帘是用水作冷却剂,利用水蒸气吸热,来降低保护地温度。

（3）喷雾降温

喷雾装置不但降低室温,还可增加湿度。

（4）遮阴降温

用遮阳网或苇帘遮阴降温,遮光 20%~30% 时,室温相应可降低 4~6 ℃。在与设施顶部相距 40 cm 左右处张挂遮光幕,对降温效果显著。另外,也可在采光表面涂白,减少光照,从而降低温度。

3.2.2 光照管理

1）提高透光率

（1）改进园艺设施结构

选择适宜的建筑场地及合理的建筑方位;设计合理的建筑屋面坡度;选择合适的骨架材料,在保证温室结构强度的前提下,尽量使用较细的骨架材料;选择透过率高的覆盖材料以及防雾滴耐老化性强的多功能薄膜。

（2）改进管理措施

保持透明屋面洁净,经常清扫;在保温的前提下,尽可能早揭晚盖外保温或内保温覆盖物;确定合理的密度及种植行向,尽可能减少植物间的遮阴。植物种植密度不宜过大,种植行以南北行向为好;地膜覆盖,利用地面反光以增加植株下层光照。利用反光,单屋面温室北墙张挂反光幕(板)或内强涂白,可使光照增强 40% 左右。

2）人工补光

人工补充光照,可满足植物光周期的需要,调节花期(见图 3.10),也可作为光合作用的能源,补充自然光的不足。一般当温室内日照总量每平方米小于 100 W 或光照时数每天小于 4.5 h 时,应进行行人工补光。主要光光源有白炽灯,辐射能是红外线,发光效率低(5%~7%)。但白炽灯价钱便宜,使用简便,仍常使用。荧光灯又称

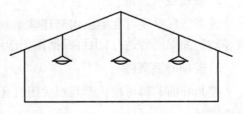

图 3.10 补光示意图

日光灯,光线较接近日光,对光合作用有利;再加上发光效率高,使用寿命长,多使用此类灯补光。补光量根据植物的种类和生长发育的阶段来确定。一般为促进生长和光合作用,补充光照强度应该是光饱和点减去自然光照的差值之间,实际上,补充光照强度常为 10 000~30 000 lx。补光的时间因植物种类、天气阴雨状况、纬度和月份而变化。抑制短日照植物开

花延长光照,一般早晚补光 4 h,使暗期不到 7 h;深夜间断期需补光 4 h;在高纬度地区或阴雨地区,补光时间较长,也有连续 24 h 补光的。

3)遮光

(1)部分遮光

对一些喜阴或半耐阴园艺植物的正常生长,遮光是必要的。一般在中午光照太强时,利用草席、苇帘、遮阳网覆盖而达到减弱光照的目的,而在早晚光照较弱时,则应将覆盖物除去。

(2)完全遮光

花期调控或育苗过程,多用黑色塑料薄膜覆盖。注意加强遮光后的通风,以使黑色塑料薄膜下水蒸气尽快丧失。

3.2.3 水分调节

温室内空气湿度是由土壤水分蒸发和植物体内水分蒸腾在温室密闭环境内形成的。

1)降低空气湿度

①通风换气。通风是降低室内湿度主要措施,排湿效果最好(见图 3.11)。

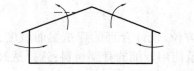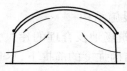

图 3.11 通风示意图

②加温除湿。当寒冷季节设施内温度较低时,可通过适当加温措施,既满足植物对温度的要求,又能降低空气相对湿度,减少病虫害的发生。

③减少地面水分蒸发。覆盖地膜或膜下暗沟灌溉,可抑制土壤水分蒸发。

④浇水后及时中耕、松土,切断土壤毛细管,减少土壤表层水分。

⑤适当控制灌水量,采取合适的灌水方式。可采用滴灌或地中灌溉,减小土壤蒸发。

2)提高空气湿度

提高空气湿度可在温室内修建储水池;湿帘加湿、喷雾加湿,在温室内顶部安装喷雾系统,降温、加湿同时进行;也可根据面积选用合适的喷雾器,中午高温时使用。

3)控制叶面蒸腾

控制叶面蒸腾可用化学药剂关闭气孔,增加 CO_2 浓度,减小气孔开张度。加强或减少室内通风。

3.2.4 控制土壤湿度

控制土壤湿度主要通过灌溉的方式和灌溉量调节土壤的湿度。

3.2.5 设施环境的综合管理

设施内环境要素与植物群体、外界气象条件以及人为的环境调节措施之间发生着密切的相互作用,环境要素的时间与空间变化都很复杂。有时为了使室内气温维持在适温范围内,采用通风、保温、加温等环境调节措施时,通常会连带其他环境要素(湿度、二氧化碳等)变到一个不适宜的水平,这种环境调节措施对植物的生长未必是有效的。例如,春天,为了维持夜间的温度,通常提早关闭大棚保温,造成湿度过大,容易引发病害。清晨,为消除叶片上的露水而大量通风时,又会使室内温度不足,影响植物的光合作用。总之,设施环境与植物间的关系是复杂的,应将几个环境因素综合起来进行考虑,根据它们之间的相互关系进行环境的调节。

设施环境的综合管理,就是实现植物的增产、稳产为目标,把关系到植物生长的多种环境要素(如室温、湿度、二氧化碳、光照及气流速度等)都维持在适于植物生长的水平,而且要求使用最少量的环境调节装置(如通风、保温、保湿、灌水、施用二氧化碳及遮光等),既省工又节能,是便于管理的一种环境控制方法。

知识链接

蓝莓设施栽培

蓝莓(Blueberry)是越橘属(Vaccinium spp.)多年生落叶或常绿灌木,通常称为越橘果,原产北美及中国长白山与大小兴安岭。果实呈蓝色,近圆形,单果重 0.5 ~ 2.5 g,种子极小。果肉细腻,甜酸适度,具有香爽宜人的香气。可鲜食,也可加工成果酱、果汁、果酒等。蓝莓果实营养丰富,富含蛋白质、脂肪、碳水化合物、维生素(A,E)、SOD 及微量元素等。蓝莓栽培最早始于美国,至今不到 100 年。我国原始蓝莓品种几乎都是野生的,不适合栽培。20 多年前我国开始从国外引进优良品种,至今尚未形成大规模生产的能力。

塑料大棚是提早果实采收时间、提高品质、增加经济效益以及名优果品的重要栽培管理技术。为了便于大棚搭建施工和达到一定的覆盖栽培效果,塑料大棚要求地势平坦或南低北高、避风向阳、靠近水源、排灌方便,土壤肥沃,种植规范、长势好,树龄年轻、树冠覆盖好。薄膜可用以聚乙烯为主要原料的 PE 无滴水塑料薄膜和以聚氯乙烯为主要原料的 PVC 无滴水塑料薄膜两种。在霜冻来临之前搭建盖膜,到第 2 年 4 月上中旬可揭膜。棚内较适合蓝莓生长的温度为 20 ~ 25 ℃,最高不能超过 30 ℃,最低不能低于 12 ℃。晴天中午前后棚内的温度有可能超过 30 ℃,这时必须开门或打开通气口使它降温,当温度下降到 20 ℃时应及时关闭通口。夜间温度迅速下降,因此,太阳下山后要注意保温,尤其是天气特别寒冷的阴雨天或多风天气。更要特别注意,大棚内是处于密封状态,因为蓝莓的呼吸作用和土壤的有机物分解等会使棚内气体成分发生很大变化,会影响蓝莓的生长,因此,每天都应进行适当的换气。一般在不使大棚温度下降到 12 ℃ 以下的情况下,每天上午 11 时许打开通气道,下午 4 时许关闭。

复习思考题

1. 设施栽培有何意义？园艺植物生产栽培中常用的设施有哪几类？
2. 如何对设施内环境进行调控？

项目4 园艺植物的园地建设

掌握种植园园地选择和规划设计的依据。

明确园艺植物种植园规划设计的具体内容,掌握园艺植物种植园规划设计的方法。

掌握土壤改良方法,合理安排园艺植物的种植制度。

能对种植园进行的调查和合理规划。

能对种植园的成本及效益进行合理分析。

任务 4.1　园地的选择

园艺作物种类繁多,习性各异,有些是多年生木本植物,从种植开始,在一块地上生长数十年甚至达百年,有些是 1~2 年生草本植物,当年种植,当年或第 2 年就有收获,也有些是宿根性的植物,当年的上部死亡,来年又可生长发育。因此,种植园的选地、规划、土壤改良、种植制度是否正确、合适,关系到种植园的生产效益。在建园之前,应对当地的自然条件和社会条件进行调查分析,了解本地区的土壤状况、气候条件及交通运输条件等,尽量"因地制宜""适地适栽",使所建种植园发挥应有的经济效益和社会效益。

4.1.1　园地类型

在园艺作物生产中,常见的园地类型有 4 类,即平地、山地、丘陵地、海涂地。在生产中,一般以气候、土壤、地势、水源、社会经济条件、交通和地理位置等条件分析评价各类园地的优劣,优先考虑气候条件。

1)平地

地势较平坦、开阔,地面平整,土层深厚,同一范围内,气候和土壤因子基本一致,水分充足,水土流失少,有机质多,园艺植物根系入土深,生长结果良好,便于机械化管理和交通运输。但是,通风、日照、排水均不如山地,产品品质比山地的风味差,含糖低,耐贮力等方面差。平地可分为:

①冲积平原。如珠江三角洲。

②泛滥平原。如黄河故道区。

2)山地

我国山地面积占全国陆地面积的 2/3 以上。山地空气流通,日照充足,日夜温差大,利于碳水化合物积累和着色,丰产优质。但水土流失严重,坡向和坡度差异大,气候垂直分布。根系分布浅。

3)丘陵地

高差在 200 m 以下为丘陵,小于 100 m 的为浅丘,大于 100 m 为深丘。土层较厚,日照充足,通风排水良好,昼夜温差较大,产品品质较好。但要做好水土保持工作。

4)滨湖海涂地

地势平坦开阔,土层深厚;富含钾、钙、镁等矿质养分。但有机质含量低,土壤结构差;含盐量高,碱性强;地下水位高,易缺铁黄化;易受台风侵袭。如浙江的黄岩等地。

4.1.2　园地选择的依据

园艺植物种植园园地的选择主要依据为气候、土壤、水源和社会因素等,其中气候因素是决定栽培的重要条件,要优先考虑。另外,大多数园艺植物的产品要食用,因此,在选择园地时,还需要根据绿色食品生产标准,选择生产地的环境质量要符合《绿色食品产地环境质量标准》(NY/T 391—2000)。

1)产地空气环境质量要求

绿色食品产地空气中各项污染物含量不应超过表4.1所列的指标要求。

表4.1 空气中各项污染物的指标要求(标准状态)/(mg·m⁻³)

项 目	指 标	
	日平均	1 h平均
总悬浮颗粒物(TSP)	≤0.30	—
二氧化硫(SO$_2$)	≤0.15	≤0.50
氮氧化物(NO$_x$)	≤0.10	≤0.15
氟化物(F)	≤7 μg/m³ 1.8 μg/(dm²·d)(挂片法)	≤20 μg/m³

注:1.日平均指任何一日的平均指标。
　2.1 h平均指任何1 h的平均指标。
　3.连续采样3 d,一日3次,晨、午和晚各1次。
　4.氟化物采样可用动力采样滤膜法或用石灰滤纸挂片法,分别按各自规定的指标执行,石灰滤纸挂片法挂置7 d。

2)农田灌溉水质要求

绿色食品产地农田灌溉水中各项污染物含量不应超过表4.2所列的指标要求。

表4.2 农田灌溉水中各项污染物的指标要求/(mg·L⁻¹)

项 目	指 标
pH值	5.5~8.5
总汞	≤0.001
总镉	≤0.005
总砷	≤0.05
总铅	≤0.1
六价铬	≤0.1
氟化物	≤2.0
粪大肠菌群	≤10 000 个/L

注:灌溉菜园用的地表水需测粪大肠菌群,其他情况不测粪大肠菌群。

3)土壤环境质量要求

土壤按耕作方式的不同分为旱田和水田两大类,每类又根据土壤 pH 值的高低分为3种情况,即 pH < 6.5,pH = 6.5 ~ 7.5,pH > 7.5。绿色食品产地各种不同土壤中的各项污染物含量不应超过表4.3所列的限值。

表4.3　土壤中各项污染物的指标要求

耕作条件	旱田			水田		
pH 值	<6.5	6.5~7.5	>7.5	<6.5	6.5~7.5	>7.5
镉	≤0.30	≤0.30	≤0.40	≤0.30	≤0.30	≤0.40
汞	≤0.25	≤0.30	≤0.35	≤0.30	≤0.40	≤0.40
砷	≤25	≤20	≤20	≤20	≤20	≤15
铅	≤50	≤50	≤50	≤50	≤50	≤50
铬	≤120	≤120	≤120	≤120	≤120	≤120
铜	≤50	≤60	≤60	≤50	≤60	≤60

注:1. 果园土壤中的铜限量为旱田中的铜限量的1倍。
　　2. 水旱轮作用的标准值取严不取宽。

4) 土壤肥力要求

为了促进生产者增施有机肥,提高土壤肥力,生产 AA 级绿色食品时,转化后的耕地土壤肥力要达到土壤肥力分级1~2级指标(见表4.4)。生产 A 级绿色食品时,土壤肥力作为参考指标。

表4.4　土壤肥力分级参考指标

项 目	级 别	旱地	水田	菜地	园地	牧地
有机质/(g·kg⁻¹)	I	>15	>25	>30	>20	>20
	II	10~15	20~25	20~30	15~20	15~20
	III	<10	<20	<20	<15	<15
全氮/(g·kg⁻¹)	I	>1.0	>1.2	>1.2	>1.0	—
	II	0.8~1.0	1.0~1.2	1.0~1.2	0.8~1.0	—
	III	<0.8	<1.0	<1.0	<0.8	—
有效磷/(mg·kg⁻¹)	I	>10	>15	>40	>10	>10
	II	5~10	10~15	20~40	5~10	5~10
	III	<5	<10	<20	<5	<5
有效钾/(mg·kg⁻¹)	I	>120	>100	>150	>100	—
	II	80~120	50~100	100~150	50~100	—
	III	<80	<50	<100	<50	—
阳离子交换量/(c mol·kg⁻¹)	I	>20	>20	>20	>15	—
	II	15~20	15~20	15~20	15~20	—
	III	<15	<15	<15	<15	—
质 地	I	轻壤、中壤	中壤、重壤	轻壤	轻壤	沙壤、中壤
	II	沙壤、重壤	沙壤、轻黏土	沙壤、中壤	沙壤、中壤	重壤
	III	沙土、黏土	沙土、黏土	沙土、黏土	沙土、黏土	沙土、黏土

注:土壤肥力的各项指标,Ⅰ级为优良,Ⅱ级为尚可,Ⅲ级为较差,供评价者和生产者在评价和生产时参考。生产者应增施有机肥,使土壤肥力逐年提高。

4.1.3　园地选择

园艺植物种植园在生产上通常包括果园、菜园、花圃及草坪圃等。园艺植物可分为草本和木本植物，或多年生与1年生植物。它们在管理技术上各有特点，共同之处（共性）也很多。因此，根据园艺植物的生产用途，结合园艺作物生长发育习性，将种植园可分为蔬菜园、果园、花圃及草圃等。

1）蔬菜园

大多数蔬菜都是1~2年生草本植物，对水肥的依赖性较重，产品水分含量较高，容易变质腐烂，不耐运输和贮藏等特点。因此，选择蔬菜种植园地时，应注意满足蔬菜对肥水、销售等方面的要求，应选择肥沃的平地进行建园，土层和耕层深厚，整个土层深达1 m以上，耕层至少在25 cm以上，以有利于根系的发育；土壤质地沙黏适中，含有较多的有机质，具有较好的保肥、保水和通气性，选择砂壤土、壤土和黏壤土种植蔬菜较为适宜；大多数蔬菜以在微酸性和中性的土壤中生长为宜，即pH为6.5~7.5。地下水位太高，使根系不能向下伸展，通气不良病害易于蔓延。一般菜田地下水位以2 m以下为宜；应远离有废水、废气等污染物排出的化工厂，土壤和灌溉水中不含有超标的重金属和其他有毒物质。另外，种植地块应接近水源，便于灌溉；且交通便利，便于蔬菜的销售，有利于降低生产成本。

总的来说，蔬菜要求地面平整、土层深厚、土质肥沃、耕层疏松、保肥保水、卫生洁净的地块，并能做到旱能浇，涝能排。

2）果园

大多数果树属于多年生木本植物，从种植开始，在一地生长数十年甚至达百年，大多数新鲜果品含水量较高，有些不耐运输和贮藏，还有些果树树体高大，根系较深，对养分的需求一致，常年在一块地上生长，常常会造成缺素症。因此，果园的选地、规划及栽植是否正确、合适，关系到果园数十年的生产效益，可谓"一栽定终生"。选择果树园地时，要充分考虑到所栽果的习性和生活环境，如海拔、坡度、坡向、土壤、土质等。

（1）海拔

虽然海拔不是选择园地的先决条件，但是海拔每升高100 m，气温就下降0.5~0.6 ℃。因此，为了选择适应果树生长气候的条件，就必须考虑到海拔因素的影响。

一般情况下，年平均气温在6 ℃以上，绝对气温在-30 ℃以上的地方，都可根据不同果树种类对环境条件的要求定植种类果树。另外，随着海拔的升高，温度日较差增加，对于各类果树果实着色和各种有机营养物质的累积、品质的提高很有利。

（2）坡向

坡向对温度、温差、湿度、光、风等都有较大影响。一般南坡较北坡温和，昼夜温差较北坡大，大陆性气候较北坡明显，光照较北坡强；在冬季，南坡受来自西北方向的冷燥气流影响小，北坡受来自西北方向的冷燥气流影响较大。因此，应根据果树种类、品种的物候期、抗寒性、耐旱性、喜光程度等加以选择。如果是丘陵地果园，因高差不大，一般不考虑坡向问题。

（3）坡度

坡度对土壤肥力、土壤水分和土层厚度有较大的影响，坡度可分为4级。坡度在10°以

下为缓坡;10°～25°为斜坡;25°～40°为陡坡;40°以上为峻坡。坡度越大,果树生长条件越差。

各种果树对坡度的适应性不同,但大多数果树均以在缓坡或斜坡上栽植为宜。坡度过陡,往往水土易流失,土层较薄,对果树生长不利,而且修筑梯田也比较困难,所以很少在40°以上的峻坡上建立果园。通常在地势平坦或坡度小于50°的缓坡地带建园最适合。

（4）土层

土层与土质因为一般山地的中下部土层较为深厚,有利于果树的生长发育和管理运输也较为方便,所以应尽量选择山的中下部建园。土质以沙质壤土或壤土为宜,砾质壤土稍次。土层达不到要求时,需经深翻、爆破、换土等,改土后再栽植果树。南方山地土壤,往往酸性很强,除选栽适应酸性土壤的果树种外,还应采取施石灰等改土措施。

（5）土壤

不同果树种类对土壤条件要求不同,但土层深厚、土壤结构良好、质地疏松、富含有机质、较肥沃的微酸到微碱性土壤有利于果树生长。

总之,商品性果园应尽量建在交通方便的地方,园地应选在铁路沿线或主干公路附近。在地势平坦,地形整齐,地下水位较低,经改良后土壤含盐量在0.3%以下,且土质较轻而土层深厚,土壤肥力基础较好的土地上建立果园为适宜;而未经过土壤改良的沼泽地、盐碱地均不适宜建立果园。因此,最好选用种植过农作物的农田作为果园地。如要用开荒地建园,应先种植2～3年的绿肥或经济作物,改良熟化土壤,治理盐碱,一次性改造成适合果树生长发育基本要求的土壤,再定植果树,建成果园,避免给以后的果树管理及生产留下隐患。

3）花圃和草圃

花卉和草坪的种类繁多,个体差异较大,生活习性差异也较大,但总体上来说,对肥水的要求较高,大多数为草本植物。因此,在选择花圃和草圃的园址时,可参照蔬菜园要求进行。

任务4.2　园地的规划设计

种植园规划设计是种植园的基础性工程,就像修建一项水利工程,建造一栋楼房一样,都要有规划设计。一定规模的现代化园艺植物园必须在建园前,根据自然条件、社会条件和市场需求等因素综合考虑,全面规划,精心组织实施,使之既符合现代商品生产要求,又具有现实可行性。多年生果树和观赏树木栽后生长多年,园艺设施建造后使用多年,因此,在规划设计时更应考虑周全。

4.2.1　规划设计的依据

一个地区应当发展什么园艺植物生产,或一种园艺植物应当在什么地区、地块发展生产,不应是随意的、主观决策的,应有深入细致的调查研究和反复论证作为依据。调查研究

的主要地点应以本地为主,外地为辅。调查研究的内容是:

①党和政府的政策、法规,地区经济、社会发展的方针,特别是农业种植业发展的方针,城乡发展规划。

②自然环境条件和资源,包括:降水、温度、日照、湿度、地下水、风向风力、自然灾害等气象条件;地形、地势、土质、土壤利用和植被情况;水、矿产及天然能源;生态与污染现状,等等。

③社会经济及人文条件,包括:人口、农业劳动力资源、经济状况、工业和商业、交通的发达与否;种植业水平;特别是已有园艺业水平、有无特优产品;农业劳动力素质,等等。

④市场,特别是园艺产品的近地和远销市场,现状与展望;本地、近地人口园艺产品消费水平及特点等。

⑤发展生产的投资情况,主要靠本地还是有其他投资方,近期与长期内投资力度等。

上述情况的调查,有的需要依据实际数据绘制图示,如土壤分布图、植被图、水源状况等;有的则要依据实际数据编写出说明书,如社会经济及人文方面的情况。在这些工作的基础上再论证发展什么和怎样发展。

我国改革开放30多年来,农业发展很快,农民从"以粮为纲"和不灵活的政令指挥下解放出来,迅速发展了粮食生产,更见成效的是园艺生产,如果品、蔬菜生产,比农业中任何行业都增长得快。但是问题也不少,主要就是发展中缺少科学的规划,没有先搞调查再决策、再实施,而是"群众运动式"一哄而起,相当多的果园、菜园、温室大棚无序发展,造成产品滞销或其他形式的损失。如果有科学地调查、论证,再决策,就可以避免或减小这种损失。

4.2.2 种植园规划设计

1)规划设计流程

规划设计的流程为

园地调查→园地测绘→园地规划设计→编写园地规划设计书

2)规划设计要点

(1)园地调查

种植园规划涉及多项科学技术,是园艺学、地理学、气象学、生态学、经济学、市场营销学等科学技术的综合配套。在建园时,要考虑到园艺植物本身及环境条件,又要考虑到市场销售和流通,这些因素直接关系到园艺生产效益的高低,甚至投资的成败。因此,在建园以前,要对园地进行全面调查,在全面调查的基础上,才能设计好新建的种植园。调查的内容有:

①园地环境调查。影响园艺作物生产的主要因素是气候条件、土壤条件、地理条件,因此,园地环境条件调查主要从这3个方面进行:

a.气候条件。气候条件主要是了解全年最高和最低温度,年平均气温,初霜期,晚霜期,计算无霜期;年均降水量和降水主要分布情况;不同季节的风向和风力;主要的灾害性气候因素,如冰雹、大风、沙尘暴等。气候资料的收集可查阅当地图书馆的资料,查阅气象局的相关资料等方法获得。

b.土壤条件。土壤条件主要了解土壤类型、土层厚度、土壤酸碱度、土壤肥力及地下水位的高低。可在园地附近挖土壤剖面,观察表土和心土的土壤类型和土层厚度。再参照土壤取样要求进行采集土样,带回实验室进行测定,了解园地土壤酸碱度、土壤肥力等。

c. 地理条件。地理条件包括园地的坡向、地貌、水源的位置和水质、原有建筑物的位置、植被种类、园地交通条件、四周的村庄等方面的内容。水是园艺作物生产中必不可少的条件之一,水源的位置及水质,直接影响的园艺作物的生产和产品品质问题。而其他条件的掌握情况,直接决定了园地规划的合理性和建园的成败,因此,地理条件的掌握对建园有着非常重要的作用。通常可通过园地的实地勘察,获得相应资料。

②社会调查。社会调查主要是了解当地经济发展状况、土地资源、劳动力资源、产业结构、生产水平与农业区划等信息。

③园地附近种植情况调查。对园地附近园艺作物种植情况进行调查,调查内容主要有园艺作物种类及品种、发展面积、生产管理水平、园艺作物生长情况、产品及产量情况、病虫害、栽培技术、园地的管理和经营状况等情况进行详细调查,了解防风树树种的生长情况,作为果园选择林木树种的参考。然后对调查资料的整理和分析。

调查的具体步骤:拟订调查提纲,制备必要的表格,进行调查并详细记录,整理资料,绘制规划区草图。

调查结束后,要聘请有关专家进行可行性分析论证。在具备发展条件的基础上,确定生产目标、发展规模、主要工程建设、树种与品种规划、经营规划及经济效益分析等,行程规划的基本框架。

（2）园地测绘

用测量仪器测出园地的地形图,其中包括地形的高差、边界线、主要建筑物的具体位置和占用土地面积、水源位置等,并将野外测量的地形图,回到室内绘出一定比例的地形图,一般绘制成1:（5 000~25 000）的平面图。

（3）园地规划设计

在地形图上按一定比例绘出园地规划图,主要内容包括:

①小区的规划。小区也称作业区,它是种植作业的基本单位,小区的面积、形状和位置直接关系到种植园各项技术措施的操作效果。小区面积的大小,应根据地形、地势、自然条件的不同和所选择的园艺作物特点等因素而定。小区面积过大,虽然有利于机械化操作,但田间管理不太方便。小区面积过小,非生产用地增大,也不适宜。一般一个小区的面积是 $10 \sim 30$ hm^2,山地地形较复杂处,小区可以小些,如 $2 \sim 5$ hm^2。小区的形状以长方形较好,长边与短边的比例以 2:1 或 3:2 为宜。各种机械作业方便而较高效。长边尽量与当地主风方向垂直,以增强抗风能力。山地种植园的小区,其形状和大小,应结合地形、地势进行划分,考虑耕作的方便、等高线走向等。现代化的规模经营、专业化程度高的种植园,基本上一个小区种植较单一的园艺作物。小区规划好后,在规划图中绘出每个小区的位置,并注明每个小区的树种和品种。

②道路的规划。为满足生产需要,种植园应规划必要的道路,来减轻劳动强度,提高工作效率。道路是种植园与社会联系交往的纽带,是种植园产品和管理者"流"的通道。种植园道路的布局应与种植小区、防护林系统、排灌系统、贮运及生活设施相协调。道路分主路、干路、支路和作业道。主路是种植园通往外界的最主要道路,应能保证较大的交通流量,可通畅地允许重载机动车双向通过。因此,主路位置要适中,贯穿全园,外与公路相接,

内与支路相通,便于运输,一般路宽为6~8 m,两旁是防护林或排灌渠道。干路和支路一般是小区的边界,与主路垂直相接,一般宽为4~6 m,在防护林下,与排灌渠道并行或排灌渠道设在路的地下。作业道设在小区内,为方便作业所设,不多占地。

山区种植园的道路设计,要考虑地形、坡降,应与水土保持工程相结合进行规划设计。绘出主路、干路、支路的位置和区内小路的位置。

③排灌系统的规划。园艺种植园的排水、灌溉系统,对种植园的管理、经济效益是非常重要的。大型的种植园,必须有很合理、完善的排灌系统,因此,排灌系统的规划设计应当是种植园总体规划设计的一部分,而且是主要内容之一。

灌溉系统包括输水渠和灌溉渠,两者与道路、防护林配合设置。输水渠贯穿全园,位置要高,设在种植园的一边,外接引水渠(干渠或者支渠),内连灌溉渠,其比降为0.2%;灌溉渠设在小区内,垂直与输水渠相接,灌溉园艺作物,其比降为0.3%。在各级渠的交接处应设置闸门及涵管,在渠道与道路的相交处要架设桥梁。种植园输水应以地下管道为主,省地节水;地上渠道输水,也应特别注意渠道的渗水问题,用水泥、塑料膜铺设渠道,减小水的损失和浪费。但灌溉方式提倡喷灌、滴灌,并按喷灌、滴灌的设计购入设施和合理施工。

排水系统也设两级,与灌溉系统相对设置,并与外界总排水渠相接,便于及时排出集水和土壤盐分。在盐碱较轻、透水性较好的砂性地种植园,可不设置排水系统。在缺水的北方地区,种植园的排灌设计中要把节水、高效益利用水放在重要地位。根据排灌系统规划设计,绘出主渠和支渠的位置,绘出主渠和支渠的剖面图,将此图附在种植园规划图上。

④防护林的规划。任何园艺植物种植园,都需要防护林。防护林有抵御风沙、降低风速、提高湿度、减少蒸发、防止返盐、调节温度、减轻风雹及冻害等灾害;还能具有显著的水土保持功能和优化生态环境功能。设计和营造防护林网,中、大型种植园,应有主林带和副林带。主林带以5~10行乔木组成为宜,方向与当地主风向垂直,副林带由2~3行小乔木组成,方向与主林带垂直,行株距为(2~2.5)m×(1~1.5)m。通常林带与种植园小区边界、道路、地上排灌渠系一起安排,节省土地而高效。

防护林按结构和作用可分紧密型与疏透型两种,以疏透型更适宜种植园。疏透型林带防风减灾的效益更大一些,林高20 m时,防护距离可达20~30倍,即防护400~600 m,设计小区栽植园艺作物300~500 m再营造林带即可。小区内园艺作物与林带的距离,南北两侧为8~10 m,东西两侧为12 m。

林带的林木种类,应当速生、树体高大、适应性广、抗逆性强、寿命长,具有一定的经济用途的乡土树种,与园艺植物无共同的病虫害,等等;我国北方常用的林带树种是俄罗斯杨、箭杆杨、银白杨、榆、枫杨、桑树、沙枣、洋槐等;南方可选用常绿树种,如石楠、枇杷、樟树、桉树、水杉等。林带与种植小区之间要挖"断根沟"。绘出主林带和副林带的位置,绘出栽植方式图,将此图附在种植园规划图上。

⑤建筑和其他。种植园是经营较完整,经营时期较长的生产单位,需有必要的建筑物。建筑物一般包括管理办公室、农机具库房、农药和肥料库房、产品包装场和产品贮藏库等,甚至还需要职工休息、住宿的房舍。种植园在规划设计时,至少要考虑到这些项目的用地需要,要先留出一定土地面积,随种植园生产的发展逐渐完善化。一般办公室应设在靠近公路或种植园主路的地方,其他建筑物也要设在交通方便,有利于各项作业的小区或交叉路口。

⑥作物种类、品种的配置。园艺作物种类和品种繁多,对环境条件、栽培技术的要求及

其经济价值不同,选择园艺作物种类和品种应以区域化、良种化和商品化为原则。种植园的土质、土壤肥力、地形地势及其他自然的和人文的条件,是确定种植不同园艺作物种类、品种的依据。

正确选择园艺作物种类和品种,是实现优质、丰产、高效的重要前提。

a. 产品不同成熟期、不同用途的种类、品种配置。园艺产品差异性较大,用途多样,不同成熟期、不同种类的园艺作物在品种配置上要特别注意。品种配置时,要考虑到上市方便,同时也要考虑到管理方便;对于大型园艺植物种植园,在考虑管理方便的同时,也要考虑到产品销路等问题。如在种植桃树时,要考虑到桃不耐贮藏,种植时应进行早、中、晚熟品种的搭配。不同加工种类也适当搭配,预防同一产品集中性收购时,产品的损失。国外一些大型园艺植物种植园,大面积单一种植,机械化程度高,在产品销路较稳定的前提下有很多优点,可以借鉴,但前提一定要销路有保证、稳定。大宗果品、早熟品种一般不耐贮运,晚熟品种耐贮运,所以一般果园宜多栽晚熟品种。大型菜园、大宗菜是主栽种类,面积应占主要的,销售量小的菜,则不宜占大比例面积。

b. 果树的授粉树配置。多数果树属于自花不孕或自花不结实,如果在一个栽植小区内只栽单一品种,由于授粉不良,则会造成只开花不结果或结果很少。有些品种虽能自花结实,但坐果率低而影响产量的经济效益。因此,在确定某一主栽品种后,须配置其他品种做授粉树,以保证异花授粉,使其能正常开花结果。授粉品种应能够适应栽植区的自然条件;具有大量花粉,花粉质量好,大小年结果不显著;达到结果年龄和开花物候期应与主栽品种一致,寿命相当,并能与主栽品种相互授粉;果实品质好,产量高,有较高的经济价值;与主栽品种管理条件相近。苹果、桃主要优良品种适宜的授粉品种见表4.5。

表4.5 苹果、桃主要优良品种适宜的授粉品种

主栽品种		授粉品种
苹果	红富士	王林、元帅系品种、秀水国光、金矮生、金冠
	短枝红富士	首红、金矮生、新红星、烟青
	乔纳金	红富士、阳光、王林、千秋
	金冠	元帅系品种、红玉、富士
	短枝元帅系品种	短枝红富士、金矮生、烟青
	王林	红富士、金矮生、澳洲青苹
	澳洲青苹	王林、红富士、金矮生、金冠
梨	库尔勒香梨	鸭梨、茌梨、雪花梨、砀山酥梨
	砀山酥梨	鸭梨、茌梨、香梨
	鸭梨	雪花梨、茌梨、京白梨、大香水梨
	茌梨	鸭梨、白酥梨、大香水梨
	雪花梨	鸭梨、茌梨、锦丰、白酥梨
	苹果梨	鸭梨、茌梨、锦丰、京白梨

续表

主栽品种		授粉品种
桃	大久保	冈山白、早生水蜜、撒花红蟠桃、离核
	冈山白	大久保、白凤、离核、上海水蜜
	白凤	离核、上海水蜜、大久保
	燕红	大久保、白凤、冈山白
	撒花红蟠桃	白凤、冈山白、上海水蜜
	北农早艳	大久保、冈山白、离核、早生水蜜
	京玉	大久保、离核、白凤
	瑞光油桃	大久保、上海水蜜、撒花红蟠桃、佛光
	佛光油桃	白凤、冈山白、大久保、瑞光

授粉树的配置,要便于传粉和管理。配置数量,应视授粉品种的经济价值而定,当两个主栽品种可以互为授粉树时,可采用2∶2行或4∶4行的等量成行配置方式;如授粉品种与主栽品种的经济价值不等,应适当减小授粉树的比例,采用差量成行配置,如(4~8)∶1行或8∶2行等。

c.品种的隔离情况。有些蔬菜、花卉种类、品种,在栽植时需要对有影响的种类、品种适当距离的隔离。如辣椒不与豆类、蔬菜间作或近地栽培,豆类易染蚜虫,辣椒很忌蚜虫。苹果、梨园应与桧柏林和圆柏隔离至少5 km的距离,因为桧柏和圆柏是苹果、梨锈病的转主寄主,控制转主寄主是防治锈病的最好办法。

种植园规划图绘制好后,在图的一角注明:

①小区的区号,每小区的面积,树种、品种、株行距。

②用图例表示道路、灌水系统、防护林、建筑物、水井的位置。

(4)编写园地规划设计书

园地规划设计书是对规划设计和施工建设的详细说明。其中包括:

①总体规划。整个园地建设的背景、总体规划设计的原则、总体思路、应达到的效果。园地的总面积、主栽园艺作物种类和品种的数量以及不同成熟品种栽培面积的比例等。

②小区规划说明。说明包括小区的数量、每个小区的面积,主栽作物的种类和品种,授粉树品种的配置,栽植方式,栽植距离,每小区的栽植株数。全园栽植园艺作物的总面积,总株数。每种作物的总面积,总株数、早中晚熟作物种类和品种所占的比例等。

③道路规划说明。说明主干道路、支路、小路的宽度,路边的行道树种,栽植距离,路边排水沟的宽度和深度等。计算出道路占全园总面积百分数。

④灌水排水系统规划说明。说明主渠、支渠的宽度和高度,排水沟的宽度和深度,输水量、水源的供水能力;主要的管线用量、管线规格及铺设方法等。计算排灌系统占全园总面积的百分数。

⑤防护林规划说明。说明主林带和副林带行数,树种(乔木和灌木),栽植方式,距第一行种植作物的距离,可能抵抗灾害性大风的能力等。计算防护林占全园总面积的百分数。

⑥建筑物规划说明。说明建筑物名称、主要作用和功能、建筑面积、要求及占地面积

等,计算其占全园总面积的百分数。

⑦服务保障体系。应对工程实施提出相应的技术保障体系、信息服务体系、组织管理和协调体系。

⑧园地投资经费概算。详细列出园地的生产投入,包括平整土地租用机械的费用、人工费用、能量消耗费用;道路和水利设施的材料消耗费用、能量消耗费用和土地占用费用;种子和种苗成本费用、生产资料占用费、水电费、人工费;附属建筑建设费等所有投入。

⑨园地经济效益分析。应对产品的预计产量、上市情况、收益、劳动效率和经济效益有较详细的分析,对产品上市方向既有预测又有一定的采后处理准备工作安排。

⑩总体实施安排及规划设计图纸。

任务4.3 土壤改良

土壤改良是指排除或防治影响农作物生育和引起土壤退化等不利因素,改善土壤性状、提高土壤肥力,为农作物创造良好的土壤环境条件的一系列技术措施的统称。土壤改良工作一般根据各地的自然条件、经济条件,因地制宜地制订切实可行的规划,逐步实施,以达到有效地改善土壤生产性状和环境条件的目的。

土壤改良的基本途径有:

①水利土壤改良,如建立农田排灌工程,调节地下水位,改善土壤水分状况,排除和防止沼泽地和盐碱化。

②工程土壤改良,如运用平整土地,兴修梯田,引洪漫淤等工程措施改良土壤条件。

③生物土壤改良,用各种生物途径种植绿肥、牧羊增加土壤有机质以提高土壤肥力或营造防护林等。

④耕作土壤改良,改进耕作方法,改良土壤条件。

⑤化学土壤改良,如施用化肥和各种土壤改良剂等提高土壤肥力,改善土壤结构等。

土壤改良技术主要包括土壤结构改良、盐碱地改良、酸化土壤改良、土壤科学耕作和治理土壤污染。

4.3.1 土壤结构改良

沙质土壤疏松,透水能力较强,保水保肥能力较差,易造成水土流失和肥料的流失,土壤肥力不高,腐殖质含量较低,因此不利于种植园艺植物,在生产过程中,对沙质土壤应进行适当的改良。

沙质壤土的改良方法主要有:

1)施有机肥

可在春秋季进行土壤翻耕时,大量施用有机肥,可促进土壤团粒结构的形成,使氮素肥料能保存在土壤中,不易流失。

2）压土改良法

即可在沙土地铺5~15 cm厚的黏土,压土后进行深翻,使黏土与沙土充分混合,可改变沙土过度疏松的状况,使土壤保肥能力提高。

3）深翻

对于沙层不厚的土壤,可通过深翻的形式,使底层的土壤与上层的沙层进行混合,也可提高土壤的保肥能力。

4）种植绿肥

种植豆类等绿肥,然后深翻入土,增加土壤中的腐殖质,从而改善土壤的团粒结构。

5）土壤改良剂

通过施用天然土壤改良剂(如腐殖酸类、纤维素类、沼渣等)和人工土壤改良剂(如聚乙烯醇、聚丙烯腈等)来促进土壤团粒的形成,改良土壤结构,提高肥力和固定表土,保护土壤耕层,防止水土流失。

小知识

土壤改良剂

凡主要用于改良土壤的物理、化学和生物性质,使其更适宜于植物生长,而不是主要提供植物养分的物料,都称为土壤改良剂。

土壤改良剂有多类:

①矿物类。主要有泥炭、褐煤、风化煤、石灰、石膏、蛭石、膨润土、沸石、珍珠岩和海泡石等。

②天然和半合成水溶性高分子类。主要有秸秆类、多糖类物料、纤维素物料、木质素物料和树脂胶物质。

③人工合成高分子化合物。主要有聚丙烯酸类、醋酸乙烯马来酸类和聚乙烯醇类。

④有益微生物制剂类等。

4.3.2　盐碱地改良

盐碱地的主要为害是土壤含盐量高和离子毒害。当土壤的含盐量高于土壤含盐量的临界值0.2%,土壤溶液浓度过高,植物根系很难从中吸收水分和营养物质,引起"生理干旱"和营养缺乏症;土壤酸碱度高,一般高于8.0时,土壤中各种营养物质的有效性降低。不同园艺作物对土壤中盐碱要求不同,有些作物能耐一定的盐碱,但总的来说,园艺作物生长中要求土壤含盐量在0.2%以下,土壤pH为6.5~7.5。对于一些盐碱较重的土壤,在种植前必须进行改良。

盐碱地改良的主要技术措施:

1）水利改良

配备区域性的排水工程,治理无尾河川,使盐碱有出路,达到区域脱盐目的。

培肥土壤,增施有机肥,轮种绿肥。在盐碱土中增加有机肥的投入,每公顷施有机肥

（有机质含量 >8%）45 ~ 60 m³。不仅可巩固引用淡水淋盐之效果，而且还能加速土壤熟化速度，提高土壤肥力水平。

2）化学改良

每公顷施石膏 15 t 左右，做基肥一次施入，也可结合当地实际重点施在种植园碱斑的改良土上。

3）客土改良

在重碱斑地块，将碱斑挖深 40 cm，客黑土回填。

4）压砂改良

盐碱化程度较轻的土壤，每公顷拉 50 ~ 70 m³ 沙土，掺入耕层，防止返盐。

5）水旱轮作

对于 1 m 深土层氯盐含量在 0.15% 以上、旱作物不易立苗的沿海地区重盐土，必须以"洗盐种稻改良"为先导，实行成片水旱轮作，排灌分开，充分利用降水或引用淡水排走咸水，以利土壤迅速脱盐。

6）农艺措施

适时合理灌溉，以水压盐碱；中耕，切断土表的毛细管，减少盐碱上升；地面覆盖，减少地面过度蒸发，防止盐碱度上升。

7）种植耐盐碱蔬菜

选择称为耐盐碱的蔬菜进行种植，如甘蓝、菠菜、南瓜及芹菜等。

4.3.3　酸化土壤改良

酸化土壤改良是控制废气二氧化碳的排放，制止酸雨发展或对已经酸化的土壤添加碳酸钠、硝石灰等土壤改良剂来改善土壤肥力、增加土壤的透水性和透气性。

采用免耕技术、深松技术来解决由于耕作方法不当造成的土壤板结和退化问题。

4.3.4　土壤重金属污染

土壤重金属污染主要是采取生物措施和改良措施将土壤中的重金属萃取出来，富集并搬运到植物的可收割部分或向受污染的土壤投放改良剂，使重金属发生氧化、还原、沉淀、吸附、抑制及拮抗作用。

4.3.5　黏重土壤的改良

在我国长江以南的丘陵山区多为红壤土，土质极其黏重，容易板结，有机质含量较少，严重酸性化。改良的主要技术措施：

①压沙改良法。根据黏土层的厚度，按照黏土与沙比 1:（2 ~ 3）的比例进行掺沙。压沙后进行深翻，使黏土与沙土充分混合，可改变黏土的黏重不通气的状况。

②施有机肥和广种绿肥植物。提高土壤肥力和调节酸碱度。尽量选择中性至碱性肥料,也可用磷肥和石灰(750~1 050 kg/hm²)。种植豆类等绿肥,然后深翻入土,增加土壤中的腐殖质,从而改善土壤的团粒结构,增加土壤肥力。

③农艺措施。合理耕作,实施免耕或少耕,实施生草法等土壤管理措施。

4.3.6 种植园平整土地

园艺作物种植的土壤要求平整度高,蔬菜和花卉种植园对土地平整要求最高,要求在每个小区内划分的种植田块平整度一致。结合土地平整开设畦的方向,大多数采用南北畦向。果树种植园可有一定坡度,种植时可采用平畦或稍有坡度的畦。

【知识链接】

蔬菜园土壤改良的方法

1)有计划地轮作倒茬

合理安排不同科属的蔬菜进行种植,并尽量考虑不同蔬菜的科属类型、根系深浅、吸肥特点及分泌物的酸碱性等。

2)定期进行土壤消毒

(1)药剂法

可用福尔马林拌土或用硫黄粉熏蒸的方法进行土壤杀菌。

(2)日光法

温室大棚种植蔬菜时,夏季蔬菜种植闲茬的时期,撤掉棚膜,深翻土壤,利用阳光中的紫外线进行杀菌。

(3)高温法

高温季节,灌水后闷棚,也可采取给土壤通热蒸汽的方法进行杀虫灭菌。

(4)冷冻法

冬季严寒地区,可把不能利用的保护地撤膜后深翻土壤,冻死病虫卵。

3)改良土壤质地

①蔬菜收获后,深翻土壤,把下层含盐较少的土壤翻至表层与表土充分混匀。

②适当增施腐熟的有机肥,以增加土壤有机质的含量,同时改善土壤团粒结构。

③对表层土含盐量过高或 pH 值过低的土壤,可用肥沃土来替换。

④经济技术条件许可者,可进行无土栽培。

4)以水排盐

①闲茬时,浇大水,表土积聚的盐分下淋,以降低土壤溶液浓度。

②夏季蔬菜换茬空隙,撤膜淋雨或大水浸灌,使土壤表层盐分随雨水流失或淋溶到土壤深层。

5)科学施肥

①根据土壤养分状况、肥料种类及蔬菜需肥特性,确定合理的施肥量或施肥方式,做到

配方施肥,以施用有机肥为主,合理配施氮磷钾肥,化学肥料做基肥时要深施并与有机肥混合,作追肥要"少量多次",并避免长期施用同一种肥料,特别是含氮肥料。

②科学选肥,注意生理酸性肥料与生理碱性肥料的交替搭配。当土壤已经酸化或必须施用酸性肥料时,可在肥料中掺入生石灰来调节;当土壤酸化严重并想迅速增加 pH 值时,可施加熟石灰,但用量为生石灰的 1/3 ~ 1/2,且不可对正在生长植物的土壤施用。

③提倡根外追肥。根外追肥不会造成土壤破坏。

④慎施微肥。一般情况下,要用有机肥来提供微量元素,如施用微肥一定不要过量。

6)种耐盐作物

蔬菜收获后种植吸肥力强的玉米、高粱、甘蓝等作物,能有效降低土壤盐分含量和酸性,若土壤有积盐现象或酸性强,可种植耐盐性强的蔬菜如菠菜、芹菜、茄子等或耐酸性较强的油菜、空心菜、芋头等,达到吸收土壤盐分的目的。

沙土保水保肥能力低,黏土通气、透水性差,一般对粗沙土和重黏土应进行质地改良。改良的深度范围为土壤耕作层。改良的措施为沙土掺黏、黏土掺沙。沙土掺黏的比例范围较宽,而黏土掺沙要求沙的掺入量比需要改良的黏土量大,否则效果不好,甚至适得其反。掺混作业可与土壤耕作之翻耕、耙地或旋耕结合起来进行。客土改良工程量大,一般宜就地取材,因地制宜,也可逐年进行。如在进行土地平整、道路与排灌系统建设时,可有计划地搬运土壤,进行客土改良。

任务 4.4 种植制度的确定

种植制度是耕作制度的核心部分,是指一个地区或一个种植单位在一年或几年内所采用的植物种植结构、配置、熟制和种植方式的综合体系。植物的种植结构、配置和熟制又泛称为植物布局,是种植制度的基础。它包括确定种什么作物,各种多少,种在哪里,植物的组成及其配置,即植物布局问题;植物在耕地上一年种一茬还是多茬,采取什么样的种植方式,这是种植模式问题,耕地不同年份作物的种植顺序如何安排,即轮作问题。因此,植物种植方式包括单作、间作、混作、套作、连作、轮作等。

植物布局必须综合考虑自然因素(如热量、水分、光照、土质、地貌等)、社会经济因素(如人口与劳动力、交通运输、技术加工、市场需要等)及技术进步因素(如品种改良和地膜覆盖推广等)对植物布局的影响。做到讲求经济实效,增产增收,并注意合理轮作,坚持用地与养地相结合,趋利避害,最终有利于农业生产的全面发展。合理的种植制度可充分发挥各地区自然资源和经济条件的优势,提高农作物的产量和质量,取得较好的经济效益、生态效益和社会效益。

4.4.1 连作

连作是指一年内或连续几年内,在同一田地上种植同一种作物的种植方式。

1）连作的优点

有利于充分利用同一地块的气候、土壤等自然资源,大量种植生态上适应且具有较高经济效益的作物,没有倒茬的麻烦,产品较单一,管理上简便。

2）连作的缺点

连作易造成病虫害严重、土壤理化性状与肥力均不良化、土壤某些营养元素变得偏缺而另一些有害于植物营养的有毒物质累积超量。这种同一田地上连续栽培同一种作物而导致作物机体生理机能失调、出现许多影响产量和品质的异常现象,即连作障碍。因此,许多园艺作物不能连作,蔬菜,西、甜瓜、花卉作物,栽培茬次多,尤其是温室、塑料大棚中,很容易发生连作障碍。

知识链接

园艺作物种类繁多,不同作物忍耐连作的能力有很大差别。番茄、黄瓜、西瓜和甜瓜、甜椒、韭菜、大葱、大蒜、花椰菜、结球甘蓝、苦瓜等不宜连作;花卉中翠菊、郁金香、金鱼草、香石竹等不宜连作或只耐一次连作;果树中最不宜连作的是桃、樱桃、杨梅、果桑及番木瓜等,苹果、葡萄、柑橘等连作也不好,这些果树一茬几十年,绝对不能在衰老更新时再连作。重茬作物,不只产量品质严重下降,而且植株死亡的情况很普遍,是生产上不能允许的。白菜、洋葱、豇豆及萝卜等蔬菜作物,在施用大量有机肥和良好的灌溉制度下能适量连作,但病虫害防治上要格外注意。因此,不管作物是否能忍耐连作,或连作障碍不显著,从生产效益上考虑应尽量避免连作。生产上一块田地种植西瓜,应在此后5年不种西瓜;番茄应避免3年,至少2年;白菜、萝卜要隔1年。

克服连作障碍的方法是轮作、多施有机肥、排水洗盐、采用无土栽培等。桃园更新时,砍除老桃树(连根)后连续三四年种植苜蓿或其他豆科绿肥作物,再植桃幼树,能有效地克服桃连作障碍。

4.4.2 轮作

轮作是指在同一块田地上,有顺序地在季节间或年间轮换种植不同的类型植物的种植制度。轮作是用地养地相结合的一种生物学措施,是克服连作的最佳途径。

1）轮作的作用

合理的轮作有很高的生态效益和经济效益。

(1)防治病、虫、草害

园艺作物的许多病害如西瓜蔓枯病、茄子黄萎病等都通过土壤侵染。如将感病的寄主作物与非寄主作物实行轮作,便可消灭或减少这种病菌在土壤中的数量,减轻病害。对为害作物根部的线虫,轮种不感虫的作物后,可使其在土壤中的虫卵减少,减轻危害。合理的轮作也是综合防除杂草的重要途径,因不同作物栽培过程中所运用的不同农业措施,对田间杂草有不同的抑制和防除作用。例如,马铃薯、大葱,封垄后对一些杂草有抑制作用;甘蓝、果园等中耕作物,中耕时有灭草作用。

（2）有利于均衡地利用土壤养分

各种作物从土壤中吸收各种养分的数量和比例各不相同。例如，叶菜类蔬菜对氮的吸收量较多，而对钾的吸收量较少；豆科作物吸收大量的钾，而能固定氮肥。因此，两类作物轮换种植，可保证土壤养分的均衡利用，避免其片面消耗。

（3）改善土壤理化性状，调节土壤肥力

果树是多年生植物，具有庞大根群，可疏松土壤、改善土壤结构；绿肥作物和花卉作物，可直接增加土壤有机质来源。另外，轮种根系伸长深度不同的作物，深根作物可以利用由浅根作物溶脱而向下层移动的养分，并把深层土壤的养分吸收转移上来，残留在根系密集的耕作层。同时轮作可借根瘤菌的固氮作用，补充土壤氮素。

2）轮作分类

轮作因采用方式的不同，分为定区轮作与非定区轮作（即换茬轮作）。定区轮作通常规定轮作田区的数目与轮作周期的年数相等，有较严格的作物轮作顺序，定时循环，同时进行时间和空间上（田地）的轮换。在中国多采用不定区的或换茬式轮作，即轮作中的作物组成、比例、轮换顺序、轮作周期年数、轮作田区数和面积大小均有一定的灵活性。

轮作周期是指轮作的田区内按一定次序轮换种植作物时，每经一轮所需的年度数。周期短的一年，一年内种植几茬（种类）作物，周期长的 5~7 年或更长时间（如果树轮作要几十年以上）。轮作利用植物不同生长期、不同需光（热）和水肥特点，按次序种植充分利用季节，能提高土地的种植系数（复种指数）。

轮作的顺序性，即轮作应遵循的合理次序。安排这个轮作次序的原则是：轮作相邻近的作物茬应不同种类，不同种植方式，病虫害类型差异大，作物的需肥水特性有较大差异等。轮作茬口相接的作物在季节利用上应当符合季节变化的特点。从大农业观点出发，作物的轮作应不限于园艺植物，也可以插入农作物，如玉米、向日葵以及绿肥作物。

3）轮作的茬口安排

（1）根据缓解土壤酸碱度、平衡土壤肥力安排茬口

充分利用不同的蔬菜吸收土壤养分量不同，把需氮较多的需磷较多的和需钾较多的蔬菜轮作，或把深根性蔬菜同浅根性蔬菜进行轮作，就可以充分利用土壤中各层次的养分。一般需氮较多的叶菜类后茬最好安排需磷较多的茄果类。吸肥快的黄瓜、芹菜、菠菜，下茬最好种对有机肥反应较多的番茄、茄子、辣椒等。例如，种植马铃薯、甘蓝等会提高土壤酸度，而种植玉米、南瓜等会降低土壤酸度；又如，把对酸度敏感的葱类安排在玉米、南瓜之后，可获得较高的产量和效益。种植豆类蔬菜可增加土壤有机质，改良土壤结构，提高土壤肥力。而长期种植一些需氮肥较多的叶菜类蔬菜，会使土壤养分失去平衡，致使蔬菜发生缺素症，因而降低产量和品质。例如，把生长期长的与生长期短的蔬菜、需肥多的与需肥少的蔬菜互相换茬种植，季季茬茬都可获得高产。

（2）根据蔬菜对养分需求的不同安排茬口

把需氮肥较多的叶菜类、需磷肥较多的茄果类和需钾肥较多的根茎类蔬菜相互轮作倒茬，把深根类的豆类、茄果类同浅根类的白菜、甘蓝、黄瓜、葱蒜类蔬菜进行轮换倒茬，这样可使土壤不同层次中的养分都得到充分利用。一般需氮肥较多的叶菜类蔬菜后茬最好安排需磷肥较多的茄果类蔬菜。

（3）根据有利于减轻病虫害的安排茬口

不同蔬菜合理轮换种植，可使病原菌失去寄生或改变其生活环境从而达到减轻或消灭病虫害的目的。例如，黄瓜枯萎病、蚜虫等，同样可侵染其他瓜类蔬菜。若改种别种蔬菜，会达到减少或消灭病虫害的效果，如葱、蒜采收后种大白菜，可使软腐病明显减轻。如实行粮菜轮作、水旱轮作，对控制土壤传染性病害更有效。

（4）根据蔬菜对杂草抑制作用的强弱安排茬口

上茬安排的是对杂草抑制作用强的蔬菜，下茬就可安排对杂草抑制作用差的蔬菜。一些生长迅速或栽培密度大、生长期长、叶片对地面覆盖度大的蔬菜，如瓜类、甘蓝、豆类、马铃薯等，对杂草有明显的抑制作用；而胡萝卜、芹菜等发苗较缓慢或叶小的蔬菜易滋生杂草。将这些不同类型的蔬菜轮换倒茬进行栽培，可收到减轻草害、提高产量、增加收入的效果。

4.4.3　间作

间作是指一茬有两种或两种以上生育季节相近的作物，在同一块田地上成行或成带（多行）间隔种植制度。一般一种为主栽植物，另外一种或几种为间作植物的种植制度。在选择间作种植制度时，要根据需要选择，主栽作物、间作物可以都是园艺作物，也可以有的是园艺作物，有的不是园艺作物，如核桃幼树期与小麦间作，小白菜与辣椒间作，葡萄与豆类植物间作等。

1）间作的优点

间作可提高土地利用率，由间作形成的作物复合群体可增加对阳光的截取与吸收，减少光能的浪费；同时，两种作物间作还可产生互补作用，如宽窄行间作或带状间作中的高秆作物有一定的边行优势、豆科与其他科园艺作物间作有利于补充土壤氮元素的消耗等。总之，间作可充分利用空间，高矮作物进行搭配，能充分利用上下空间中的光照，互相提供良好的生态条件；促进主栽与间作作物的生长发育，获得良好的经济效益。

2）间作的缺点

作物进行间作时，管理比较复杂，比单一作物管理困难，用工量大，机械作业比较困难，加之间作时不同作物之间也常存在着对阳光、水分、养分等的激烈竞争。因此，在间作物的选择上要依据主栽作物实际情况进行选择合适的间作物，如间作物与主栽作物间不能争光、争地、争肥、争水、没有共同病虫害等，一般可选择一些矮秆间作物，种植时与主栽作物有一定的间距等。在种植密度上也应进行合理的栽植。对株型高矮不一、生育期长短稍有参差的作物进行合理搭配和在田间配置宽窄不等的种植行距，有助于提高间作效果。当前的趋势是旱地、低产地、用人畜力耕作的田地及豆科、禾本科作物应用间作较多。

4.4.4　套作

套作是指在前季作物生长后期的株、行或畦间或架下栽植后季作物的一种种植方式。套作的两种或两种以上作物的共生期只占生育期的一小部分时间，是一种解决前后季作物间季节矛盾的复种方式。

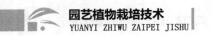

4.4.5　混作

混作是指将两种或两种以上生育季节相近的作物按一定比例混合种在同一块田地上的种植方式。多不分行，或在同行内混播或在株间点播。例如，大蒜和菠菜混种，3 月下旬—4月初，按照 16～20 cm 行距种大蒜，同时撒菠菜籽，先收菠菜；温室栽培中，番茄和小白菜混种，2 月中下旬作畦种植番茄，同时撒播小白菜籽，3 月中下旬先采收小白菜，然后番茄进行搭架，进行栽培管理。

4.4.6　复种

同一块土地上在一年内连续种植超过一熟（茬）作物的种植制度，又称多次作。复种是中国蔬菜集约化栽培的主要特点之一，能显著提高土地和光能利用率，是实现蔬菜高产种类多样、周年均衡供应的一个有效途径。一块土地复种程度的高低，用复种指数来表示，即

$$耕地复种指数 = \frac{全年收获总面积}{耕地总面积} \times 100\%$$

复种主要应用于生长季节较长、降水较多（或灌溉）的暖温带、亚热带或热带，特别是其中人多地少的地区。主要作用是提高土地和光能的利用率，以便在有限的土地面积上，通过延长光能、热量的利用时间，使绿色植物合成更多的有机物质，提高作物的单位面积年总产量；使地面的覆盖增加，减少土壤的水蚀和风蚀；充分利用人力和资源。

中国各地的复种方式，因纬度、地区、海拔、生产条件而异。大致在作物能安全生育的季节种一熟有余、种二熟不充裕的地区，多采用二茬套作方式，以克服前后作的季节矛盾，或在冬作收获后，夏季播栽早熟晚秋作物。在冬凉少雨或有灌溉条件的华北地区，旱地多为小麦-玉米二熟、小麦-大豆二熟，或春玉米-小麦-粟二年三熟。在冬凉而夏季多雨的江淮地区，普遍采用麦-稻二熟，或麦、棉套作二熟。在温暖多雨，灌溉发达的长江以南各省和台湾等地，稻田除麦-稻二熟，油菜-稻二熟和早稻-晚稻二熟外，盛行绿肥-稻-稻，麦-稻-稻，油菜-稻-稻等三熟制，华南南部还有三季稻的种植。旱田主要采用大、小麦（蚕豆、豌豆）-玉米（大豆、甘薯）二熟制，部分采用麦、玉米、甘薯套作三熟制。

4.4.7　立体种植

立体种植又称立体农业或层状种植，是指同一田地上多层次地生长着各种作物的种植方式。

狭义来讲，立体种植就是指充分利用立体空间的一种种植（养殖）方式，简单的例子就是"稻-萍-鱼"种养结合。

广义来说，立体种植也可理解成充分利用时间、空间等多方面种植（养殖）条件来实现优质、高产、高效、节能、环保的农业种养模式。典型的例子应该就是中国传统的"四位一体"的庭院农业模型（如将鸡、猪、沼、菜等生物组分整合成一个生态微循环系统）。

　　仅指立体种植而言,是农作物复合群体在时空上的充分利用。根据不同作物的不同特性,如高秆与矮秆、富光与耐阴、早熟与晚熟、深根与浅根、豆科与禾本科,利用它们在生长过程中的时空差,合理地实行科学的间种、套种、混种、复种、轮种等配套种植,形成多种作物、多层次、多时序的立体交叉种植结构。蘑菇的立体种植如图4.1所示。草莓的立体种植如图4.2所示。

图4.1　蘑菇的立体种植　　　　　　　　图4.2　草莓的立体种植

　　现代立体种植在园艺生产中,更多的应用于园林绿化,室内外装饰及家庭室内、阳台、屋顶等,如阳台蔬菜种植就是新型的一种家庭阳台立体种植的应用。

复习思考题

　　1.说明种植园规划设计程序。

　　2.调查当地种植园建立工作,分析存在的问题,提出解决措施。

　　3.通过对种植园环境条件的分析,指出建园过程中在作物种类和品种配置上应注意的事项。

　　4.园艺种植园制度主要有哪些?

　　5.连作种植制度的为害有哪些? 如何克服?

　　6.在种植园中,如何做到合理轮作?

项目5 园艺植物的繁殖

知识目标

了解各类园艺植物常用的繁殖方式。

掌握园艺植物常用的繁殖技术。

技能目标

掌握蔬菜、草花种子的播种技术。

掌握花卉、果树硬枝扦插、软枝扦插技术。

掌握园艺植物枝接、芽接、靠接、仙人掌类嫁接繁殖基本技术。

掌握果树、花卉的分生、压条技术。

$$\boxed{\textbf{任务 5.1 \quad 种子育苗}}$$

种子育苗是利用园艺植物的种子,对其进行一定的处理和培育,使其萌发生长,成为新的个体,是植物的有性繁殖方式。

在实际生产中种子繁殖应用最多,特别是许多蔬菜、花卉植物大多是用此方法培育的。植物的种子体积小,采收、贮运、销售都很方便,且播种苗具有生长旺盛、主根发达、抗性强等优点,所以播种繁殖及其种苗培育在园艺业中占有重要地位,种子、种苗业是园艺业中具有很大发展潜力的行业。

种子育苗繁殖的一般程序为

采种→贮藏→种子处理→播种→播后管理

每一个环节都有其具体的管理要求。

5.1.1 种子的采收、贮藏与处理

1)采种

种子是苗木繁殖的主要材料,种子品质是否优良直接影响繁殖结果,因此,如何采集高品质的种子是苗木生产的关键。为此,应选择生长健壮、无病虫害、无机械损伤的植株作为采种母株,并选择其中生长发育良好且具有品种典型性状的果实为种源。要及时掌握种子成熟时期,做好采种的组织和各项准备工作,做到既不早采(掠青),也不晚采。

采种时期应依植物成熟期而定。对于自然裂开、落地或因成熟而易开裂的果实,须在果实熟透前收获,经晾晒后取种、干燥,如荚果、蒴果、长角果、针叶树的球果,某些草籽(颖果),以及菊科植物的瘦果等。果实风干后,种子便可经揉搓、敲打、机械处理等后,自果实中脱出;对于肉质果的种子,须在果实充分成熟并且足够软化后采集,需经发酵或机械的方法,去除果肉取出种子。

2)贮藏

(1)种子的寿命

种子从完全成熟到丧失生活力所经历的时间,被称为种子的寿命,即种子所能保持发芽能力的年限。一批种子的寿命是指种子群体的生活力从种子收获降低到50%所经历的时间,即种子群体平均寿命,又称种子的"平活期"。但是,由于农业生产上需要的种子发芽率远高于50%,甚至高达95%,因此,农业种子寿命的概念是:贮藏在一定环境条件下的种子能保持在母体植株上达到生理成熟时的生活力,而且能长成正常植株的期限。

种子的寿命与贮藏种子的环境条件有关,尤其是温度和湿度;一般种子贮藏要求干燥、低温的环境条件。在常规的贮藏条件下,可根据种子寿命长短,可分为长命种子、中命种子和短命种子。

①长命种子。一般4~6年以上,瓜类、蚕豆、茄子、白菜等。

②中命种子。一般为2~3年,大多数果树、蔬菜、花卉种子。

③短命种子。发芽年限为几个月至一年,如热带果树柑橘、荔枝、芒果等、葱蒜类等。

（2）种子的贮藏

种子贮藏的工作就是在可能的范围内最大限度地保存种子的生活力,达到保存和延长种子的寿命的目的。种子的寿命除了由其本身的遗传特性决定外,还受到采后处理、加工及保存条件的影响,其中温度、水分及通气状况是影响种子贮藏寿命的关键因素,而且它们相互制约,共同影响种子寿命。

根据种子的特性,可将种子的贮藏方法分为干藏法和湿藏法。

①干藏法。就是将干燥的种子贮藏于干燥环境中,凡是含水量低的种子都可以采取此法。具体操作方法又可分为以下5种:

a. 普通干藏法。将充分干燥的种子放置于麻袋、布袋、无毒塑料编织袋或缸、木箱等容器中,在温度较低、干燥、通风的仓库中进行贮藏的方法。种子的温度、湿度(种子本身的含水量)往往随着贮藏库内的温湿度变化而变化。因而,为了延长种子寿命,应特别需要注意库内温湿度的调节。贮藏前仓库要进行消毒处理,一般用石灰水刷墙即可。另外,为防止湿度过大,可在仓库内适当位置放生石灰以吸湿,干燥空气,同时还可起消毒作用。

普通干藏方法简单、经济,适合于贮藏大批量的生产用种。贮藏期限一般1~2年,3年以上则种子生活力明显下降。

b. 密封干藏法。把种子干燥到符合密封要求的含水量标准,再用各种不同的容器或不透气的包装材料密封起来进行贮藏的方法。这种方法在一定的温度条件下,不仅能较长时间保持种子的生活力,延长种子的寿命,而且便于交换和运输。

c. 气藏法。即控制气体贮藏法。在贮有种子的密闭容器中充入氮气、二氧化碳等气体,或抽成真空以降低氧气的浓度,使种子与外界隔绝,不受外界湿度的影响,抑制呼吸作用,从而达到延长种子寿命,提高种子使用年限的目的。这是一种很有发展前途的贮藏方法,尤其是用于植物育种原始材料的贮藏。

d. 低温干藏法。将贮藏的温度降至0~5 ℃,相对湿度维持25%~50%,充分干燥的种子寿命可保持一年以上。要达到这种低温贮藏标准,一般要有专门的种子贮藏室或有控温、控湿设备的种子库。

e. 低温密封干藏法。低温密封干藏法是使种子在贮藏期间与外界隔绝,不受外界温度、湿度变化的影响,可长期保持干燥状态。这种方法多用于需长期贮藏,或因普通干藏和低温干藏易丧失发芽力的种子。低温密封干藏法主要是能较好地控制种子的含水率。只要把种子装入能密封的容器,容器中放入吸水剂,如氯化钙、生石灰、木炭等,把容器口封闭,贮藏在低温(-5~0 ℃)种子库或类似环境中,可延长种子寿命5~6年。

②湿藏法。是将种子放置在湿润、通气、低温的环境中,以保持种子的生命力的贮藏方法。安全含水量高的种子需采用此法贮藏,如银杏、栎类、板栗、樟树、楠木、油茶等,种子寿命较短,从种子成熟到播种都需在湿润状态保存。湿藏有解除种子休眠的作用,可以结合种子催芽进行贮藏。

湿藏一般采用混沙贮藏,也称为沙藏。选用干净、无杂质的河沙,沙子的湿度因树种不同有所差异,一般为饱和含水量的60%(简单的确认方法是,抓一把湿沙用手握沙子不滴水,松开后沙子团不散开)。贮藏温度一般为0~5 ℃。湿藏温度不宜太低,低于0 ℃容易冻伤种子。按种子∶沙＝1∶3的比例混合。小粒种子直接与沙混合均匀后放置在贮藏坑中；大粒种子可一层沙一层种子分层放置。种子层不能太厚，是沙层的1/3，以每粒种子都能接触沙子为好。还可种沙混合后，一层沙子，一层种沙混合物放置。贮藏地点室内、室外均可，室内一般是堆藏，室外可堆藏，也可挖坑埋藏。室外堆藏或埋藏要选择背风向阳，雨淋不进、水浸不到的地方。

此外，有一些种子还可进行流水贮藏，如睡莲、红松类种子等，把红松种子装在麻袋内沉与流水中贮藏，效果良好。

种子运输其实也是一种短期贮藏种子的方法。运输种子时为保证种子质量，必须对种子进行妥善包装，防止种实过湿、暴晒、受热发霉。运输应尽量缩短时间，运输过程中要经常检查，运到目的地应及时贮藏。

3）种子播前处理

播种用的种子，必须是经检验合格的种子，否则不得用于播种。为了提高种子的发芽率，缩短育苗期限，达到出苗快、齐、匀、全、壮的目的，提高苗木的产量和质量，在播种之前要进行选种、消毒和催芽等一系列的处理工作。

（1）种子精选

种子经过贮藏，可能发生虫蛀和腐烂的现象，为了提高种子的纯度，播种前需清除种子中的夹杂物，如石块、土粒、枝叶、杂草、碎片、异品种种子、空瘪种子、劣变种子等。种子差异大的可按种粒的大小加以分级，分别播种，使发芽迅速，出苗整齐，便于管理。

（2）种子消毒

播种前对种子进行消毒，既可消灭种子本身所带的病菌和害虫，又能预防保护，使种子在土壤中避免病虫的为害。种子消毒一般采用药剂拌种或浸种的方法。种子消毒过程中，应特别注意药剂浓度和操作安全，胚根已突破种皮的种子进行消毒易受伤害。

①硫酸铜、高锰酸钾溶液浸种。用硫酸铜溶液进行消毒，可用0.3%～1%的溶液，浸种4～6 h；若用高锰酸钾消毒，则用0.5%溶液浸种2 h，或用5%溶液浸种30 min。取出后用清水冲洗数次，阴干后备用。但对催过芽的种子以及胚根已突破种皮的种子，不能用高锰酸钾消毒。

②甲醛（福尔马林）浸种。在播种前1～2 h，用0.15%的甲醛溶液浸种15～30 min，取出后密闭2 h，再将种子摊开阴干即可播种。

③升汞（氯化汞）浸种。用升汞进行种子消毒，一般用0.1%溶液浸种15 min。

④药剂拌种：

a.赛力散（磷酸乙基汞）拌种。一般于播种前20 d进行拌种，每千克种子用药2 g，拌种后密封贮藏，20 d后进行播种，既有消毒作用也起防护作用。

b.西力生（氯化乙基汞）拌种。此法消毒效果好，且有刺激种子发芽的作用。用法及作用与赛力散相似，每千克种子用药1～2 g。

⑤五氯硝基苯混合剂施用或拌种。目前常以五氯硝基苯和敌克松（对二甲氨基苯重氮磺酸钠）以3∶1的比例配合，结合播种施用于土壤，施用量2～6 g/m²，也可单用敌克松粉剂拌种，用药量为种子重的0.2%～0.5%，对防治松柏类树种的立枯病有较好效果。

⑥石灰水浸种。用1%～2%的石灰水浸种24 h，有较好的灭菌效果。

（3）破眠催芽

有生活力的种子由于某些本身的生理因素或外界环境条件的影响，所造成的延迟发芽或发芽困难的现象称为种子休眠。未解除休眠的种子播种后难以出苗，发芽期长，生长不整齐，影响苗木的质量。生产上必须采用一定的技术措施对种子进行处理，保证种子正常发芽。生产上主要采用的措施有：

①机械破皮。破皮是开裂、擦伤或改变种皮的过程。破皮使坚硬和不透水的种皮（如山楂、樱桃、山杏、酸枣等）透水透气，从而促进发芽。对于少量大粒种子，可使用砂纸磨、锥刀锉或锤砸、碾子碾及老虎钳夹开种皮等工具处理。对于大量种子，则需要用特殊化的机械破皮机。

②化学处理。种壳坚硬或种皮有蜡质包裹的种子（如山楂、玉兰、酸枣及花椒等），也可浸入有腐蚀性的浓硫酸（95%）或氢氧化钠（10%）溶液中，经过短时间的处理，使种皮变薄、蜡质消除、透性增加，利于萌芽。浸后的种子必须用清水冲洗干净。

用赤霉素（5~10 uL/L）处理可以打破种子休眠，代替某些种子的低温处理。用0.3%碳酸钠和0.3%溴化钾浸种，也可促进种子萌发。

③清水浸种。清水浸泡种子可软化种皮，促使种子吸水膨胀，除去发芽抑制物，促进种子萌发。清水浸种时的水温和浸泡时间是关键条件，根据水温的不同，可分为一般浸种、温汤浸种、热水烫种等，后两种适宜有厚硬壳的种子，如核桃、山桃、山杏、山楂、油松等，生产上蔬菜作物育苗也多用清水浸种。

a.一般浸种。用常温水浸种，使种子吸胀水分，但无杀菌作用，适用于种皮薄、吸水快、易发芽不易受病虫污染的种子，如白菜、甘蓝等。

b.温汤浸种。水温50~55 ℃，这是一般病菌的致死温度，需保持10~15 min，并不断搅拌，使水温均匀，随后水温自然下降至室温，继续浸泡。温汤浸种具有杀菌作用。

c.热水烫种。为了更好地杀菌，并使一些不易发芽的种子易于吸水，水温70~85 ℃。先用凉水浸湿种子，再徐徐注入开水，边倒边搅拌，水温达70~85 ℃时停止注开水，继续搅拌，经1~2 min后，注入凉水至50 ℃左右，再温汤浸种法处理。

浸种时应注意以下几点：第一，要把种子充分淘洗干净后再浸种；第二，浸种过程中要勤换水，保持水质清新，一般每12 h换一次水为宜；第三，浸种水量要适宜，以略大于种子的4~5倍为宜；第四，浸种的时间要适宜，不同植物浸种时间有较大差异。

（4）层积处理

将种子与潮湿的介质（通常为湿沙）一起分层放置贮放在低温条件下，以保证其顺利通过后熟作用，这种方法称为层积，也称沙藏处理。春播种子长用此种方法来促进萌芽。生产上多用于木本果树及观赏树木种子的处理。

层积前先用水浸泡种子5~24 h，待种子充分吸水后，取出晾干，再与干净河沙混匀。沙的用量是：中小粒种子一般为种子容积的3~5倍，大粒种子为5~10倍。沙的湿度以手捏成团不滴水即可，约为沙最大持水量的50%。种子量大时用沟藏法，选择背阴高燥不积水处，沟深50~100 cm，宽40~50 cm，长度视种子而定，沟底先铺5 cm厚的湿沙，然后将已拌好的种子放入沟内，距离地面10 cm处，用河沙覆盖，一般要高出地面呈屋脊状，上面再用草或草垫盖好。种子量小时可用花盆或木箱层积。温度最好保持在2~7 ℃。层积日数因不同种类而异，一般小粒种子，如山定子、海棠、杜梨、桂花、月季等，需层积30~60 d，大粒种子,如核桃、山杏、山桃、酸枣,需层积 60~90 d。有些层积处理时间需更长,板栗、酸樱桃 100~180 d,山楂 200~300 d。层积期间要注意检查温、湿度,特别是春节以后更要注意防腐烂、过干或过早发芽,春季大部分种子露白时及时播种。

5.1.2 播种技术

1)播种时期

园艺植物的播种时期很不一致,随种子的成熟期、当地的气候条件及栽培目的不同而有较大的差异。一般园艺植物的播种期可分为春播和秋播两种。春播从土壤解冻后开始,以 2—4 月为宜,秋播多在八九月,至冬初土壤封冻前为止。露地蔬菜和花卉主要是春秋两季。果树一般早春播种,冬季温暖地带可晚秋播。温室蔬菜和花卉没有严格季节限制,常随需要而定。亚热带和热带可全年播种,以幼苗避开暴雨与台风季节为宜。

2)播种地准备

播种地应选择有机质较为丰富、土地松软、排水良好的沙质壤土。播前要消毒、施足基肥,整地做畦、耙平。目的是创造一个良好的土壤肥力条件,保证苗木顺利出土,减少病虫害的为害,便于苗期管理。

(1)深翻熟土

深翻熟土是土壤改良的基本措施。园艺植物苗木的生长主要靠根系从土壤中吸取营养,根系的旺盛生长活动需要透气性良好和富有肥力的土壤条件。深翻熟土可改善土壤结构和理化性状,增加土壤孔隙度,提高土壤的保水力、保肥力、透水性和透气性,同时增加土壤微生物分解难溶性有机物的能力,能引导根系向土壤深处生长。

(2)施入基肥

深翻结合施入有机腐熟肥料,能有效改善土壤的结构,增加土壤中的腐殖质,相应地提高了土壤肥力,从而为根系的生长创造条件。

(3)土壤消毒

土壤是病虫寄生繁殖的主要场所,也是传播病虫害的主要媒介,许多病菌、虫卵和害虫都在土壤中生存或越冬,土壤中还常有杂草种子。土壤消毒可控制土传病害、消灭土壤有害生物,为园艺植物种子和幼苗创造有利的生存环境。

土壤常用的消毒方法有:

①火焰消毒。在特制的火焰土壤消毒机,用汽油作燃料加温,使土壤温度达到 79~87 ℃,并不会使有机质燃烧。在我国,一般采用燃烧消毒法,在露地苗床上,铺上干草点燃,可消灭表土中的病菌、害虫和虫卵,翻耕后还能增加一部分钾肥。

②蒸气消毒。多用 60 ℃水蒸气通入土壤,密闭保持 30 min,既可杀死土壤线虫和病原物,又能较好地保留有益菌。

③溴甲烷消毒。溴甲烷是土壤熏蒸剂,可防治真菌、线虫和杂草。在常压下,溴甲烷为无色无味的液体,对人类剧毒的临界值为 0.006 5 mg/L,因此,操作时要佩戴防毒面具。一般用量为 50 g/m²。将土壤整平后开浅沟,将药罐放在预先置入沟中的 W 形开孔器上,用熟料薄膜覆盖,四周压紧,用脚踏破药罐,药液流出气化,熏蒸 1~2 d,揭膜散气 2 d 后再使用。由于此药剧毒,必须经专业人员培训后方可使用。

④甲醛消毒。40%的甲醛溶液称福尔马林,用50倍液浇灌土壤至湿润,用塑料薄膜覆盖,经过两周后揭膜,待药液挥发后再使用。一般1 m³培养土均匀撒施50倍的甲醛400~500 mL。此药的缺点是对许多土传病害如根瘤病、枯萎病及线虫效果较差。

⑤石灰粉消毒。石灰粉既可杀虫灭菌,又能中和土壤的酸性,南方多用。一般每平方米床面用15~20 g,或每立方米培养土90~120 g。

⑥硫酸亚铁消毒。用硫酸亚铁干粉2%~3%的比例拌细土撒于苗床,每公顷用药土150~200 kg。

⑦硫黄粉消毒。硫黄粉可杀死病菌,也能中和土壤中的盐碱,多在北方使用。用药量为每平方米床面用25~30 g施入,或每立方米培养土80~90 g。

此外,还有很多药剂,如五氯硝基苯、辛硫酸、多菌灵、氯化苦、漂白粉等,也可用于土壤消毒。近几年,我国从德国引进一种新药——必速灭颗粒剂,是一种广谱性土壤消毒剂,已用于苗床、基质、培养土及肥料的消毒。使用量一般为1.5 g/m²或60 g/m²基质,大田15~20 g/m²。施药后要过7~15 d才能播种,此期间可松土1~2次。

（4）播种前的整地

播种前的整地,为种子的发芽、幼苗出土创造良好条件,以提高场圃发芽率和便于幼苗的抚育管理。整地的要求如下:

①细致平坦。播种地要求土地细碎,在地表10 cm深度内没有较大的土块。种子越小其土粒也应细小,否则种子落入土壤细缝中吸不到水分影响发芽,也会因发芽后的幼苗根系不能和土壤密切结合而枯死。播种地还要求平坦,这样灌溉均匀,降雨时不会因土地不平低洼处积水而影响苗木生长。

②上松下实。播种地整好后,应为上松下实。上松有利于幼苗出土,减少下层土壤水分的蒸发;下实可使种子处于毛细管水能够到达的湿润土层中,以满足种子萌发时所需要的水分。上松下实为种子萌发创造了良好的土壤环境。为此,播种前松土的深度不宜过深,应等于大、中、小粒种子播种的深度。土壤过于疏松时,应进行适当的镇压,在春季或夏季播种,土壤表面过于干燥时,应播前灌水(俗称阴床)或播后进行喷水。

3）播种量

单位面积内所用种子的数量称播种量,通常用kg/667 m²表示。播前必须确定适宜的播种量,一般可计算为

$$播种量 = \frac{每667 \text{ m}^2 \text{计划育苗数}}{每千克种子粒数×种子纯净度×种子发芽率} ×100\%$$

其实在生产实际中并不是每粒种子都能成苗,因此,根据上式计算出的理论播种量是最低播种量,实际播种量应视土壤质地松硬、气候冷暖、病虫草害、雨量多少、种子大小、播种方式(直播或育苗)、播种方法等情况而异,一般再根据经验乘以种苗损耗系数以矫正出真实播种量,极小粒种子(千粒重<3 g)的种苗损耗系数大于5,中、小粒种子为1~5,大粒种子(千粒重>700 g)也在1以上。

4）播种方式

种子播种可分为大田直播和畦床播种两种。大田直播可以平畦播,也可以垄播,播后不行移栽,就地长成苗或供作砧木进行嫁接培养成嫁接苗出圃。畦床播种一般在露地苗床

或室内浅盆集中育苗,经分苗培养后定植田间。播种方式有撒播、条播、点播(穴播)3种。

(1)撒播

撒播是将种子均匀撒在苗床上的方法。撒播要均匀,不可过密,撒播后用耙轻耙或用筛过的土覆盖,稍埋住种子为度。此法比较省工,而且出苗量大。但是,出苗稀密不均,管理不便,苗子生长细弱;海棠、山定子、韭菜、菠菜、小葱等小粒种子多用撒播。

(2)条播

条播是在苗床上按一定距离开沟,沟底宜平,沟内播种,覆土填平。条播有一定的行间距,光照充足通风良好,苗木生长健壮,便于机械化操作。适用于多数种子较小的果树、花卉和株型小的蔬菜。

(3)点播(穴播)

点播是先将床地整好,开穴,每穴播种2~4粒,待出苗后根据需要确定留苗株数。该方法节约种子,苗分布均匀,营养面积大,生长快,成苗质量好,但播种费工,单位面积产苗量少。适用于大种子的果树(如核桃、板栗、桃、杏、龙眼、荔枝)、花卉和株型较大的蔬菜(如菜豆、茄果类、瓜类等)。

5)播种深度

播种深度依作物种类、种子大小、气候条件和土壤性质而定,一般为种子横径的2~5倍,如核桃等大粒种子播种深度为4~6 cm;海棠、杜梨2~3 cm;甘蓝、石竹、香椿0.5 cm为宜。总之,在不妨碍种子发芽的前提下,以较浅为宜。土壤干燥,可适当加深。秋、冬播种要比春季播种适当深播,沙土比黏土要适当深播。播种后应立即盖一层土,即"盖籽土",以保持床土水分,防止过分蒸发,同时还有助于子叶脱壳出苗。

5.1.3　苗木培养

1)出苗期的管理

种子播入土中需要适宜的条件才能迅速萌芽。出苗前若土壤干旱,应适时喷水或渗灌,切勿大水漫灌,以防表土板结闷苗。密切注意土壤湿度的变化,如发现表土过干,影响种子发芽出土时,要适时喷水,使表土经常保持湿润状态,为幼苗正常生长创造良好条件。但切忌漫灌,以免使表土形成硬盖,影响幼苗正常出土。若发芽期要求水分足、温度高,可于播种后立即覆盖地膜,以增温保湿,当大部分幼芽出土后,应及时划膜或揭膜放苗。

2)间苗、补苗

播种育苗,往往因播种量偏大或播种不均匀而产生幼苗过密,所以造成光照不足,通风不良,影响苗木生长,因此要进行间苗或分苗。间苗要掌握"间小留大、去劣留优、间密留稀"的原则,结合中耕松土时进行。树种生长快,间苗宜早,幼苗生长4~5片真叶时进行第1次间苗,苗木生长出现拥挤时进行第2次间苗。蔬菜和草本植物一般于幼苗长到2~4片真叶时,间苗、分苗或直接移入大田。移栽太晚缓苗期长,太早则成活力低。移植前要采取通风降温和减少土壤湿度措施来炼苗。移植前一两天浇透水以利起苗带土,同时喷一次防病农药。对幼苗疏密不均或缺苗的现象,要及时进行补苗。

3)松土除草

中耕松土要主要保护苗木根系,尤其是第1次松土,要在土壤墒情良好时进行。表土干燥时松土,会搬动土块,拉伤苗根,造成苗木死亡。苗木生长初期,松土要浅,一般深度为3~5 cm,除草应掌握"除早、除小、除了"的原则。可用人工除草,也可机械除草,还可进行化学除草。除草剂的最适使用时间,以杂草刚刚露出地面时效果最好。一般苗圃1年用两次除草剂即可。第1次在播种后出苗前;第2次可根据除草剂残效长短和苗圃地杂草生长情况而定。

4)施肥灌水

幼苗生长过程中,要适时适量补肥、浇水。迅速生长期以追施或喷施速效氮肥为主;后期增施速效磷、钾肥,以促进苗木组织充实。

此外,苗圃病虫害很多,应及时进行综合防治。

5.1.4 育苗技术

园艺植物的种类相当多,很多的园艺植物栽培往往不采用直播而采用育苗移栽的方式。育苗是园艺栽培技术的特色之一,节约成本,便于管理。

1)育苗方式

根据育苗是否采用保护措施,可分为设施育苗和露地育苗;根据育苗基质类型和根系有无保护措施,又可分为床土育苗、营养钵育苗和无土育苗。

2)育苗土配制技术

育苗土是培育壮苗的基础。优良的育苗土需具备以下几个条件:含有丰富的有机质,有机质含量不少于30%;疏松通气,具有良好的保水、保肥性能;物理性状良好,浇水时不板结,干时不裂,总孔隙60%左右;床土营养完全,要求含速效氮100~200 mg/kg、速效磷150~200 mg/kg、速效钾100~150 mg/kg,并含有钙、镁和多种微量元素;pH6.5~7;无病菌、虫卵。

优良的育苗土应按一定的配方专门配制。其原料主要有田土、有机肥、细沙或细炉渣、速效化肥等。田土必须用3~4年内未连作菜田土或大田土;适合育苗用的有机肥主要有:马粪、猪粪等质地较为疏松、速效氮含量低的粪肥,鸡粪、兔粪、油渣等含氮高的有机肥容易引起幼苗旺长,施肥不当时也容易发生肥害,应慎重使用,有机肥必须充分腐熟并捣碎后才能使用;速效化肥主要使用优质复合肥、磷肥和钾肥,弥补有机肥中速效养分含量低、供应强度低的不足,速效化肥的用量应小。

播种床土要求特别疏松、通透,以利于幼苗出土和分苗起苗时不伤根,对肥沃程度要求不高。配方比例为:田土6份,腐熟有机肥4份。土质偏黏时,应掺入适量的细沙或炉渣。每立方米加化肥0.5~1.0 kg。播种床土厚度为6~8 cm。

3)设备育苗技术

在进行育苗时,若外界温度低,需借助一些设施增温,才能达到较好的育苗效果。根据园艺植物种类和幼苗生长发育特点,来选择合适的设施、设备是育苗成败的关键。

(1)苗床播种

播前先对种子进行处理。低温期选晴暖天上午播种,阴雨天播种,地温低,迟迟不出苗,易造成种芽腐烂。播前浇足底水,水渗下后,在床面薄薄撒盖一层育苗土,防止播种后种子直接粘到湿漉漉的床土上,发生糊种。对于较小粒种子,可采用苗床撒播;对于种子较大、不耐移植的园艺植物可采用如营养钵点播或营养土方直播。催芽的种子表面潮湿,不易撒开,可用细沙或草本灰拌匀后再播。播后覆土,覆土厚度为 0.5~2.0 cm。

（2）苗期管理

①出苗期。从播种到幼苗出土直立为止。播种后应立即用地膜或无纺布覆盖床面,增温保墒,为幼苗出土创造温暖湿润的良好条件。冬季育苗可通过铺设电热温床、加盖小拱棚来提高温度。当幼芽大部分出土时,要撤掉覆盖物,并撒一层细潮土或草木灰来减少水分蒸发,防止病害发生。

②小苗期。从出苗到分苗为止。此期的特点是幼苗的光合能力还很弱,下胚轴极易发生徒长,形成"高脚苗"。另外,此期极易发生苗期病害。因此,管理重点是创造一个光照充足、地温适宜、气温稍低、湿度较小的环境条件。播种后 80% 幼苗出土就应开始通风,降低苗床气温。喜温植物日温 20~25 ℃,夜温 12~15 ℃;喜凉植物日温 15~20 ℃,夜温 10~12 ℃,土温控制在 18 ℃以上。育苗温室草苫早揭晚盖,延长光照时间,小拱棚白天揭开使幼苗多见光。此期尽量不浇水,可向幼苗根部筛细潮土,减少床面水分蒸发,降低苗床湿度,同时还可以对根部进行培土,促使不定根的发生。筛土要在叶面水珠消失后进行,否则污染叶片。后期如苗床缺水,可选晴天浇 1 次透水再保墒,切忌小水勤浇。如发生猝倒病应及时将病苗挖去。

③分苗。分苗就是将小苗从播种床内起出,按一定距离移栽到分苗床中或营养钵(土方)中。分苗的目的是扩大幼苗的营养面积,满足光照和土壤营养条件。早分苗根系小,叶面积不大,移植时不易伤根,蒸腾小,成活快,并能促进侧根大量发生。但早分苗必须保证分苗床有较高的土温。

分苗前 3~4 d 逐渐降低播种床温度、湿度,给以充足的阳光,增强幼苗的抗逆性,以利分苗后迅速缓苗。分苗前 1 d 播种床浇 1 次透水,避免起苗时伤根。对于不耐移植的植物可将小苗移入营养钵或营养土方中,对于较耐移植的幼苗可移入分苗床中。分苗时注意淘汰病弱苗、无心叶苗等。如幼苗不齐,可按大小分别移植,以便于管理。分苗后苗床密闭保温,创造一个高温高湿的环境来促进缓苗。缓苗前不通风,如中午高温秧苗萎蔫,可适当遮阴。4~7 d 后,幼苗叶色变淡,心叶展开,根系大量发生,标志着已缓苗。

④成苗期管理。分苗缓苗后到定植前为成苗期。此期生长量占苗期总量的95%,其生长中心仍在根、茎、叶。此期要求有较高的日温、较低的夜温、强光和适当肥水,避免幼苗徒长,促进果菜类、观花类植物花芽分化,防止温度过低造成叶菜类未熟抽薹。定植前趁幼苗集中,追施 1 次速效氮肥,喷施 1 次广谱性杀菌剂。

4）壮苗指标

壮苗是指健壮程度较高的秧苗。从生产效果上理解,壮苗是指生产潜力较大的高质量秧苗。对秧苗群体而言,应包括无病虫害、生长整齐、株体健壮 3 个主要方面。一般来说,壮苗的共同特征是:茎粗短,节紧密;叶片大而厚,叶色浓绿;根毛白色,多而粗壮;无病虫害,无损伤,大小均匀一致。具体到每一种作物,壮苗又有一些特殊的要求。如茄果类要第一果穗或第一朵花出现,但不开放,其中番茄、茄子(白绿茄除外)的叶色要浓绿且带紫色,番茄植株上的茸毛较多,苗平顶而不突出。瓜类蔬菜的秧苗要直立,子叶完整肥厚而有光泽,茎叶有刺毛而且较硬。甘蓝类蔬菜的秧苗要求叶片丛生,叶面有蜡粉等。

种子质量的检验

为明确计划播种量,并保证出苗健壮整齐,一般播种前须对种子做质量检查。检测指标主要有种子含水量、净度、千粒重、发芽力、生活力等。常用以下方法进行种子质量的检验:

1) 种子含水量测定

种子含水量是指种子中所含水分质量(100~105 ℃所消除的水分含量)与种子质量的百分比。它是种子安全贮藏、运输及分级的指标之一。其计算式为

$$种子含水量 = \frac{干燥前供检种子质量 - 干燥后供检种子质量}{干燥前供检种子质量} \times 100\%$$

2) 种子净度和千粒重测定

种子净度又称种子纯度,是指纯净种子的质量占供检种子总质量的百分比。其计算式为

$$种子净度 = \frac{纯净种子质量}{供检种子总量} \times 100\%$$

千粒重是指一千粒种子的质量(g/千粒)。根据千粒重可衡量种子的大小与饱满程度,也是计算播种量的依据之一。同一种子,千粒重越大,种子越饱满充实,播种质量越高。

3) 种子发芽力的测定

种子发芽力用发芽率和发芽势两个指标衡量,可用发芽试验来测得。

种子发芽率是在最适宜发芽的环境条件下,在规定的时间内(延续时间依不同植物种类而异),正常发芽的种子占供检种子总数的百分比;反映种子的生命力。其计算式为

$$发芽率 = \frac{萌发种子数}{供试种子数} \times 100\%$$

发芽势是指种子自开始发芽至发芽最高峰时的粒数占供试种子总数的百分率。发芽势高即说明种子萌发快,萌芽整齐。

4) 种子生活力测定

种子生活力是指种子发芽的潜在能力。主要测定方法如下:

(1) 目测法

直接观察种子的外部形态,几种粒饱满、种皮有光泽、粒重,剥皮后胚及子叶乳白色、不透明,并具弹性的为有活力的种子。若种子皮皱发暗、粒小,剥皮后胚呈透明状甚至变为褐色是失去活力的种子。

(2) TTC(氯化三苯基四氮唑)法

取种子100粒剥皮,剖为两半,取胚完整的片放在器皿中,倒入0.5% TTC溶液淹没种子,置30~35 ℃黑暗条件下3~5 h。具有生活力的种子、胚芽及子叶背面均能染色,子叶腹面染色较经,周缘部分色深。无发芽力的种子腹面、周缘不着色,或腹面中心部分染成不规则交错的斑块。

（3）靛蓝染色法

先将种子水浸数小时,待种子吸胀后,小心剥去种皮,浸入0.1%～0.2%的靛蓝溶液（也可用0.1%曙红,或5%的红墨水）中染色2～4 h,取出用清水洗净。然后观察种子上色情况,凡不上色者为有生命力的种子,凡全部上色或胚已着色者,则表明种子或者胚已失去生命力。

任务5.2 无性繁殖

无性繁殖也称营养繁殖,是利用营养体（根、茎、叶、芽）的一部分作为繁殖材料,采用扦插、分生、压条、嫁接及组织培养等手段,从而获得新个体的繁殖方法。与有性繁殖相比,无性繁殖的优点是:可使许多用有性繁殖不能保持优良特性的品种,保持原有的优良特性;许多不能收到种子的观赏植物能繁殖后代,如雌雄蕊退化或重瓣性强的观赏植物;还可使种子繁殖需要很长时间才能开花的果树及观赏植物提早开花。无性繁殖是果树、观赏植物栽培中常用的繁殖方法,其缺点是繁殖量小,繁殖材料的携带没有种子方便,且植株根系发育较差。

5.2.1 嫁接繁育技术

将植物营养器官的一部分（枝或芽）移接到另一植物体上,使之愈合而成为新个体的繁殖方法,称为嫁接繁殖。被接的枝、芽,称为接穗。承受接穗的植株,称为砧木。接活后的苗,称为嫁接苗。嫁接繁殖多用于扦插不易成活或生长发育缓慢的种类。嫁接苗具有以下优点:第一,通过嫁接繁殖,可利用砧木根系抗性强的特点使嫁接苗的抗性和适应性增强;第二,可在同一砧木上进行多树种、多品种的嫁接,达到一枝多种、多头、多花,提高或改变植物的观赏价值和使用价值（如同一株菊花上通过嫁接,可开出多种颜色的花朵）。第三,可改造树形,调整树势,提高或恢复树势（衰老的果树通过嫁接可延长结果期,树桩盆景通过嫁接,可弥补树冠某一部位的空当等）。

1）嫁接成活的条件

（1）砧木与接穗的亲和力要强

嫁接的亲和力是指砧木和接穗两者结合后愈合生长的能力。也就是说,砧木和接穗在内部的组织结构、生理和遗传特性上彼此相同或相似的程度。首先是砧木和接穗的亲缘关系越近,亲和力越高。其次是砧木与接穗的生活力,生活力越强,亲和力也越强。

（2）物候期要相同

砧木和接穗芽的萌动期相同或相似,成活率就高;反之,成活率就低。凡砧木较接穗萌动早,能及时供应接穗水分和养分的成活率就高;相反接穗萌动早则不易成活。

（3）形成层对准,是嫁接成活的关键

形成层要对齐以利于愈伤组织尽快形成并分化成各组织系统,以沟通上下部分水分和养分的运输。砧木和接穗切面平滑,以利于砧穗的结合。

（4）外界环境

①温度：一般树种在 5～25 ℃嫁接为最佳；此范围内温度越高，成活率越高。

②湿度：一般树木，湿度越大，成活率越高。

③光照：接口在黑暗条件下，愈合能力更强。

2）嫁接的时期

（1）休眠期嫁接

休眠期嫁接可分为春接和秋接。春季主要是枝接，一般在 2 月中下旬到 3 月上旬树液开始流动但芽未萌动前嫁接为好，绝大多数园艺苗木都可在春季嫁接，春季是枝接的最好时机。秋季枝接是在植物的新梢已基本停止生长，芽较饱满，养分充足，而且此时的形成层仍处于活跃状态，易于嫁接和愈合，但不能过晚，太晚接口愈合不好而难以越冬。

（2）生长期嫁接

芽接和靠接多在树液流动旺盛的夏季进行。此时植物生长旺盛，接穗腋芽发育充实、饱满，砧木树皮容易剥落，6—8 月份是芽接的最好时机，如月季、山茶多在此时进行芽接和靠接。

3）砧木与接穗的选择

（1）砧木的选择

选择的砧木必须与接穗亲和力强，对接穗的生长和开花有良好的影响，并且生长健壮、丰产、花艳、寿命长，对栽培地区的环境条件有较强的适应性，容易繁殖，对病虫害抵抗力强。一般情况下，砧木于 1 年或 2～3 年以前播种。

（2）接穗的选择

一般选择树冠外围中上部生长充实、芽体饱满的新梢或 1 年生枝条作为接穗。夏季采集的新梢，应立即去掉叶片和生长不充实的新梢顶端，只保留叶柄并及时用湿布包裹。取回的接穗不能及时使用可将枝条下部浸入水中放在阴凉处，每天换水 1～2 次，可短期保存4～5 d。

春季枝接和芽接采集穗条，可在春季树木萌芽前 1～2 周采集。采集的枝条包好后放入冷窖内沙藏，若能用冰箱或冷库在 5 ℃左右的低温下贮藏则更好。

主要园艺植物的接穗与砧木见表 5.1。

表 5.1　主要园艺植物接穗与砧木

嫁接种类	砧　木	嫁接种类	砧　木	嫁接种类	砧　木
桂花	小叶女贞	大叶黄杨	丝棉木	月季	野蔷薇
樱花	野樱桃	龙爪柳	柳树	桃	山桃、毛桃
龙爪槐	国槐	龙爪榆	榆树	杏	山杏、山桃
红花刺槐	刺槐	郁李	山桃	柿树	君迁子
牡丹	芍药	丁香	小叶女贞、水腊	柚	酸柚
蟹爪兰	仙人掌	柑橘	枳、酸橘、红橘	西葫芦	黑籽南瓜
云南山茶	白秧茶	板栗	麻栎、茅栎	苦瓜	黑籽南瓜

续表

嫁接种类	砧木	嫁接种类	砧木	嫁接种类	砧木
腊梅	狗牙腊梅	核桃	野核桃、核桃楸	冬瓜	黑籽南瓜
什锦菊	茼蒿、黄蒿 铁杆蒿	枇杷	石楠、榅桲	黄瓜	黑籽南瓜
梅花	梅	枣树	酸枣	甜瓜	南瓜、冬瓜、甜瓜
广玉兰、白兰	木兰	苹果	海棠、山定子、各系矮化砧		

4)嫁接方法

生产中常用的嫁接方法,按接穗的种类分可分为枝接和芽接两大类。

（1）枝接

把带有数芽或1芽的枝条接到砧木上称枝接。枝接的优点是成活率高,嫁接苗生长快。在砧木较粗、砧穗均不离皮的条件下多用枝接,如春季对秋季芽接未成活的砧木进行补接。枝接的缺点是,操作技术不如芽接容易掌握,而且使用接穗多,对砧木有一定的粗度要求。常见的枝接方法有切接、劈接、插皮接、腹接和舌接等。

①切接。果树、园林植物在嫁接繁殖中最为常用的方法之一,适用于根茎1~2 cm粗的砧木嫁接。一般在春季3—4月进行,选定砧木后离地10~12 cm处水平截去上部,在较光滑一侧用嫁接刀垂直向下切2 cm左右稍带木质部,露出形成层,将选定的接穗截取5~8 cm带2~3个芽的一段,将一侧削成深达木质部,长度与砧木切口相当的平整、光滑的切面,另一侧削成约30°的斜面,插入砧木,使二者的形成层对齐,用薄膜扎紧不能松动(见图5.1)。

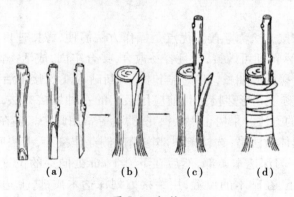

图5.1 切接

(a)接穗 (b)砧木 (c)形成层对砧 (d)绑扎

②劈接法。多用于砧木粗而接穗细小,一般在春季3—4月进行。在离地10~12 cm处水平截去上部,然后在砧木横切面中央,用嫁接刀向下切3~5 cm,接穗5~8 cm保留2~3个芽,下端削成楔形,削面与砧木切口相当,将接穗插入砧木一侧,使外侧的形成层与砧木的形成层对齐,一个砧木可同时插入2个甚至4个接穗,然后绑扎(见图5.2)。

③靠接法。此法多用于嫁接蔬菜和不易成活的观赏苗木,要求砧木与接穗粗度相近,

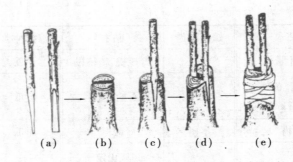

图 5.2　劈接

（a）接穗　（b）砧木　（c）形成层对砧　（d）绑扎

嫁接前还应将两者移植到一起，操作较麻烦，也不便于大量繁殖。靠接时间没有严格限制，凡在苗木树液流动期间，随时可行。落叶苗木可在生长旺盛时进行靠接，常绿植物则多数在夏季5—6月即雨季进行。靠接的特点是：接穗不剪离母株，可依靠母株获得养分和水分，砧木也不需要剪头（见图5.3）。

图 5.3　靠接

其方法是：先将盆栽的砧木靠近接穗母株旁，两者之间的位置与距离要适当，然后各选近旁光滑无节的枝节，削去皮层，各削一个相同大小的接口，深达木质部，再对准形成层，或至少一侧形成层紧密接合，把两个切面合在一起，用塑料薄膜条扎紧，经三四个月以后，两个枝条的切面即可完全愈合。待愈合成活后，将做砧木的在愈合处上端剪断，接穗在愈合处下端剪断，即形成独立的苗木。例如，白兰、含笑、桂花、腊梅、柑橘等常用此法。

（2）芽接

以芽为接穗的嫁接方法称芽接。优点是操作方法简便，嫁接速度快，砧木和接穗的利用都经济。1年生砧木苗即可嫁接，而且容易愈合，接合牢固，成活率高，成苗快，适合于大量繁殖苗木。适宜芽接的时期长，且嫁接当时不剪断砧木，1次接不活，还可进行补接。

①T形芽接。也称丁字形芽接是目前应用最广的一种嫁接方法，也是操作简便、速度快、嫁接成活率最高的方法。果树、月季、梅花、碧桃等常用此法。多在树木生长旺盛，树皮容易剥离时进行。具体做法是：选枝条中部饱满的侧芽作接芽，剪去叶片，保留叶柄，在芽上方5~7 mm横切一刀深达木质部，然后在下方1 cm处向芽的位置削去芽片，芽片成盾形，连同芽柄一起取下，在砧木的位置，用芽接刀划深达木质部，上边一横长约1 cm的切口，在切口的中间向下一刀长度与芽片相当将芽片插入砧木缺口内，芽片上端与砧木的切口对齐，然后绑扎（见图5.4）。

②方块形芽接（门字形或工字形芽接）。在砧木较粗或树皮较厚时尤其适用次法如核桃、柿树的嫁接。操作步骤与丁字形芽接相似。

（3）仙人掌类苗木的嫁接繁殖

仙人掌类苗木的嫁接繁殖主要用于嫁接小球，促使加速生长，提高观赏价值。同时也用于某些根系发育不良，以及一些珍贵少见而不容易用其他方法繁殖的种类在生长旺盛的

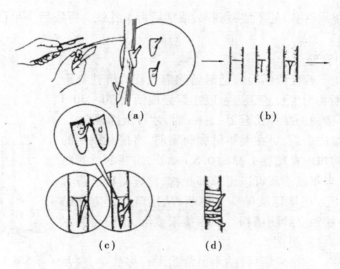

图5.4　T字形芽接

（a）取接穗　（b）砧木T字形切口　（c）接穗　（d）绑扎

条件下，全年都可进行，在温室和热带地区嫁接不受时间限制。仙人掌类嫁接与其他嫁接不同之处是，只需要髓心对齐使维管束相接即可。嫁接的方法主要有平接和插接两种。

①平接法。适用于柱状或球形种类。嫁接时用利刀将砧木上端横向截断，并将柱棱的"肩部"切成斜面，然后将接穗基部平切一刀后，两者对准砧木髓部的中柱部分接上去。接穗与砧木的切面必须平滑。最后用线或塑料带绑扎。绑扎时用力要均匀，使两者密切接合，防止接穗移动影响成活（见图5.5）。

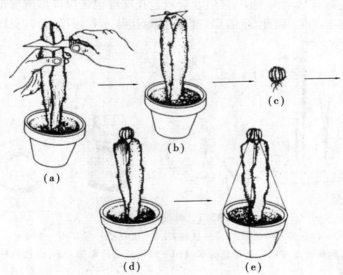

图5.5　平接

（a）削顶　（b）处理砧木　（c）处理接穗　（d）嫁接　（d）绑扎

②插接法。一般适用于蟹爪兰等扁平茎节的悬垂性种类。嫁接时用利刀将砧木上端横切去顶，再在顶部中央处垂直向下切一裂缝，接着在接穗下端的两侧削平，略呈楔形，插进砧木的裂缝内，使接穗与砧木髓部的中柱部分密接，易于愈合。仙人掌类嫁接后，放在干

燥处一周内不可浇水,伤口处不能碰到水,成活后拆去扎线。拆线后一星期,可移到向阳处进行正常管理。

（4）嫁接后的管理

①除去绑扎物。嫁接成活后应适时解除绑扎物。绑扎物解除过早或过晚都不利于生长。芽接一般在嫁接成活后 20 ~ 30 d 解除;枝接一般待接穗上新芽长至 2 ~ 3 cm 时,才可全部解绑。

②剪砧。芽接成活后,可在翌年早春萌动前,将接芽以上的砧木全部剪掉。剪口应在接芽上部约 0.5 cm 处,向芽的反侧略倾斜;靠接植株在当年秋季就可以去掉绑扎物,检查接口已愈合时即可从接口的下方把接穗从母株上剪断,从接口的上方把砧木剪掉,即成为一株独立的新植株。如靠接未成活,也应将砧木与接穗分开,翌年再接（见图 5.6）。

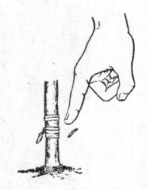

图 5.6　剪砧位置示意图

③去砧木蘖芽。嫁接成活后,砧木上常萌发许多蘖芽,应及时予以去除,以免与接穗争夺水分和养分,影响接穗的生长发育。

嫁接繁殖的方法多种多样,但无论哪种方法,在嫁接时首先要使砧木和接穗的形成层对齐,这样双方形成层所产生的愈伤组织才能尽快形成和愈合在一起。分化出各种必要的组织以保证营养的运输和接穗的发育。要使砧木和接穗形成层对齐,一定要使两者的切口平滑,尽量减少破损,切口斜度要一致,最好直径相同,这样才有利于砧木和接穗的吻合。砧木和接穗备好后应快速嫁接,同时砧木和接穗的切面要靠紧,接后包扎紧,以减少水分的损失和污染,避免松动,影响愈伤组织的愈合。总之,嫁接时砧木和接穗的形成层对齐、靠紧且不被损坏是嫁接成活的关键,接后套袋或包扎保湿也是保证形成层形成愈伤组织和分化其他组织的必要条件,因此,就需要有良好的嫁接技术和嫁接工具（见图 5.7）。

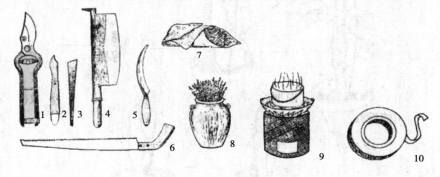

图 5.7　嫁接的工具
1—修枝剪;2—芽接刀;3—枝接刀;4—砍刀;5—弯刀;6—手锯;
7—包接穗的湿布;8—盛接穗的水罐;9—溶化接蜡的火炉;10—绑扎的材料

知识链接

果树高接换头的技术管理

春季对老龄果树及劣树品种进行高接换头,能够达到改良的目的,可使果树内膛充实,提早结果和实现丰产。高接换头的方法主要有以下 3 种:

1)全树抹头

对全树实行一次性抹头,使嫁接部位尽可能放低。对已经整形的树木,若主枝比其他枝长,锯口直径不超过70 mm,侧枝及其他枝可适当矮留。骨干枝上的枝应保留90 mm左右。未整形或整形不当的树,选择生长势偏壮、方位角度好的枝作主枝,在主枝上留选适宜的枝作为侧枝,其他枝回缩到内膛,作为辅养枝培养。

2)精心嫁接

其嫁接方法为:对内膛和主干光秃部位可采取"皮下腹接"。锯口处容易剥皮的采用"枝皮下接"不容易剥离的可采用劈接。若砧木较粗,可接两穗。在接穗上必须要有几个饱满芽。嫁接后用洁净塑料薄膜带绑扎,露出接穗芽眼,以有利于新梢抽生。

3)加强管理

嫁接后要经常检查成活情况,如果在嫁接后15 d,发现接穗干枯现象,可在原接口下截去一段重新嫁接。对原树的萌蘖光秃带能培养枝组的部位萌芽长至150 mm左右时摘心促壮,进行芽接。其余的萌蘖全部抹除。接穗上的抽发新梢长至250 mm左右时,用几根树枝或竹竿固绑新梢,防止被风吹折。绑绳长于皮层时,应及时更换。对作为辅养枝的新梢,可通过扭梢、开张角度等办法缓和树势,促其形成花芽,提早进入结果期。

5.2.2 扦插繁殖

扦插是属于无性繁殖的一种主要繁殖方法。扦插繁殖是将观赏植物的枝、叶、根的一部分,插入沙、土或其他基质中,使之生根发芽,形成新个体的方法。

1)扦插类型及方法

扦插方法因扦插材料不同,可分为枝插、叶插和根插,常以枝插应用较多。

（1）枝插

枝插由于季节与取材的不同,可分为软枝扦插和硬枝扦插。

①软枝扦插。又称嫩枝扦插,多用于草本和常绿木本植物。软枝扦插多在生长旺盛季节进行。插穗选取当年生长发育充实的嫩枝或木本观赏植物的半木质化枝条,长5～6 cm,保留上端2～3片叶,将下部叶片从叶柄基部全部剪掉。如果上部保留的叶片过大,如扶桑、一品红等,可剪去1/3～1/2。下端剪口在节下2～3 mm处。扦插深度为插穗长度的1/3～1/2。在扦插前,先用比插穗稍粗的竹签在基质上扎孔,然后将插穗顺扎孔插入,以免擦伤插穗的基部。插完后,即用细眼喷壶洒一次水,使基质与插穗密接,并遮阴、保湿(见图5.8、图5.9,图5.10)。

②硬枝扦插。又称老枝扦插,多用于落叶木本观赏植物及果树。扦插时间多在秋冬落叶后至翌年早春萌芽前的休眠期进行。选择1～2年生生长充分的木质化枝条,带3～4个芽将枝截成15～20 cm长的插穗。上端切口离芽尖1～2 cm,切口呈斜面。下端在近节处下部平剪。插前先用木棍或竹签在基质上扎孔,以免损伤插穗基部剪口表面。扦插深度为插穗长度的1/2～2/3,直插或斜插。南方多秋季扦插,有利于促使早生根发芽;北方地区冬季寒冷,应在阳畦内扦插,或将插穗贮藏至翌年春扦插。插穗冬藏用挖深沟湿沙层积的方

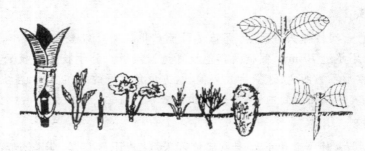

图5.8 嫩枝扦插

图5.9 嫩枝扦插与扦插情况

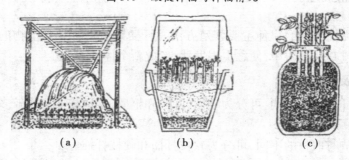

(a) (b) (c)

图5.10 嫩枝插法

(a)塑料棚扦插 (b)大盆密插 (c)暗瓶水插

法,量少也可用木箱室内冷凉处沙藏。

（2）叶插法

叶插法是用全叶或叶的一部分作为插穗的一种扦插方法。适用于叶插的必须是能从叶上产生不定根和不定芽的观赏植物种类,常为具有肥厚叶肉及粗大叶脉而发育充实的叶片。草本观赏植物可用叶插的种类较多,如秋海棠、大岩桐、非洲紫罗兰等(见图5.11)。

叶插发根的部位有叶脉、叶缘及叶柄之别。因此,在扦插方法上也略有不同。如果在切口处发根,扦插时,先将叶片背面上的支脉于近主脉处切断数截,再将叶子平铺在沙面上,使叶片紧贴沙面。为了减少叶面蒸腾和节省插床面积,最好先将叶片的边缘剪掉,如蟆叶秋海棠。而大岩桐、燕子掌等植物自叶柄的基部发根,需将叶柄直插。长寿花等植物自叶缘处发根,也需平插。

虎尾兰是由叶片中央的主脉基部萌发新株,因而多采用直插法,把虎尾兰剪成5～6 cm

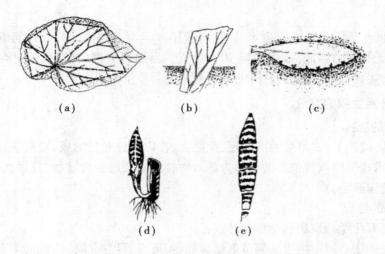

图 5.11 叶插法
(a)蟆叶秋海棠片叶切法 (b)蟆叶秋海棠叶插 (c)落地生根全叶插
(d)虎尾兰片叶插成活情况 (e)虎尾兰片叶切法

的小段直插,但应注意不可插颠倒。

(3)根插

用根作插穗,适用范围只限于易从根部产生不定芽的种类,如苹果、李、柿子、山楂等。根据操作方法不同,可将其分为平插法和直插法两类。

2)扦插的环境条件

(1)扦插基质

扦插基质是影响扦插成败的重要因素。基质应具有良好的透气、透水、保水的性能,并不含有机肥料。常用扦插的基质主要有河沙、草木灰、碎炉渣、蛭石、珍珠岩等,可单独使用也可几种混合使用。两种基质混合使用时,应尽可能取长补短,如用排水和透气良好的河沙与保水性能强的草木灰混合,能给插穗创造良好的发根条件。选用基质要因地制宜、就地取材。无论采用哪种基质都要进行日光或高温消毒,或用0.1%的高锰酸钾溶液进行消毒,以防病菌侵染插穗,造成腐烂。

(2)湿度

软枝扦插要求90%以上空气相对湿度,以便在插穗发根以前保持嫩枝和叶片鲜嫩,不萎蔫,继续进行光合作用,制造同化养分供给地下部分,产生愈伤组织,并促发新根。老枝扦插时,插床表面的相对湿度也不宜过小,否则插条容易失水干枯。

扦插基质的含水量不宜过大,一般保持在60%左右为宜。过大容易造成缺氧,妨碍地下部分呼吸,使伤口霉烂。扦插初期,基质中的水分宜稍多些,有利于形成愈伤组织。当愈伤组织形成后,水分应逐渐减少,否则不易生根,甚至腐烂。

水插时,应经常换水,以补充氧气。新换的水温应与原来的水温相近,否则不易生根。

(3)温度

多数观赏植物的扦插温度为20~25 ℃。原产热带的观赏植物,如变叶木、叶子花、红桑等,扦插需要25~30 ℃。土温比气温高3~5 ℃时,有利于促使发根。因此,冬、春季进行温室扦插要设法提高基质温度,北方春季常用牛粪、马粪或电热温床增加基质温度。

（4）光照

软枝扦插时，为了减少叶片失水，应进行遮阳。但为了插穗上的叶片能继续进行光合作用，又不可无光照。因此，遮阳度以70%为宜。当插穗生根后，则可于早晚逐渐加强光照、通风，以增强插穗本身的光合作用，促进根系进一步生长。

3）促进扦插生根的方法

（1）插穗的选择

硬枝扦插，应选1~2年生的节间短、芽肥大、枝内养分充足的枝条，截取枝条中部作插穗。但龙柏、雪松等则以带顶芽的梢部为好。嫩枝扦插要选生长健壮、发育良好、无病虫害的当年生嫩梢作插穗。

（2）插穗的处理

一般主要有化学处理法和物理处理法：

①化学处理法。用植物生长调节剂处理插穗，可显著提高插穗的成活率。常用的激素有吲哚乙酸（IAA）、吲哚丁酸（IBA）、萘乙酸（NAA）等。

使用生长激素要慎重，如果浓度过高或处理不当，会对插穗产生抑制作用，影响插穗生根。在使用时，必须按使用规定严格掌握。

此外，也可用高锰酸钾、蔗糖等处理插穗。高锰酸钾对多数木本观赏植物效果较好，一般浓度在0.1%~1.0%，浸24 h。蔗糖对木本及草本观赏植物均有效，处理浓度为2%~10%，一般浸24 h。因糖液有利于微生物活动，处理完毕后，应用清水冲洗后再扦插。

草本观赏植物插前在插穗下剪口蘸一些草木灰，可防止插后基部腐烂；对一些难生根的种类，如丁香、月季的某些品种等，可将插穗下剪口在生根剂中蘸一下，然后再扦插，有明显的促生根效果。

②物理处理法。最常用的有低温处理、割裂处理、软化处理等。对一些生根困难的观赏植物，如米兰、山茶、桂花等多采用割裂处理，即在缺口下端用刀纵切开少许，夹小石子，可促进插穗生根。

4）扦插后的管理

扦插后的管理对插穗生根与否、生根速度和成活率都有很大的关系。为了促使插穗尽快生根，必须加强扦插后的插床管理。影响扦插生根的因素很多，但主要是保持好插床内适宜的温度、湿度及光照条件。

5.2.3　分生繁殖

分生繁殖是利用植物特殊的营养器官来完成的，即人为地将植物体分生出来的幼植体（吸芽、珠芽、根蘖）或营养体的一部分（变态茎）进行分离或分割，使其脱离母株而形成独立的植株。所产生的植株能保持母本的优良性状，方法简单，易于成活，成苗快，但繁殖系数低。常用的有匍匐茎分株法、根蘖分株法、吸芽分株法、块根、块茎分株法。

1）匍匐茎分株法

茎部有节，节部可以生根发芽，产生幼小的植株。如：草莓、吊兰、等，则从母株节旁分割，带根枝条即可。

2)根蘖分株法

有些植物根上有不定芽,能萌发出根蘖苗,与母株分离后成为新植株,如山楂、石榴、树莓、鸢尾、玉簪、菊花等。如果是草本植物,分株时先将整个株丛挖起,抖掉泥土,在易于分开处用刀分割,分成数丛,每丛3~5个芽,以利于分栽后能迅速形成丰满株丛。

3)吸芽分株法

香蕉、菠萝多采用此法繁殖。香蕉在生长期能从母株地下茎抽生吸芽并发根,生长到一定高度后与母株分离栽植。菠萝的地下茎叶腋间也能抽生吸芽,可选其中健壮和一定大小的吸芽切离母株定植。

4)块根、块茎类分株

对于一些具有肥大的块根块茎的观赏植物和蔬菜,如大丽花、马蹄莲、马铃薯、百合可直接将带芽的块根、块茎切开来种植。

5.2.4 压条

压条繁殖是将近地面的部分枝条压入土中,待生根后断离母体,成为独立的新植株。压条繁殖多用于扦插不易生根的观赏植物,其优点是能保持母体的优良特性,成活率高,成苗快,开花早;缺点是生根时间长,局限于丛生、匍匐或蔓生性植物,而且无法大量繁殖。压条繁殖的方法主要有以下4种:

1)单枝压条法

此法是将接近地面的1~2年生枝条中段节下予以刻伤或作环状剥皮,然后曲枝压入土中,顶部露出土面,压土厚度10~20 cm,并压实。待生根后,即可与母株切离,另行栽植。单枝压条法多用于丛生性灌木,一般在晚秋或早春进行(见图5.12)。

2)波状压条法

此法用于一些枝条长而易于弯曲的种类,如紫藤、凌霄、金银花、常春藤等。将一根长枝条弯曲成数个波状,每个向下弯曲的部位都刻伤、埋压,待生根抽枝后,即可切离各部分,另行栽植,获得数个新个体(见图5.13)。

图5.12 单枝压条法

图5.13 波状压条法

3)堆土压条法

此法用于丛生的灌木,如贴梗海棠、榆叶梅、黄刺玫、木绣球、珍珠梅等。这些观赏植物的枝条上没有明显的节,分枝力弱,也没有饱满的芽,可于夏初将其枝条的下部刻伤或进行环状剥皮约1 cm,然后将株丛的下部壅土成堆,并保持湿润。这样可促使刻伤部位的隐芽萌发,而长出不定根。待到秋季落叶后或翌年早春萌芽前,刨开土堆,从新根的下方把枝条剪断,分离栽植。

4)高枝压条法

此法又称空中压条或中国压条法。高枝压条法多用于枝条发根困难、植株较直立、较硬而不易弯曲、又不易发生根蘖的种类,如山茶、杜鹃、变叶木、含笑、白兰、龙眼、菠萝、石榴、人心果等。压条部位不在基部,而在树冠部分。高枝压条一般在生长旺盛季节进行(见图5.14)。

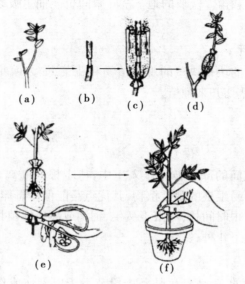

(a)　　(b)　　(c)　　(d)

(e)　　　　　(f)

图5.14　高枝压条法

具体方法如下:

①选枝。多年生或当年生半木质化枝条。

②枝条处理。在适当位置环剥2~4 cm,生根慢的树种可适当涂抹促生根剂,然后在距下刀口5~6 cm处用塑料薄膜或竹筒等绑缚,使之套成袋,袋内装入青苔或草炭土等基质后把上口扎紧。

③保持基质湿度。为方便可用注射器3~5 d从上口灌水。

④生根时间。一般少则一个月,多则3~4个月甚至更长。

⑤栽植。生根后剪下,并删剪部分枝叶,栽后加强水分管理,保持较高空气湿度。

> 知识链接

兰花的分株

兰花的繁殖是在满盆以后进行分株(即分盆)。兰花的分株繁殖一年可进行两次:一次为清明前后,一次为秋分前后。春夏季开花的春兰、惠兰宜在秋末9—10月间生长停止时进行,花后也可以翻盆。秋季开花的建兰等,宜在春季3—4月间进行(新芽未抽出前)。由于兰花每年发新根新叶只有一次,生长缓慢,故一般需隔3~4年才能分盆。

分盆时,盆土要干燥些,湿泥翻盆因操作不便,易使根折断或受伤。母株翻出后,轻轻除去泥土,按自然株分开,修剪败根残叶,修剪时不可触伤叶芽和肉质根。然后用清水将根部洗净,放置于阴凉处,待根色发白,呈干燥状态时再上盆。若遇天气潮湿,还需先在阳光下晒 10 min。兰花上盆,土要填实,根不着土,其根必枯。种实后浇水,放明处置 0.5~2 个月,以后早晚再见日光。分栽后,初期一定要注意扣水、蔽阴、避阳光,切勿掉以轻心。

家庭栽培兰花有时会出现第 1 年有花,第 2 年无花,第 3 年死亡的情况,原因除了没有掌握栽培管理方法外,关键在于第 1 年栽种时留的筒数太少(兰花的叶自根茎抽出后常簇生成束,每束叶称为"一筒")。一般春兰 7~8 筒以上才能分株,惠兰要 11~12 筒才能分株。而且当第 1 年开花时只选留少量健壮的花芽,将其余花芽摘去,不使其消耗养分过多,这样在正常情况下第 2 年仍能开花。

复习思考题

1. 有性繁殖和无性繁殖各有什么优缺点?
2. 如何对种子进行处理及播种?
3. 无性繁殖包括哪些内容?软枝扦插与硬枝扦插有何不同?如何提高扦插成活率?
4. 嫁接成活的条件有哪些?芽接与枝接有何不同?

项目6 园艺植物的栽植

知识目标

了解各类园艺植物的方法。

掌握园艺植物常用的栽植技术。

技能目标

掌握蔬菜的直播及定植技术。

掌握果树的栽植技术。

掌握大树移栽技术。

掌握花卉容器栽培技术。

任务6.1 蔬菜的直播与定植

6.1.1 播种前土壤耕作

土壤耕作就是在蔬菜植物生产过程中,通过农具的物理机械作用,改善土壤的耕层构造和地面状况,协调土壤中水、肥、气、热等因素,为蔬菜播种出苗、根系生育、获得丰产所采取的改善土壤环境的技术措施。耕作的主要任务有:改善耕层;保持土壤的团粒结构;正确翻压有机肥,促使其转化分解,增加肥效;清除田间残根、残株、落叶、杂草,消灭杂草的再生;掩埋带菌体和害虫,并加以处理,清除传播物,保持田间清洁;平整土地,创造蔬菜播种、定植的适宜条件;开沟培垄,利于排水。具体操作包括耕翻、耙地、混土、松土、镇压、整地、作畦等作业。

1) 耕翻

耕翻是指在耕层范围内土壤在上下空间上易位的耕作过程。俗话说"深耕细耙,旱涝不怕""耕地深一寸,强过施遍粪"。深耕不仅可加厚活土层,增强蓄水蓄肥能力和抗旱抗涝能力,而且有利于消灭杂草和病虫害。一般用铁锹人工翻地,耕翻的深度在25 cm以下,而用机耕可达30 cm左右。耕翻时应遵循"熟土在上,生土在下,不乱土层"的原则。播种前耕翻土地应结合施用有机肥。

2) 作畦

土壤耕翻后,要整地作畦,目的主要是控制土壤中的含水量,便于排灌,改善土壤温度与通气条件。畦的形式主要是根据当地气候条件、栽培季节、土壤条件及作物种类而定,常见的畦有以下4种类型(见图6.1):

(1)平畦

畦面与通路相平。适宜于排水良好,雨量均匀,不需要经常灌溉的地区。平畦可节约畦沟所占面积,提高土地利用率。

(2)低畦

畦面低于地面,畦间走道比畦面高,以便蓄水和灌溉,适用于雨量较少、地下水位低、干旱的地区或季节。栽培密度大且需经常灌溉的绿叶蔬菜、小型根菜、蔬菜育苗畦等,也基本适用。低畦的缺点是灌水后地面容易板结,影响土壤透气而阻碍蔬菜生长,也容易通过流水传播病害。

(3)高畦

畦面凸起的栽培畦形式。在降雨多,地下水位高,排水不良的地区,多采用高畦。一般畦面高10~15 cm,畦宽60~80 cm。由于畦面凸起后,土壤水分蒸发量大,故可减少土壤水分含量,提高土温并使土壤较干燥,适宜栽培瓜类、茄果类和豆类等喜温性作物;排水方便,适于降水量大且集中的地区;灌水不超过畦面,可减轻通过流水传播的病害蔓延。

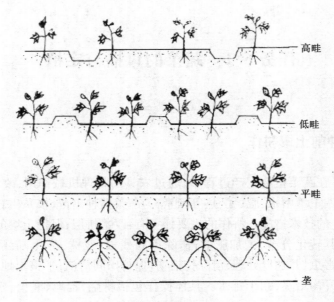

图 6.1　菜畦主要类型

(4)垄

垄是一种较狭窄的高畦形式。其特点是垄底宽垄面窄,其底宽 60～70 cm,高 15～20 cm。大白菜、甘蓝、萝卜、瓜类及豆类多采用垄作;为了提高早春地温,也常采用这种栽培畦形式;用于秋季栽培时,有利于雨季排水,且灌水时不直接浸泡植株,可减轻病害传播。

畦的方向不同,蔬菜接受的光照及受风的影响则不同。这种作用对高秆和搭架蔓性蔬菜影响较大,对植株较矮的蔬菜影响较小。当蔬菜栽培的行向与畦长平行时,冬季宜作东西横长的畦,则蔬菜植株可接受较多的阳光和较小的冷风。若作成南北纵长的畦,则阳光被同一行列内的邻近植株遮住,故每一植株所接受的阳光较前者少,热量也少,而且北风易从行间纵深深入,降低温度。故蔬菜在此少光少热的环境中生长不良,产量降低。与此相反,夏季以南北纵长作畦,可使植株受到较多的阳光,因而生长良好。风力较大地区,当植株的行向与栽培畦的走向平行时,畦的走向宜与风向平行为宜,减少风害,利于行间通风。

6.1.2　播前种子处理

蔬菜生产上普遍采用的种子处理方法包括浸种和催芽,其目的是出苗整齐、迅速,消毒,增强幼苗抗性,加速缓苗,提高蔬菜产量。

1)浸种

浸种是保证种子在有利于吸水的温度条件下,在短时间内吸足从种子萌动到出苗所需的全部水分的主要措施。不同的种子,由于种子浸透性不同,需要掌握不同种子浸种的温度和时间。浸种时间不足则种子吸水量不够,而影响萌发速度,浸种时间过长则种子内营养物质被浸出,也影响种子发芽生长。一般浸种时,也可在水中加入一定量的激素或微量元素,进行激素浸种或微肥浸种,有促进发芽、提早成熟、增加产量等效果(种子消毒、浸种方法详见任务 5.1)。

2) 催芽

催芽是在种子吸水膨胀后,保证发芽所需的温度、湿度和通气条件,以促进种子迅速且整齐一致萌发的措施。一般方法为:在种子浸种后,取出用清水洗净,除去种子外部吸附的水分和黏液,薄层(2 cm 左右)摊放在铺有一两层潮湿洁净纱布或毛巾的种盘上,上面再盖一层潮湿布或毛巾,然后将种盘放在温度适宜的地方催芽。在催芽期间,每天应用清水淘洗种子1~2次,并将种子上下翻倒,以使种子整齐一致发芽。当有75%左右种子破嘴或露根时,即停止催芽。不同蔬菜种类的种子,浸种、催芽时间及适温范围。

表 6.1　主要蔬菜种子浸种催芽时间和温度

蔬菜种类	浸种		催芽		蔬菜种类	浸种		催芽	
	水温/℃	时间/h	温度/℃	天数/d		水温/℃	时间/h	温度/℃	天数/d
黄瓜	25~30	8~12	25~30	1~1.5	甘蓝	20	3~4	18~20	1.5
西葫芦	25~30	8~12	25~30	2	花椰菜	20	3~4	18~20	1.5
番茄	25~30	10~12	25~28	2~3	芹菜	20	24	20~22	2~3
辣椒	25~30	10~12	25~30	4~5	菠菜	20	24	15~20	2~3
茄子	30	20~24	28~30	6~7	冬瓜	25~30	12+12*	28~30	3~4

注:第1次浸种后,将种子捞出晾10~12 h,再浸第2次。

催芽过程中,采用低温处理和变温处理有利于提高幼苗的抗寒性和提高种子的发芽整齐度。低温处理是把浸种后将要催芽的种子,放在0℃左右的环境中冷冻1~2 d,再置入适温中催芽,适用于瓜类和茄果类蔬菜。变温处理是将要发芽的种子,每天分别在28~30℃和16~18℃温度条件下,放置12~18 h和6~12 h,直至出芽。

6.1.3 播种

1) 播种时期

确定蔬菜露地播种适期的总原则:在安排播种时期时,正好使产品器官生长的旺盛时期处在气候条件(温度)最适宜的季节里,而把幼苗期、发棵期和产品器官生长后期放在其他月份里,以充分发挥作物的生产能力,获得优质高产的产品。

依照蔬菜对光照和温度的不同要求,露地栽培蔬菜播种时期分为一般春播和秋播。耐寒性的蔬菜,如胡萝卜、白菜、甘蓝、花椰菜、芥菜等适宜秋播。喜温蔬菜,如瓜类、茄子、菜豆等适宜春播。为了早熟,这些蔬菜也可提早到冬末春初利用防寒保温设施播种育苗,然后移植栽种。此外,葱、菠菜、四季萝卜等对温度和光照要求不严格,因此,除春秋播种外,其他季节也可以播种。

2) 播种量

主要蔬菜的参考播种量见表6.2。

表 6.2　主要蔬菜种子的参考播种量

蔬菜种类	种子千粒重/g	用种量/(kg·hm⁻²)	蔬菜种类	种子千粒重/g	用种量/(kg·hm⁻²)
大白菜	0.8~3.2	1.875~2.25(直播)	大葱	3~3.5	4.5(育苗)
小白菜	1.5~1.8	3.75(育苗)	洋葱	2.8~3.7	3.75~5.25(育苗)
小白菜	1.5~1.8	22.5(直播)	韭菜	2.8~3.9	75(育苗)
结球甘蓝	3.0~4.3	0.375~0.75(育苗)	茄子	4~5	0.75(育苗)
花椰菜	2.5~3.3	0.375~0.75(育苗)	辣椒	5~6	2.25(育苗)
球茎甘蓝	2.5~3.3	0.375~0.75(育苗)	番茄	2.8~3.3	0.6~0.75(育苗)
大萝卜	7~8	3.0~3.75(直播)	黄瓜	25~31	1.875~2.25(育苗)
小萝卜	8~10	22.5~37.5(直播)	冬瓜	42~59	2.25(育苗)
胡萝卜	1~1.1	22.5~30(直播)	南瓜	140~350	2.25~3(直播)
芹菜	0.5~0.6	15(直播)	西葫芦	140~200	3~3.75(直播)
芫荽	6.85	37.5~45(直播)	西瓜	60~140	1.5~2.25(直播)
菠菜	8~11	45~75(直播)	甜瓜	30~55	1.5(直播)
茼蒿	2.1	22.5~30(直播)	菜豆(矮)	500	90~120(直播)
莴苣	0.8~1.2	0.3~0.375(育苗)	菜豆(蔓)	180	22.5~30(直播)
结球莴苣	0.8~1.0	0.3~0.375(育苗)	豇豆	81~122	15~22.5(直播)

3)播种方式及方法

播种的方式有 3 种,详见任务 5.1 中 5.1.2。

播种方法分湿播和干播两种。

(1)干播

播前不浇水,播种后覆土镇压。一般用于湿润地区或干旱地区的湿润季节,雨后土壤墒情合适情况下播种。干播操作简单,速度快,但如播种时墒情不好,播种后又管理不当,容易造成缺苗。

(2)湿播

要求播前先浇水,使菜田土壤充分湿润后再播种。播种后应及时覆盖一层细土,覆土要均匀。湿播质量好,出苗率高,土面疏松而不易板结,但操作复杂,工效低。

6.1.4　直播蔬菜的苗期管理

1)间苗

一般分 2~3 次进行,在 1~2 片叶和 3~4 片叶时进行。总的要求是:间早不间晚,先轻后重。在幼苗的选留上,应尽量将弱株、病株和受到机械伤害的植株优先拔除。

2)水肥管理

每次间苗后,结合浇"合缝水",可进行追肥,以促进植株迅速生长。

3）定苗与补苗

最后一次间苗也称定苗。如直播蔬菜的除苗情况出现连续断畦（垄）现象时，在最后定苗时，应选择间除的部分健壮幼苗进行补苗。

知识链接

蔬菜播种育苗中常见问题的原因与预防措施

1）烂种

烂种一方面与种子质量有关，种子未成熟，贮藏过程中霉变，浸种时烫伤均可造成烂种；另一方面播种后低温高湿，施用未腐熟的有机肥，种子出土时间长，长期处于缺氧条件下也易发生烂种。

2）出苗不齐

出苗不整齐有两种情况：一是出苗时间不一致；二是苗床内幼苗分布不均匀。前者产生的主要原因：一是种子质量差，成熟不一致或新籽陈籽混杂等；二是苗床环境不均匀，局部间差异过大；三是播种深浅不一致。后者产生的主要原因是由于播种技术和苗床管理不好而造成的，如播种不均匀、局部发生了烂种或伤种芽等。

烂种或出苗不齐的预防措施：播种质量高的种子；精细整地，均匀播种，提高播种质量；保持苗床环境均匀一致；加强苗期病虫害防治，等等。

3）子叶"戴帽"出土

幼苗出土后，种皮不脱落而夹住子叶，俗称"戴帽"，或"顶壳"。产生的主要原因有土温过低、覆土过薄、盖土变干、播种方法不当、种皮干燥发硬不易脱落、种子生活力弱等。另外，瓜类种子直插播种，也易戴帽出土。为防止戴帽出土，播种时应均匀覆土地，保证播种后有适宜的土温；播种深度要适宜，高温期播后覆盖薄膜或草苫保湿；幼苗刚出土时，如床土过干，可喷少量水保持床土湿润，发现有覆土太薄的地方，可补撒一层湿润细土。发现"戴帽"出土者，可先喷水使种皮变软，再人工脱去种皮。

4）沤根

沤根时根部发锈，严重时表皮腐烂，不长新根，幼苗变黄萎蔫。主要原因是苗床湿度长时间过大，土壤透气不良。应提高土壤温度（土温尽量保持在 16 ℃ 以上），播种时一次打足底水，出苗过程中适当控水，严防床面过湿。

5）烧根

烧根时根尖发黄，不发新根，但根不烂，地上部生长缓慢，矮小发硬，不发棵，形成小老苗。烧根的主要原因是放了肥过多或使用了未腐熟的有机肥。预防措施：配制育苗土时不使用未腐熟的有机肥，化肥不过量使用并与床土搅拌均匀。

6）徒长苗

徒长苗茎细长，叶薄色淡，须根少而细弱，抗逆性较差，定植后缓苗慢，不易获得早熟高产。幼苗徒长是光照不足、夜温过高、水分和氮肥过多等原因造成的，可通过增加光照、保持适当的昼夜温差、适度给水、适量播种、及时分苗、不偏施氮肥等管理措施来防止。

7)老化苗

老化苗又称"僵苗""小老苗"。老化苗茎细弱、发硬,叶小发黑,根少色暗。老化苗定植后发棵缓慢,开花结果迟,结果期短,易早衰。老化苗是苗床长期水分不足或温度过低或激素处理不当等原因造成的,育苗时应注意合理控制育苗环境,防止长时间温度过低、过度缺水;不按要求使用激素。

6.1.5 蔬菜的定植

蔬菜的定植是指秧苗生长到一定时间或程度后移植到田地里生长,这一次移栽在栽培上称为"定植"。定植的目的:一是为植物植株生长提供更大的空间;二是有利于植物体更好地进行光合作用。

1)定植时期

确定秧苗定植时期要考虑当地的气候条件、蔬菜种类和栽培目的等。春季栽培喜温性蔬菜应在地上断霜、10 cm 内地温稳定在 10~15 ℃时定植;耐寒或半耐寒的蔬菜春季应在 10 cm 地温稳定达到 6~8 ℃时即可定植;秋季栽培则以初霜期为界,根据蔬菜栽培期长短确定定植期,如番茄、菜豆和黄瓜应从初霜期前推 3 个月左右定植。耐寒性蔬菜春季当土壤解冻、地温达 5~10 ℃时即可定植。设施栽培时,可比露地提早定植,但也应满足生育期间对环境的最低要求。在安全的前提下,提早定植是争取早熟高产的重要环节。

北方春季应选无风的晴天定植,最好定植后有 2~3 d 的晴天,以借助较高的气温和土温促进缓苗。南方定植温度多较高,宜选无风阴天或傍晚,以避免烈日曝晒。

2)定植前的准备

(1)土地准备

在整地作畦之后,还需要按照栽植密度的要求开定植沟或定植穴,并施入一定量的有机肥做底肥。

(2)秧苗准备

一般在寒冷季节定植的秧苗,其苗龄可适当大一些,叶菜类以 5~8 片叶为宜;果菜类则可带花蕾定植。而在温暖的季节定植或在设施条件下栽培时,苗龄可适当小一些。

(3)定植密度

定植密度因蔬菜的株型、开展度以及栽培管理水平和气候条件等不同而异。一般爬地生长的蔓生蔬菜定植密度应小,直立生长或支架栽培蔬菜的密度应大;丛生的叶菜类和根菜类密度宜小;早熟品种或栽培条件不良时,密度宜大,而晚熟品种或适宜条件下栽培的蔬菜密度应小。合理的定植密度就是在单位面积上有一个合理的群体结构,使个体发育良好,既能充分利用光、温、土、水、气、肥等环境条件,又能提高产量,改进品质。

(4)定植方法

常用的定植方法有以下两种:

①明水定植法。整地作畦后,先按行、株距开穴(开沟)栽苗,栽完苗后按畦或地块统一浇水定植方法,称为明水定植法。该法浇水量大,地温降低明显,适用于高温季节。

②暗水定植法。可分为水稳苗法和座水法两种。

a.水稳苗法。栽苗后先少量覆土并适当压紧、浇水,待水全部渗下后,再覆土到要求厚度。该定植法既能保证土壤湿度要求,又能保持较高地温,有利于根系生长,适合于冬春季定植,尤其适宜于各种容器苗定植。

b.座水法。开穴或开沟后先引水灌溉,并按预定的距离将幼苗土坨或根部置于泥水中,水渗透后覆土。该栽培法有防止土壤板结、保持土壤良好的透气性、保墒、促进幼苗发根和缓苗等作用,成活率也较高。

（5）栽植深度

栽植深度因蔬菜植物的生物学特性不同而异。例如,番茄因易生不定根,适当深栽可促发不定根,增加根系数量。茄子因系深根性作物,且根系数量相对较少,为增强其支持能力,也宜深栽。黄瓜为浅根作物,需水量大,为便于根系吸收水分、养分宜于浅栽。"茄子没脖、黄瓜露坨"就是这个道理。大葱可以深栽,而辣椒则宜深浅适中,以略深于原根际水平为好,因为其根系生长发育较弱,栽深了则不利于新根的生长,但栽浅了易倒伏。

不同季节栽苗深度也有所变化。早春定植一般要浅一些,因早春温度低,栽深了不易发根。夏季定植可以深一些,一方面是因为不怕地温低、栽深了反而可以适当减轻夏秋季地温过高的为害,另一方面又能增强晚秋根系抗低温的能力。同理,春季定植的恋秋蔬菜,也要略深于早熟蔬菜。在不同土壤条件下栽苗深度也不同。地势低洼,地下水位高的地方宜浅栽,这类地块土温偏低,栽深了在早春易导致烂根。土质过于疏松,地下水位偏低的地方,则应适当深栽,以利保墒。

（6）定植后的缓苗

幼苗定植到大田后,因根部受伤,影响水分和养分的吸收,定植初期几乎停止生长,待新根发生后,才恢复生长,这一过程称为缓苗。缓苗与否一般用形态指标来进行判别:一是看是否有新根特别是根毛发生;二是看地上部是否有新叶展开,植株是否开始新的生长。缓苗时间越快越好,最好争取不缓苗,这是争取早熟丰产的一个重要环节。

知识链接

提高蔬菜定植成活率的措施

1)提高秧苗质量

培育适龄壮苗并经充分锻炼者,定植成活率高,缓苗快,有护根措施育苗的,成活率也高。

2)保证定植质量

在定植过程中,要严格执行操作规定、务使秧苗不在定植过程中受伤。定植后及时灌水,确保根系吸水的需要。覆土要压紧,以防跑墒。栽苗深度要适当。缓苗后要及时浇水。

3)预防天气突变

早春天气变化多端,遇有晚霜应熏烟防霜,及早插架以利防风。夏季定植以预防烈日曝晒,必要时遮阴。

4)消灭地下害虫

早春定植常因地下害虫伤苗而缺苗,定植前应施毒饵,消灭虫害,定植后应及时检查,遇有害虫伤苗,及时灭虫。

5)及时查苗补苗,等距全苗,确保丰产

由于蔬菜种子的特性,其发芽率的不同,会造成出牙不齐或者不出芽等情况,要及时补齐。

任务6.2 果树苗木的栽植

果树栽植质量的好坏直接影响果树成活率、生长好坏、结果早晚和产量的高低以及果园管理的难易。

6.2.1 果树苗木栽植基础

1)栽植密度

栽植密度是指每公顷地定植果树的株数,生产中所说的合理密植是指在保证单株树体能正常生长结果的前提下,在单位面积上栽植最多的株数,以求最经济地利用土地和光能,从而有效地提高单位面积的产量。合理密植可以兼顾充分利用土地、阳光,增加产量与较好地解决果园和冠内通风透光两个方面。

果树合理栽植密度是依据树体大小,即根据树种、品种及砧木生长势在一定的环境条件和管理制度下,能够达到的最大体积来确定果树栽植密度(见表6.3)。一般来说,树体大小和生长势,受土壤条件的影响很大,因而同一树种、品种在不同地区和不同土壤中栽植密度也不同。不同树种和品种,到了盛果期以后的树冠大小、分枝特点以及对光照的要求有明显差别,栽植密度应有所不同。不同砧木,对树冠大小的影响较大,因此,乔砧果树的栽植密度要比矮砧果树的栽植密度小。

表6.3 主要果树常用栽植密度

果树种类		行距×株距/(m×m)	株数/666.7 m²
苹果	乔砧	5~6×4~5	22~23
	矮砧或短枝型	3~4×2~3	55~110
梨	普通型	3~6×4~5	22~55
	短枝型	4~5×3~4	33~55
	西洋梨	4~5×3~4	33~55
桃		4~6×2~4	27~83
杏		6~7×4~5	19~28
核桃		6~8×5~6	14~22
葡萄	篱架	2~3×1.5~2	111~222
	棚架	4~6×1~1.5	64~160

2）栽植方式

果树的栽植方式是在确定栽植密度的前提下，结合经济利用土地、提高单位面积经济效益和便于栽培管理为原则。生产上常采用的栽植方式主要有以下5种：

（1）长方形栽植

长方形栽植是生产上广泛采用的栽培方式。一般为栽植的行距大于株距，通风透光好，便于机械耕作，管理方便。果树栽植的行向，一般为南北行向为好，尤其是平地果园，南北行向有利于树体受光量均匀。

（2）正方形栽植

正方形栽植的行距与株距相等，植株呈正方形排列，光照条件较好，管理方便。这种种植方式不适合密植果园，易造成密植果园树冠郁闭，光照较差。

（3）带状栽植

带状栽植多以两行为一带，带内距离小于带间距离，即宽窄行栽植，带距为行距的3～4倍，带间光照较好，带内光照条件较差，管理稍不方便，适宜于矮化密植。

（4）计划密植

一般稀植果园达到高产时期较晚，前期对土地和空间的利用率低，为了提高前期产量，可采用先密后稀的栽植方式，即称计划密植。在永久植株的株间或行间加进结果早的品种，作为临时植株进行密植，可以使果园早结果，早收益。到树冠之间开始交头郁闭时，疏除临时植株。为了便于管理，计划密植只宜在同一树种的不同品种间栽植，而不宜间植不同树种。

（5）等高栽植

等高栽植适用于丘陵地果园，果树按一定的株距沿等高线栽植，利于水土保持。

此外，还有三角形栽植、丛状栽植等方式。

3）栽植时期

多数落叶果树，一般在秋季落叶后栽植至春季萌芽前栽植。具体栽植时间应根据当地气候条件及苗木、肥料、栽植准备情况而定。

（1）秋栽

秋栽一般在霜降后至土壤结冻前进行。秋栽有利于伤口愈合，促生新根，第2年春季解冻后，根系发根早，能及时吸收水分和养分，供苗木生长，因而能提高成活率。但对于冬季寒冷、风大、冬春季多风而气候干燥的地区，秋栽易发生冻害和"抽条"，因此，秋栽后必须采取有效的防寒措施，如埋土、包草、套塑料袋等措施。

（2）春栽

春栽在土壤解冻后至萌芽前栽植。春栽宜早不宜晚，栽植过晚，果树发芽较晚，缓苗较慢，影响成活率。春季栽植要注意及时灌水，特别遇到春旱，及时灌水，可促进苗木的成活。

6.2.2 果树定植

1）果树定植流程

果树定植流程为

定植前的准备→栽植→载后管理

2) 定植要点

（1）定植前的准备

①确定栽植点：对于果园穴栽方式是平地果园常用的栽植方式。确定栽植穴时，可选择园地比较垂直的一角，画出两条垂直的基线。在行向一端的基线上，按设计行距量出每一行的点，用石灰进行标记。另一条基线标记株距位置。在其他3个角用同样方法划线，定出4边及行、株位置，并按相对应的标记拉绳，其交点即为定植点，然后标记出每一株的位置。也可用水准仪确定栽植的行向，沿行向用已经标好株距的测绳确定定植点，并用石灰标记。对于采用定植沟栽植的果园，应在小区的一边确定栽植第一行作物的位置，然后根据行距依次确定各行的距离，用水准仪定位作物栽植的中心位置和定植沟的宽度，并用石灰进行标记。

山地果园以梯田走向为行向，在确定栽植点时，应根据梯田面的宽度和设计行距确定。山地地形复杂，梯田多为弯曲延伸，行向应随弯就势。

②挖栽植穴、回填土。以栽植点为中心挖坑，表土与底土分放两侧。坑的大小，根据土层厚薄、土壤质地、水位高低和土壤墒情而定，大坑利于根系伸展。一般来说，在土壤较黏重、墒情较好的园地，坑宜挖大些（80～100 cm）；而在砂地上，水分容易蒸发，坑要稍小（60 cm左右）。技术要求：穴壁平直，不能挖成漏斗形。挖好栽植穴后，可将秸秆、杂草或树叶等有机物与表土分层填入坑内。为加速分解，在每层秸秆上撒少量生物菌肥或氮素化肥，尽量将好土填入下层。在栽植穴下撒入一层优质农家肥，每株25 kg左右，将表层土壤回填至定植穴或定植沟中，或将有机肥料和表土拌匀填入坑底，填至离地面25～30 cm时，立即灌水，使坑内土壤充分沉实，以免栽植后土壤下陷，造成根系与土壤接触不实，出现倒伏现象，影响栽植成活和园地的整齐度。

③苗木准备：

a. 苗木分级。苗木质量对生产的影响是十分明显的，也关系着生长期间管理的难易，人常说，苗齐苗壮。苗齐是第一位。因此，在定植前将苗木按大、中、小分级，分别定植。同时淘汰病苗、杂苗、伤苗是必要的，这些苗木影响整齐度，也易发病或不便管理。

b. 剪根。剪根是将一些过长的根系及烂根剪除，促进侧根、新根的发生。若根系过长，会团卷在定植穴内，影响根的下扎、生长及侧根的生长，烂根易诱发病害或死苗，因此，对分好级的果树苗木进行修剪。

c. 药剂处理。为防止一些病虫害的流行和扩散，定植前利用苗木集中期间进行农药的喷施。另一方面为促进发展、提高成活率，也可在定植前用生根粉、生长素等沾根。

（2）栽植

按照果园规划的树种、品种进行配置和确定好的定植穴，进行栽植。

定植前先将果苗按定植图上的排列顺序放到每个穴旁，用湿土埋好根系，以防品种混杂和日光照射。栽植前，先将栽植坑进行修整，高出铲平，低处填起，使坑底成馒头状，便于根系舒展，然后把果苗放入穴内，前后左右对直，将所余表土培在根际周围，用心土拌肥料继续填埋，采用"三埋两踩一提拉"的方法，使根系舒展，并与土壤紧密结合。在苗木周围培土稍高于地平面时，进行灌溉。待水分渗入土中，再覆埋和培土，以防树干动摇，保墒。

（3）栽后管理

①定干修剪。新栽的幼树在春季萌芽前，应根据整形要求进行定干，以促进萌芽发枝，对已有较好分枝的树苗，根据树形要求进行适当地修剪，保持地上部分和地下部分的平衡。

在春季风大的地区,为防止树体动摇,提高成活率,应设立支柱撑扶,以保护幼树生长良好。

②检查成活及补栽。春季萌芽展叶后,及时检查成活情况,对死亡苗木,立即补栽,补栽的苗木应与死株品种相同,树龄一致。因此,在定植苗木的同时,要留有一定数量的备用树苗,进行临时假植,供当年或第2年补植用。

③其他管理。要及时中耕除草,根据果树需要和土壤墒情进行灌溉,适时追肥,并注意苗期的病虫害防治,为苗木生长创造一个良好的环境条件。

任务6.3 大树移栽技术

6.3.1 大树移栽的概念及作用

1)大树移栽的概念

大树移栽是指对树干胸径为15 cm以上的常绿乔木或胸径在20 cm以上的落叶乔木,树龄一般在10~20年或更长的大型树木的移栽(见图6.2)。大树移栽技术条件复杂,在果树生产园区、山区和农村绿化中极少使用,但在果树品种示范园区、城市园林绿化中却是经常采用。许多果树新品种性状展示时在大树上嫁接、园林重点工程中要求有特定的优美树姿相配合,大树移栽是首选的方法。

图6.2 大树移栽

2)大树移栽的作用

(1)树冠成型快,品种性状展示效果好

多数树种此时正处于树木生长发育的旺盛期,其适应性和再生能力都较强,移栽一旦成活,能在最短时间内恢复树冠,对于果树新品种进行高接展示时效果好,品种性状表现充分。

(2)提高绿化质量,快速建成景观效果

为了提高园林绿化、美化的造景效果,经常采用大树移栽。它能在最短时间内改善城市的园林布置和城市环境景观,较快地发挥园林树木的功能效益,及时满足重点工程、大型市政建设绿化、美化等要求,对于城市园林来说具有特殊作用。

(3)体现园林艺术,园林园艺造景的重要内容

无论是以植物造景,还是以植物配景,若要反映景观效果,都必须选择理想的树形来体现艺术的景观内容。而幼年树难以实现艺术效果,只有选择成型的大树才能创造理想的艺术作品。

(4)保留绿化成果

在繁华的街道、广场、车站等地方,人为的损坏使城市的绿化与保存绿化成果的矛盾日益突出,因而只有栽植大规格的苗木,提高树木本身对外界的抵抗能力,才能在达到绿化效果的同时,保存绿化成果。

6.3.2 大树移栽的特点

与一般的树木相比,移栽大树的技术要求比较复杂,移栽的质量要求较高,需要消耗大量的人力、物力、财力。移栽大树具有庞大的树体和质量,往往需要借助于一定的机械力量才能完成。同时移栽大树的根系趋向或已达到最大根幅,主根基部的吸收根多数死亡。吸收根主要分布在树冠垂直投影附近的土壤中,而所带土球范围内的吸收根很少,导致移栽大树在移栽后会严重失去水分,发生生理代谢不平衡。为使其尽早发挥园林绿化、美化的效果和保持原有的优美姿态,对于树冠,一般不进行重剪。在所带土球范围内,用预先促发大量新根的办法为代谢平衡打下基础,并配合其他移栽措施,以确保成活。

6.3.3 大树移栽前的准备与处理

1)做好规划与计划

进行大树移栽,事先必须做好树种的规划,包括所栽栽的树种规格、数量及造景要求,以及使用机械、转移路线等。为使移栽树种所带土球中具有尽可能多的吸收根群,尤其是须根,应提前有计划地对移栽树木进行断根处理。实践证明,许多大树移栽后死亡,其主要原因是由于没有做好树种移栽的规划与计划,对准备移栽的大树未采取促根措施。

根据果树品种示范的要求和园林绿化、美化的要求,对可供移栽的大树进行实地调查。调查的内容包括树木种类、年龄、树干高度、胸径、树冠高度、冠幅、树形及所有权等,并进行测量记录,注明最佳观赏面的方位,必要时可进行照相。调查记录苗木产地与土壤条件,交通路线有无障碍物等周围情况,判断是否适合挖掘、包装、吊运,分析存在的问题,提出解决措施。

对于选中的树木应进行登记编号,为园林规划设计提供基本资料。

2)断根处理

断根处理也称回根、盘根或截根。定植多年或野生大树,特别是胸径在 15 cm 或 20 cm 以上的大树,应先进行断根处理,利用根系的再生能力,促使树木形成紧凑的根系和发出大量的须根。丛林内选中的树木,应对其周围的环境进行适当的清理,疏开过密的植株,并对移栽的树木进行适当的修剪,增强其适应全光和低湿的能力,改善透光与通气条件,增强树势,提高抗逆性。

断根处理通常在实施移栽前 2~3 年的春季或秋季进行。具体操作时,应根据树种习性、年龄大小和生长状况,确定开沟断根的水平位置。落叶树种的沟离干基的距离约为树木胸径的 5 倍,常绿树须根较落叶树集中,围根半径可小些。例如,若某落叶树的胸径为 20 cm,则挖沟的位置离树干的距离约为 100 cm。沟可围成方形或圆形,将其周长分成 4 或 6 等分,第 1 年相间挖 2 或 3 等分。沟宽以便于操作为度,一般为 30~40 cm;沟深视根的深度而定,一般为 50~100 cm。沟内露出的根系应用利剪(锯)切断,与沟的内壁相平,伤口要平整光滑,大伤口还应涂抹防腐剂,有条件的地方可用酒精喷灯灼烧进行炭化防腐。将挖出的土壤打碎并清除石块、杂物,拌入腐叶土、有机肥或化肥后分层回填踩实,待接近原土面时,浇一次透水,水渗完后覆盖一层稍高于地面的松土。第 2 年以同样的方法处理剩余的 2~3 等分,第 3 年移栽(见图 6.3)。用这种方法开沟断根,可使断根切口后部产生大量新根,有利于成活。截根分两年完成,主要是考虑避免对树木根系的集中损伤,不但可刺激根区内发出大量新根,而且可维持树木的正常生长,有利于移栽后的成活。

在特殊情况下,为了应急,在一年中的早春和深秋分两次完成断根处理,也可取得较好的效果。

6.3.4　大树挖掘

1)软包装土球

软包装土球多采用草绳、麻袋、蒲包及塑料布等软材料包装,适用于油松、雪松、香樟、龙柏及广玉兰等常绿树和银杏、榉树、白玉兰及国槐等落叶乔木。

(1)挖掘

土球的规格一般可按树木胸径的7~10倍来确定(具体可参考表6.4)。

表6.4　土球规格参考表

树木胸径/cm	土球规格		
	土球直径(胸径倍数)	土球高度/cm	留底直径
10~12	8~10	60~70	土球直径的1/3
13~15	7~10	70~80	

挖掘时先按照规范要求保留土球的直径,以树干为圆心划一圆圈。以不伤根为准,铲除树木表层的浮土,再于圆外沿圆开沟。为了便于操作,沟宽通常多为60~80 cm;沟深多为60~100 cm。挖掘时,凡根系直径在3 cm以上的大根,如果露出应用锯切断;小根用利铲截断或剪除。切口要平滑,大伤口应涂抹防腐剂。在挖掘过程中,应随挖随修整土球,将土球表面修平。当沟挖至所要求的深度时,再向土球底部中心掏挖,使土球呈苹果形。土球直径在50 cm以上,应留底部中心土柱(见图6.4),便于包扎。土球的土柱越小越好,一般只留土球直径的1/4,不应大于1/3。这样在树体倒下时,土球不易崩碎,且易切断树木的垂直根。

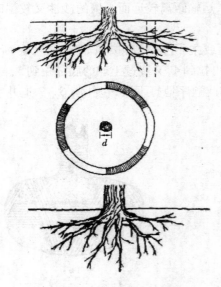

图6.3　断根示意图

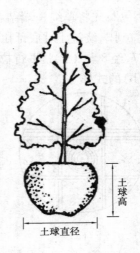

图6.4　土球形状示意图

整个挖掘、切削过程中,要防在进一步削土球根群以上的表土和掏挖土球下部的底土时，必须先打腰箍，再将无根的表土削成凸弧形。在止土球破裂。球中如夹有石块等杂物暂时不必取出，到栽植时再做处理，这样就可保持土球的整体性。

（2）包装

①打腰箍。土球达到所需深度并修好土柱后应打腰箍。开始时，先将草绳（1～5 cm）一端，压在横箍下面，然后一圈一圈地横扎。包扎时要用力拉紧草绳，边拉边用木锤慢慢敲打草绳，使草绳嵌入土球卡紧不致松脱，每圈草绳应紧密相连，不留空隙，至最后一圈时，将绳头压在该圈的下面，收紧后切除多余部分（见图6.5）。腰箍包扎的宽度依土球大小而定，一般从土球上部1/3处开始，围扎土球全高1/3。

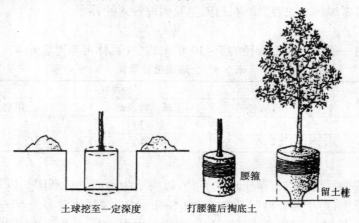

土球挖至一定深度　　打腰箍后掏底土　　腰箍　　留土柱

图6.5　土球挖掘和打腰箍示意图

②打花箍。腰箍打好以后，向土球底部中心掏土，直至留下土球直径的1/4～1/3土柱为止，然后打花箍（也称紧箍）。花箍打好后再切断主根。花箍的形式分"井字包"（又称古钱包）、"五角包"和"橘子包"（又称网络包）3种。运输距离较近，土壤又较黏重，则常采用井字包或五角包的形式；比较贵重的树木，运输距离较远而土壤的沙性又较强时，则常用橘子包的形式。

a."井字包"：先将草绳一端结在腰箍或主干上，然后按照如图6.6（a）所示的顺序包扎。先由1拉到2，绕过土球底部拉到3，再拉到4，又绕过土球的底部拉到5，再经6绕过土球下面拉至7，经8与1挨紧平行拉扎，如此顺序地打下去，包扎满6～7道井字形为止，最后成图6.6（b）的式样。

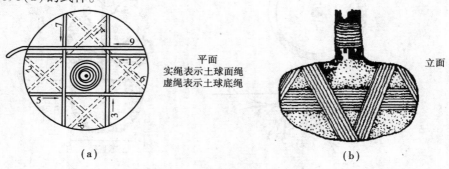

平面
实绳表示土球面绳
虚绳表示土球底绳

立面

（a）　　　　　　　　（b）

图6.6　井字式包扎法示意图
（a）包扎顺序图　（b）扎好后的土球

b."五角包":先将草绳一端结在腰箍或主干上,然后按照图6.7(a)所示的顺序包扎。先由1拉到2,绕过土球底部,由3拉至土球面到4,再绕过土球底,由5拉到6,绕过土球底,由7过土球面到8,绕过土球底,由9过土球面到10,绕过土球底回到1,如此包扎拉紧,顺序紧挨平扎6~7道五角星形,最后包扎成图6.7(b)的式样。

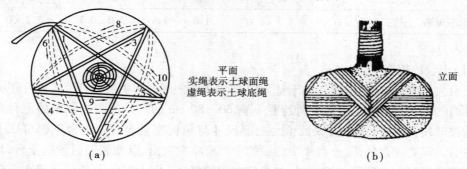

平面
实绳表示土球面绳
虚绳表示土球底绳

立面

(a)　　　　　　　　(b)

图6.7　五角式包扎法示意图
(a)包扎顺序图　(b)扎好后的土球

c."橘子包":先将草绳一端缚在主干上,呈稍倾斜经过土球底部边沿绕过对面,向上到球面经过树干折回,顺着同一方向间隔绕满土球。如此继续包扎拉紧,直至整个土球被草绳包裹为止。如图6.8所示。橘子包包扎通常只要扎上一层即可。有时对名贵的或规格特大的树木进行包扎,可用同样方法包两层,甚至3层。中间层还可选用强度较大的麻绳,以防止吊车起吊时绳子松断,土球破碎。

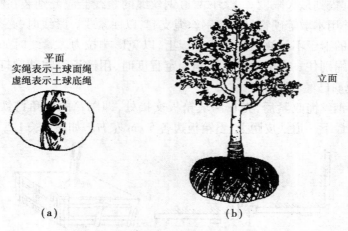

平面
实绳表示土球面绳
虚绳表示土球底绳

立面

(a)　　　　　　　　(b)

图6.8　橘子式包扎法示意图
(a)包扎顺序图　(b)扎好后的土球

看一看:
　　生产上实际包装还有那些包装方法?

2)土台挖掘与包装

带土台移栽多采用板箱式包装,故又称为板箱式移栽,一般适用于直径15~20 cm或更大的树木,以及沙性较强不易带土球的大树。在树木挖掘时。应根据树木的种类、株行距和干径的大小来确定树木根部土台的大小。一般按照树木胸径的 7~10 倍确定土台（见表 6.5）。

表 6.5　移栽树木所用木箱规格参考表

树木胸径/cm	15~17	18~24	25~27	28~30
木箱规格（上边长×高）/m	1.5×0.6	1.8×0.7	2.0×0.7	2.2×0.8

（1）土台的挖掘

土台大小确定之后，以树木的干基为中心，按照比土台大 10 cm 的尺寸，画一正方形边线，铲除正方形内的表土，沿边框外缘挖一宽 60~80 cm 的沟。沟深与规定的土台高度相等。挖掘时用箱板进行校正，保证土台上部尺寸与箱板完全吻合。土台下部可比上部小 5 cm 左右。需要注意的是，土台 4 个侧面的中间应略微突出，以便装箱时紧抱土台，切不可使土台四壁中间向内凹陷。挖掘时，如遇较大的侧根，应予以切断，其切口要留在土台内。

（2）装箱

①上箱板。修好土台后应立即上箱板。将土台 4 个角修成弧形，用蒲包包好，再将箱板围在四面，用木棒等临时顶牢，经检查、校正，使箱板上下左右放得合适，每块箱板的中心与树干处于同一直线上，其上缘低于土台 1 cm（预计土台将要下沉数），即可将钢丝分上、下两道围在箱板外面。

②上钢丝绳。在距箱板上、下边缘各 15~20 cm 的位置上钢丝绳。在钢丝绳接口处安装紧线器，并将其松到最大限度。上、下两道钢丝绳的紧线器应分别装在相反方向箱板中央的横板条上，并用木墩等硬物材料将钢丝绳支起，以便紧线。紧线时，必须两道钢丝绳同时进行。钢丝绳的卡子不可放在箱角或带板上，以免影响拉力。紧线时如钢丝跟着转动，则用铁棍将钢丝绳别住。当钢丝绳收紧到一定程度时，用锤子等物试敲打钢丝绳，若发出"当、当"之声，说明已经收紧。

③钉铁皮。钢丝绳收紧后，先在两块箱板交接处，即围箱的四角钉铁皮（见图 6.9）。每个角的最上和最下一道铁皮距上、下箱板边各 5 cm 左右。如箱板长 1.5 m，则每角钉 7~

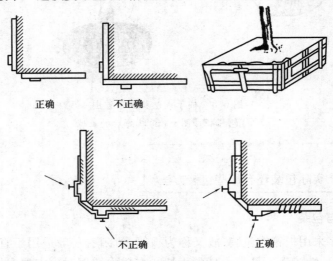

正确　　　不正确

不正确　　　正确

图 6.9　钉铁皮的方法

8道;箱板长1.8~2.0 m,每角钉8~9道;箱板长2.2 m,每角钉9~10道。铁皮通过箱板两端的横板条时,至少应在横板上钉两枚钉子。钉尖向箱角倾斜,以增强拉力。箱角与板条之间的铁片,必须绷紧,钉直。围箱四角铁皮钉好之后,用小锤轻敲铁皮,如发出老弦声,证明已经钉紧,此时即可旋松紧线器,取下钢丝绳。

(3)掏底

①备好底板。土台四周箱板钉好之后,开始掏土台下面的底土、上底板和面板。先按土台底部的实际长度,确定底板和所需块数。然后在底板两端各钉一块铁皮,并空出一半,以便对好后钉在围箱侧板上。

②掏底。掏底时,先沿围板向下深挖35 cm,然后用小镐和小平铲掏挖土台下部的土。掏底土可在两侧同时进行,并使底面稍向下凸,以利收紧底板。当土台下边能容纳一块底板时,就应立即将事先准备好与土台底部等长的第一块底板装上,然后继续向中心掏土。

③上底板。上底板时,将底板一端突出的铁皮钉在相应侧板的纵向板条上。再在底板下放木墩顶紧,底板的另一端用千斤顶将底顶起,使之与土台紧贴,再将底板另一端突出的铁皮钉在相应侧板的纵向横条上。撤下千斤顶,同样用木墩顶好,上好一块后继续往土台内掏直至上完底板为止。需要注意的是,在最后掏土台中央底土之前,先用4根10 cm×10 cm的方木将木箱四方侧板向内顶住。支撑方法是,先在坑边中央挖一小槽,槽内插入一块小木板,将方木的一头顶在小木板上,另一头顶在侧板中央横板条上部,卡紧后用钉子钉牢,这样四面钉牢就可防止土台歪斜。然后掏出中间底土。掏挖底土时,如遇树根可用手锯锯断,并使锯口留在土台下面,决不可让其凸出,以免妨碍收紧底板。掏挖底土要注意安全,绝不能将头伸入土台下面。风力超过4级时应停止掏底作业。

上底板时,如土壤质地松散,应选用较窄木板,一块接一块地封严,以免底土脱落。如万一脱落少量底土,应在脱落处填充草席、蒲包等物,然后再上底板。如土壤质地较硬,则可在底板之间留10~15 cm宽的间隙。

④上盖板。底板上好后,将土台表面稍加修整,使靠近树干中心的部分稍高于四周。如表面土壤亏缺,应填充较湿润的好土,用锹拍实。修整好的土台表面应高出围板1 cm,再在土台上面铺一层蒲包,即可钉上木板(见图6.10)。

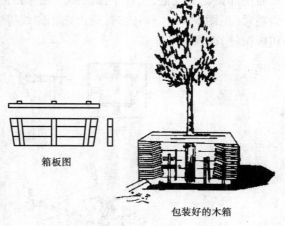

箱板图

包装好的木箱

图6.10 上盖板

6.3.5 大树的吊运

1)滚动装卸

如果移植树木所带土球近圆形,直径50 cm以上,可在土球包扎后,在坑口一侧开一与坑等宽的斜坡,将树木按垂直于斜坡的方向倒下,控制住树干将土球推滚出土坑,并在地面与车厢底板间搭上结实的跳板,滚动土球将树木装入车厢。如果土球过重(直径大于80 cm),可将结实的带状绳网一头系在车上,另一头兜住土球向车上拉,这样上拉下推就比较容易将树木装上车。卸车方法同装车,但顺序相反。

2)滑动装车

在坡面(跳板)平滑的情况下,可按上拉下推的方法滑动装卸。若为木箱移栽,可在箱底横放滚木,上拉下推滚滑前移装车或缓慢下滑卸车。

3)吊运装卸

(1)土球吊运

土球吊运的方法有以下3种:

①将土球用钢索捆好,并在钢索与土球之间垫上草包、木板等物吊运,以免伤害根系或弄碎土球。

②用尼龙绳网或帆布、橡胶带兜好吊运。

③用一中心开孔的圆铁盘兜在土球下方,再用一根上、下两端开孔铁杆从树干附近与树干平行穿透土球,使铁杆下端开孔部位从铁盘孔中穿出,用插销将二者连接起来,上部铁杆露出40~80 cm,再将吊索拴在铁杆上端的孔中。

吊运与卸车的动力可用吊车、滑轮、人字架及摇车等。

(2)板箱吊运

板箱包装可用钢丝,围在木箱下部1/3处,另一粗绳系在树干(干外面应垫物保护)的适当位置,使吊起的树木呈倾斜状。树冠较大的还应在分枝处系一根牵引绳,以便装车时牵引树冠的方向。土球和木箱重心应放在车后轮轴的位置上,冠向车尾。冠过大的还应在车厢尾部设交叉支棍,土球下面两侧应用东西塞稳,木箱应同车身一起捆紧,树干与卡车尾钩系紧(见图6.11)。运输时,应由熟悉路线等情况的专人押运。押运时,人不能站在土球和板箱处,以保证安全。

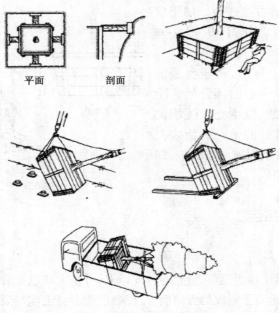

平面　　　　剖面

图6.11　板箱起、吊、运示意图

6.3.6 大树的栽植

1)挖坑

大树栽栽前必须检查树坑的规格、质量及待栽树木是否符合设计要求。栽植底坑的直径一般应大于大树的土台 50~60 cm,土质不好的应该是土球的一倍,如果需换土或施肥,应预先做好准备。肥料应与土壤拌匀。栽植前先在坑穴中央堆一高 15~20 cm、宽 70~80 cm 的长方形土台,以便于放置木箱。

2)吊树入坑

(1)板箱式

将树干包好麻包或草袋,然后用两根等长的钢丝绳兜住木箱底部,将钢丝绳的两头扣在吊钩上,即可将树直立吊入坑中。若土体不易松散,放下前应拆去中部两块底板,入穴时应保持原来的方向或把姿态最好的一侧朝向主要观赏面。近落地时,一个人负责瞄准对直,4 个人坐在坑穴边用脚蹬木箱的上口放正和校正栽植位置,使木箱正好落在坑的长方形土台上。

拆开两边底板,抽出钢丝,并用长竿支牢树冠,将拌入肥料的土壤填至 1/3 时再拆除四面壁板,以免散坨。捣实后再填土,每填 20~30 cm 土,捣实一次,直至填满为止。按土球大小和坑的大小做双圈灌水堰。

(2)软包装土球

吊装入穴前,应将树冠丰满、完好的一面作为主要观赏面,朝向人们观赏的方向。坑内应先堆放 15~25 cm 厚的松土,吊装入穴时,应使树干立直,慢慢放入坑内土堆上(见图 6.12)。填土前,应将草绳、蒲包片等包装材料尽量取出,然后分层填土踏实。栽植的深度,一般不要超过土球的高度,与原土痕相平或略深 3~5 cm 即可。

另外,对于裸根或带土移栽中球体破坏脱落的树木,可用坐浆或打浆栽植的方法来提高成活率。具体做法是:在挖好的坑内填入 1/2 左右的栽培细土,加水搅拌至没有大疙瘩并可以挤压流动为止。然后将树木垂直放入坑的中央"坐"在浆

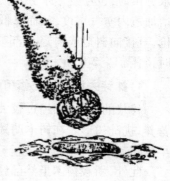

图 6.12 吊树入坑

上,再按常规回土踩实,完成栽植。这种栽植,由于树木的质量使根体的每一孔隙都充满了泥浆,消除了气袋,根系与土壤密接,有利于成活。但要特别注意,不要搅拌过度造成土壤板结,影响根系呼吸。

6.3.7 养护管理

树木栽植后的第 1 年是能否成活的关键时期。新栽树木的养护,重点是水分管理。

1)扶正培土

由于雨水下渗和其他种种原因,导致树体晃动,应松土踩实;树盘整体下沉或局部下

陷,应及时覆土填平,防止雨后积水烂根;树盘土壤堆积过高,要铲土耙平,防止根系过深,影响根系的发育。

对于倾斜的树木应采取措施扶正。如果树木刚栽不久发生歪斜,应立即扶正;如因种种原因不能及时扶正的,落叶树种可在休眠期间扶正,常绿树种在秋末扶正。扶正时不能强拉硬顶,以免损伤根系。首先应检查根茎入土的深度,如果栽植较深,应在树木倒向一侧根盘以外挖沟,至根系以下内掏,用锹或木板伸入根团以下向上撬起,并向根底塞土压实,扶正即可;如果栽植较浅,可按上法在倒向的对侧掏土,然后将树体扶正,将掏土一侧的根系下压,回土压实。

大树扶正培土以后还应设立支架。

2)水分管理

新栽树木的水分管理是成活期养护管理的最重要内容。

（1）土壤水分管理

一般情况下,移栽第一年应灌水3~4次,特别是高温干旱时更需注意抗旱。栽植后于外围开堰并浇水一次,水量不要过大,主要起到压实土壤的作用;2~3 d浇第2次水,水量要足;7 d后浇第3次水,待水渗下即可中耕、松土和封堰。多雨季节要特别注意防止土壤积水,应适当培土,使树盘的土面适当高于周围地面;在干旱季节和夏季,要密切注意灌水,最好能保证土壤含水量达最大持水量的60%左右。

（2）树冠喷水

对于枝叶修剪量小的名贵大树,在高温干旱季节,由于根系没有恢复,即使保证土壤的水分供应,也易发生水分亏损。因此,当发现树叶有轻度萎蔫征兆时,有必要通过树冠喷水增加冠内空气湿度,从而降低温度,减少蒸腾,促进树体水分平衡。喷水宜采用喷雾器或喷枪,直接向树冠或树冠上部喷射,让水滴落在枝叶上。喷水时间可在上午10时至下午4时,每隔1~2 h喷一次。

3)抹芽去萌及补充修剪

移栽的树木,如经过较大强度的修剪,树干或树枝上可能萌发出许多嫩芽和嫩枝,消耗营养,扰乱树形。在树木萌芽以后,除选留长势较好、位置合适的嫩芽或幼枝外,其余应尽早抹除。

此外,新栽树木虽然已经过修剪,但经过挖掘、装卸和运输等操作,通常受到损伤,使部分芽不能正常萌发,导致枯梢,此时应及时疏除或剪至嫩芽、幼枝以上。对于截顶(冠)或重剪栽植的树木,因留芽位置不准或剪口太弱,造成枯枝桩或发弱枝,则应进行修剪。在这种情况下,待最接近剪口而位置合适的强壮新枝长至5~10 cm或半木质化时,剪去母枝上的残桩。修剪的大伤口应该平滑、干净,并进行消毒、防腐。

对于发生萎蔫经浇水喷雾仍不能恢复正常的树,应加大修剪强度,甚至去顶或截干,以促进其成活。

4)松土除草

因浇水、降雨及人类活动等导致树盘土壤板结,影响树木生长,应及时松土,促进土壤与大气的气体交换,有利于树木新根的生长与发育。但在成活期间,松土不能太深,以免伤及新根。

树木基部附近长出的杂草、藤本植物等,应及时除掉,否则会耗水、耗肥,藤蔓缠绕妨碍树木生长。可结合松土进行除草,每隔 20 ~ 30 d 松土除草一次,并把除下的草覆盖在树盘上。

知识链接

如何提高大树移植成活率

1)支撑

大树种植后应立即支撑固定,慎防倾倒。正三角桩最利于树体稳定,支撑点以树体高 2/3 处左右为好,并加垫保护层,以防伤皮。

2)控水

新移植大树,根系吸水功能减弱,对土壤水分需求量较少。因此,只要保持土壤适当湿润即可。土壤含水量过大,反而影响土壤的透气性能,抑制根系的呼吸,对发根不利,严重的时候会导致烂根死亡。还要根据天气情况、土壤质地情况进行淋水。

3)保湿

大树地上部分(特别是叶面)因蒸腾作用而易失水,必须及时喷水保湿。喷水要求细而均匀,并且能喷及地上各个部位和周围空间,为树体提供湿润的气候环境。可采用高压水枪喷雾,或将供水管安装在树冠上方,根据树冠大小安装一个或若干个细孔喷头进行喷雾。也可用"吊盐水"的方法,即在树枝上挂若干个装满清水的盐水瓶,运用医药上吊盐水的原理,让瓶内的水慢慢滴在树体上,并定期加水,既省工又节省投资。一般在抽枝发有 5 ~ 10 片叶后,可停止喷水。

4)遮阴

大树移植初期或高温季节,要搭棚遮阴,以降低棚内温度,减少树体的水分蒸发。在搭棚时,遮阴度为 70% 左右,让树体接受一定的散射光,以保证树体光合作用,以后视树木生长情况和季节变化,逐步去掉遮阴物。

5)施肥

大树移植初期,根系吸肥能力差,宜采用根外追肥,一般半个月左右 1 次。用尿素、硫酸铵、磷酸二氢钾等速效性肥料配制成浓度 0.5% ~ 1% 的溶液,选早晚进行喷洒。根系萌发后,可进行土壤施肥,要求薄肥勤施,慎防伤根。为了保持土壤良好的透气性而有利于根系萌发,因此,应做好中耕松土工作,以防土壤板结。

任务 6.4 花卉的容器栽培

容器栽培的花卉多是气候不适宜的地区或季节进行栽培的一种方式。因此,其所需的生态环境大都需要人工调控。同时,花卉经盆栽后,根系局限于狭小的盆内,盆土及营养面积有限,所以这类花卉的栽培与养护要比露地花卉复杂得多。

6.4.1 花盆及容器

1) 瓦盆

瓦盆又称素烧盆,是使用最广泛的栽培容器。利用黏土在 800~900 ℃ 高温下烧制而成,有红盆和灰盆两种。这类瓦盆,虽质地粗糙,且具多孔性,但有良好的通气、排水性能,适合花卉的生长,又因价格低廉,应用广泛。

素烧盆通常为圆形,其大小规格不一。不同的植物种类对盆深的要求不同,一般最常用的是直径与盆高相等的标准盆;但大家所熟知的杜鹃花和球根花卉适合用比较浅的盆,这种盆的高度是上部内径的 3/4;蔷薇和牡丹用盆较深;播种或移苗多用深 8~10 cm 的浅盆,最小的盆口直径为 6 cm,最大不超过 50 cm。

2) 釉盆

釉盆又称陶瓷盆,其形状有圆形、方形、菱形等。外形美观,常刻有彩色图案,适于室内装饰。这种盆水分、空气流通不畅,对植物生长不太适宜。这种花盆完全以美观为目的,作为一种室内装饰,适宜于配合花卉作套盆用。

3) 塑料盆

塑料盆是用聚氯乙烯按一定模型制成。花卉生产上多使用硬塑料,这类盆可根据需要进行设计,造型灵活多变,颜色多样,与花卉相配,可衬托出青翠的叶色,鲜艳的花色,且盆内外光洁、轻巧,洗涤方便,不易破碎,适宜长途运输,可较长期、多次使用。

4) 木盆或木桶

木盆一般选用材质坚硬、不易腐烂、厚度为 0.5~1.5 cm 的木板制作而成,其形状有圆形、方形。为了便于换盆时倒出盆内土团,应将木盆或木桶做成上大下小的形状。木盆外部可刷上有色油漆,既防腐又美观。盆底需设排水孔,以便排水。这类木盆或木桶,宜栽植大型的观叶植物如橡皮树、棕榈,放置于会场、厅堂,极为醒目。

5) 吊盆

吊盆是用麻绳、尼龙绳、金属链等将花盆或容器悬挂起来,作为室内装饰,具有空中花园的特殊美感,可清楚地观察植物的生长。适合于作吊盆的容器有质地轻、不易破碎的彩色塑料花盆、竹筒;古色古香的器皿;或藤制的吊篮等,既美观,又安全,可悬挂于室内任何角落。常春藤、鸭趾草、吊兰、天门冬、蕨类等蔓性植物适宜栽种于吊盆中供布置、观赏。

6) 水养盆

水养盆专用于水生花卉盆栽,盆底无排水孔,盆面阔而浅,如北京的"莲花盆",其形状多为圆形。此外,室内装饰的沉水植物,则采用较大的玻璃槽以便观赏。

7) 兰盆

兰盆专用于气生兰及附生蕨类植物的栽培,盆壁有各种形状的孔洞,以便空气流通。此外,也常用木条制成各种式样的兰筐代替兰盆。

8) 盆景用盆

盆景用盆深浅不一,形式多样,常为瓷盆或陶盆。山水盆景用盆为特制的浅盆。

9）纸盆

纸盆供培养幼苗专用，特别用于不耐移植的种类，如香豌豆、矢车菊等先在温室内用纸盆育苗，然后露地栽植。

6.4.2 培养土的配制

培养土是人工配制的专供盆花栽培的一种特制土壤。培养盆花的土壤必须是营养丰富、疏松、多次浇水不板结，有一定的保水、保肥能力，最好是弱酸性土壤，盆花才能生长良好。自然界中，符合上述条件的数量有限，必须人工配制。配制营养土的材料主要有园土、腐叶土、泥炭土、红土、河沙、蛭石、珍珠岩、草木灰、树皮、苔藓、蕨根、陶粒等。

各种植物，由于原产地不同，对盆土的要求也不尽相同。根据各类花卉的要求，将材料按不同比例进行混合配制。一般盆花的配制主要有3类，配制比例是：

①疏松培养土。园土2份，腐叶土6份，河沙2份。
②中性培养土。园土4份，腐叶土4份，河沙2份。
③黏性培养土。园土6份，腐叶土2份，河沙2份。

以上培养土，一般幼苗的移栽、多浆植物选用疏松培养土；球根花卉、宿根花卉选用中性培养土；树桩盆景、木本花卉选用黏性培养土。配制培养土的材料必须先进行消毒处理。

6.4.3 选盆、上盆、换盆及翻盆

1）选盆

选盆应按照盆栽花卉不同的生长发育时期来选择不同规格的花盆。在幼苗期一般选用苗盘；待幼苗长至具有3~5枚叶片时选用直径为8~10 cm的盆上盆；以后每次换盆时应选择比原来的盆大3~5 cm的花盆；直到植物长成后，不希望苗木迅速生长，需要限制其生长时，则可采用同样大小的盆进行换盆。

2）上盆

上盆就是将花卉移入花盆内栽植。上盆前首先要根据植株的大小或根系的多少来选用大小适当的花盆，一般不应小株上大盆，否则浇水后盆土很难见干，尤其在低温或冬季室内养护时，往往造成根系腐烂。旧花盆使用前应先清洗干净，以利于透气、透水。

上盆时，先用瓦片盖住排水孔，在把较粗的培养土放在底层2~3 cm，并放入有机肥，再用细培养土盖住肥料，并将植株放在盆的中央，向根系周围加培养土，把根系全部埋住后，轻提植株使根系舒展，并轻压根系四周的培养土，使根系与土壤密接，然后继续加土到距盆口2~3 cm出即可。上完盆后立即浇透水，需浇2~3遍直至排水孔有水流出，放在庇阴处4~5 d后可逐渐见光，以利缓苗（见图6.13）。

3）换盆和翻盆

（1）换盆

随着植株不断长大，将小盆逐渐换成与植株相称的大盆，在换盆的同时更换新的培养土（见图6.14）。

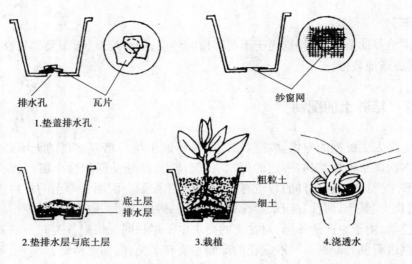

排水孔　瓦片　　　　　　　　　　纱窗网

1.垫盖排水孔

底土层
排水层

粗粒土
细土

2.垫排水层与底土层　　3.栽植　　4.浇透水

图6.13　花卉的上盆

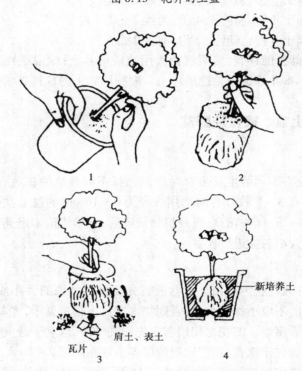

1　　　　　　　　2

瓦片
肩土、表土
3　　　　　　　　4　　新培养土

图6.14　换盆

（2）翻盆

翻盆只换培养土不换盆，以满足花卉生长发育对盆土的需要。多年生花卉经过多年的养护，盆土质地变差，易板结，透气、排水不良，浇水不易下渗，养分缺乏。因此，多年生花卉每隔2～3年需翻一次盆，有些种类甚至需要一年翻一次盆，更换新的培养土。

换盆或翻盆前，应停止浇水，使盆土稍微干燥，便于植株倒出。倒出植株后，先除出去根系周围的旧土，但必须保留根系基部中央的护根土。如果根部的旧土去得过多或全部去掉,上盆后植株则需要很长时间才能正常生长,严重时会造成植株死亡。

上盆后的管理。栽植后,用喷壶浇水,浇水要充分,要一直浇到水从排水孔流出为止。若需缓苗的花卉,可将盆花放置在蔽阴处,待缓苗后再转入正常的管理。如上盆时花苗原来的基质没有动过,上好盆后可直接放置在阳光下养护。

6.4.4 施肥、浇水与环境调节

1)施肥

盆花的施肥是其生长过程中的一个重要的管理环节。合理的施肥可促进花卉的生长发育、提高盆栽的质量以及盆花作为商品的价值。但如施肥不当,就会影响盆花的生长发育,从而降低其观赏价值和经济价值。盆花的生长发育需要多种营养元素,而这些营养元素主要由盆栽基质来提供,但盆栽基质中的营养元素往往不能满足盆花的需求,因此,就必须采用施肥的方式不断加以补充,尤其是氮、磷、钾3种主要营养元素更是如此。

2)浇水

用水浇花最好用含矿物质较少,并且没有污染的、pH 5.5～7.0的水,如雨水、河水等。如果使用自来水,因其含氯,故不宜直接使用(尤其兰科植物),最好先将自来水注入容器中,再放置24～48 h,待水中氯挥发净后再使用。

(1)浇水的次数及用量

浇水的次数和数量要根据花卉的种类、习性、生长阶段、季节、天气状况和栽培基质等多种因素来决定。草本花卉比木本花卉浇水多,球根花卉不能浇水过多,旱生花卉要少浇水,湿生花卉可多浇水。花卉在旺盛生长期间可多浇水,开花和结实期间浇水不可过多,休眠期间要严格控制浇水。春季气温逐渐升高,花卉生长旺盛,浇水应逐渐增多,可每隔1～2 d浇水1次;夏季生长加快,气温变高,花卉蒸腾作用旺盛,需水量较多,可每天早上和午后各浇水1次;秋季气温逐渐降低,花卉生长缓慢,应逐渐减少浇水;冬季温度低,花卉生长慢,可视具体情况每隔3～4 d浇水1次。阴雨天一般少浇水,并要注意排水,防止积水;晴天浇水较多。栽培基质沙性较重的,浇水应次数多,每次浇水的量可少些。

(2)浇水的原则

浇水必须贯彻"干透浇透,干湿相间"的原则,即浇水一般是在盆栽基质表面干透发白时进行,浇水必须浇足,既不可半干半湿,又不可过湿。浇水必须要浇到盆底渗出水为止,切忌浇半截水。

(3)浇水的方法

盆花浇水的方法根据花卉的种类和生产方法有喷灌、滴灌、浸灌及浇灌4种方式,其中浇灌常用。

①在浇水时,浇水工具不可离盆太高,以免水的冲击力太大,使盆栽基质被冲得高低不平,露出根系,影响植株的生长。

②浇水时,要严防泥浆溅污叶面。因为随着溅污叶面泥浆中的水分蒸发后,会在叶面留下泥土,从而影响叶片进行光合作用和蒸腾作用。

(4)浇水的时间

一般来讲浇水宜在上午进行,尽量避免在傍晚浇水,这样有利于植株的枝叶在夜间干

燥,有效降低盆花病虫害的发生。

3)整形与修剪

修剪是容器栽培管理中的一项很重要的工作。因为修剪可使盆花生长均衡,开花良好、花期长;通过修剪剪除枯枝老枝,便于植株积累养分,使老枝得以更新,利于新芽、新叶的形成,达到叶绿花繁果硕,株形美观的目的。

盆花修剪的方法有:

①摘心。盆花摘心是在花卉生长期中,适时地用手或剪刀除去嫩梢的生长点,促进多生侧枝,控制盆花徒长,使枝株矮化,达到株冠丰满美观的目的。如四季海棠、象牙红等都是用摘心来整形。摘心还可用来控制花期。如一串红不摘心,9月初可开花,经过几次摘心可推迟到国庆节开花。摘心还可使花开多,特别是一些对生叶,顶生花芽的花卉,经摘心后能抽生出更多的花芽,开出更多的花。如大立菊等通过摘心培养成数千朵以上的多花枝株。

②抹芽。盆花的抹芽是在花卉生长期中,用手将花卉基部或干上生长出的多余的不定芽,在嫩芽尚未长成木质化之前及时用手把它抹掉。盆花抹芽一方面可以避免多余的芽消耗养分,另一方面如不及时抹掉多余的不定芽,它常常萌发过多的枝条,扰乱树势,影响株形,需要及时抹芽的盆花种类较多,如月季、杜鹃、扶桑等。

③修根。盆花修根是盆花在每年春季换盆时,将老根、死根剔除,或疏掉一些须根,促进新根的发生。对于观花、观果的盆栽花卉,如因徒长而不开花结果,可将部分根系切断,削弱吸收能力,抑制营养生长,以促进开花结果。

④疏花疏果。盆花的疏花疏果是在花卉的生长期中用手将多余的花蕾和过多的果实摘掉。盆花疏花疏果的目的是:一是摘除花果,利于集中养分,使花朵大而鲜艳,果实累累;二是对于幼龄的花木或生长衰弱的观果植物,全部摘除花蕾幼果,不让其开花结果,贮存积累营养,为来年更好的开花结果做好准备。如茶花,将一个枝条上过多的花蕾疏除,择优保存,以达到开花大而花朵鲜艳的目的。

⑤支架与诱引。对一些攀援很强和枝条柔软的盆栽花卉,都应该立支架。在支架的同时,也起着诱引枝条向某一指定的方向生长的作用。通过支架诱引达到理想的株形的盆栽花卉种类很多:如文竹、仙人指、蟹爪兰等。

⑥绑扎与捏形。盆花的绑扎与捏形是我国传统的花卉整形技艺,有丰富的经验。其基本的选形方法有自然修剪、编成拍子、绳拉成弯,因树捏形等。

盆花修剪的一般程序如下:

①"看"。看修剪对象固有的生长习性及具体立地条件,树木主侧枝分布结构是否合理,主侧枝间与树冠上下生长势是否均衡,营养生长与生殖生长的关系是否协调等,综合分析后确定相应的修剪技术措施。

②"抽"。把一些影响树木生长发育,破坏树形结构,扰乱树形,遭受病虫为害的多年生大枝,甚至是骨干枝先行锯截,使树木基本达到整形修剪的目的与要求。

③"剪"。在树体的结构形态基本符合目的要求的基础上,再对各个主侧枝进行具体修剪,遵循留壮不留弱,留外不留内的原则,运用短截、疏枝等技术,使树木的整形更加完善。

④"查"。修剪基本完成后,对整个树体进行认真复查,对错剪、漏剪的地方给予修正或补剪,从群体角度出发,检查相邻树木间相互有何影响并进行调整。

知识链接

室内养什么花草好

1）能吸收有毒物质的植物

能吸收有毒物质的植物有芦荟、吊兰、虎尾兰、一叶兰等。龟背竹是天然的清道夫，可以清除空气中的有害物质。有研究表明，虎尾兰和吊兰可吸收室内80%以上的有害气体，吸收甲醛的能力超强。此外，具净化空气作用的植物还包括肾蕨、贯众、月季、玫瑰、紫薇、丁香、玉兰、桂花、金绿萝、芦荟、鸭跖草、耳蕨、仙人掌、虎皮兰、虎尾兰、龙舌兰、凤梨、仙人球、令箭荷花、昙花、宝石花、肥厚景天、紫花景天、常青藤、铁树、菊花、石榴花、米兰、龙血树等。

2）抗辐射的观赏植物

有的观赏植物具有吸收电磁辐射的作用，在家庭中或办公室中摆放这些植物，可有效减少各种电器电子产品产生的电磁辐射污染。这些植物包括仙人掌、宝石花、景天等多肉植物。

3）驱虫杀菌的观赏植物

有的植物具有特殊的香气或气味，对人无害，而蚊子、蟑螂、苍蝇等害虫闻到就会避而远之。这些特殊的香气或气味，有的还可抑制或杀灭细菌和病毒。这些植物包括晚香玉、除虫菊、野菊花、紫茉莉、柠檬、紫薇、茉莉、兰花、丁香、苍术、蒲公英、薄荷等。

复习思考题

1. 如何对蔬菜播种及苗期管理？
2. 如何确定果树的栽植时期？
3. 如何确定果树合理的栽植密度？
4. 总结果树栽植成活的关键技术，分析未成活的原因。
5. 什么是大树移栽？大树移栽有什么作用？
6. 如何进行断根处理？
7. 简述大树移栽的技术要点。
8. 如何对容器栽培花卉进行水、肥管理？

项目7 园艺植物的田间管理

知识目标

了解果树、蔬菜及花卉等各类园艺植物田间管理的基本概念。

掌握果树蔬菜及花卉等各类园艺植物的田间管理技术，包括各类园艺植物土壤管理、施肥技术和水分管理的操作要点。

技能目标

能掌握间苗、定苗与补苗的基本技术。

能掌握中耕、培土与除草的基本技术。

能掌握土壤酸碱度调节、土壤消毒的基本技术。

能掌握各类园艺植物的施肥技术。

任务7.1　间苗、定苗与补苗

在田间管理中,间苗、定苗与补苗是园艺植物苗期管理的核心内容。

7.1.1　间苗

间苗是指在园艺植物种子出苗过程中或完全出苗后到定苗前,采用人为的方法将苗床或直播行(穴)内计划之外的幼苗拔除或移出,使所留幼苗株行距更合理的过程。

1)目的和意义

减少植株田间密度,增加苗间距。剔除弱苗、病苗、畸形苗,淘汰过大过小苗,促使幼苗健壮生长、整齐一致;改善苗床内通风透光条件,调节湿度,协调园艺植物个体与群体的矛盾,保证单株有合理的营养面积。

2)对象和范围

主要是针对根系再生能力弱、移栽后不易成活不宜育苗而直接采取大田直播的蔬菜、草本花卉及用于绿化、美化的木本观赏植物,凡过密、受病虫害、受机械损伤、生长不良的幼苗,都是被间苗的对象、范围。

3)时间和次数

具体时间要根据植物种类、品种、密度、培育目的而定。间苗次数为2～3次。第1次间苗,主要是剔除过密苗、过早出的苗,苗距为2～3 cm;第2,3次间苗,主要是剔去过大、过小和病弱苗,苗距6～7 cm为宜。蔬菜、花卉等草本园艺植物第1次间苗通常在幼苗出齐后,出现第1～2片真叶时进行;木本观赏植物小叶女贞、桂花、香樟等直播实生苗的间苗,可根据树种的生长特性和长势决定间苗次数;慢生树种须在苗高2 cm和5 cm时,各间苗一次;中速生树种,在苗高5 cm和10 cm时,各进行一次;速生树种,长势强,需及时间苗,一般只间一次。一般来说,第2次间苗时间与第1次间苗时间相隔10～20 d,第3次及以后是否还需间苗,视具体情况决定。

此外,苗圃内用于培育城镇绿化需要的大规格苗木以及果树密植园等,在计划预留苗木出圃前、果树主栽品种进入丰产期或按计划密植园的永久树株行距确定前皆可进行。

4)方式和方法

目前以人工间苗为主。为不伤及其他小苗的根系,也可用左手轻轻按住其他小苗,用右手将弱小苗、过密苗、病苗拔出苗床,间苗后,应及时喷(浇)水定根。在不准备将所拔小苗留作他用的情况下,也可用剪刀齐地面剪除子叶以下的上胚轴(杆)。随着机械化程度的提高,用机械取代人工间苗将成为一种可能,届时,将会以机械间苗为主,人工间苗为辅。

5)注意事项

(1)间苗宜早不宜晚

早间苗是培育壮苗的重要措施。若间苗过晚,易导致幼苗拥挤徒长、细长,生长衰弱。

（2）选优去劣、先轻后重

应分次将苗床或种植行（穴）内弱苗、病苗、畸形苗、小苗、机械受伤苗、过密苗优先拔出，分次间苗。

（3）及时除草

凡与幼苗争肥争水的杂草，在间苗时应及时除掉。

（4）及时浇水定根

在苗期间苗、除草时，容易把本来打算留在苗床或种植穴内的小苗拔起来，应及时浇水，使幼苗根部与土壤密接。以免所留小苗干枯、死亡。

随着农业技术水平的不断提高，在精量播种、高质量整地、应用苗前除草剂混土处理封杀杂草的种子、幼芽、幼苗等配套措施，今后有可能减少或免去间苗这一田间管理环节。

7.1.2　定苗

通过多次间苗，使大田中的留苗数达到计划苗数，幼苗数量基本稳定，株行距大致均匀，不需再去除多余幼苗的过程称为定苗，通常把最后一次间苗称为定苗。应注意以下事项：

1）实时定苗

一般在幼苗的木质化程度提高、根系较发达、对不良的环境条件抵抗能力增强时定苗。大部分1,2年生草花及不宜移植而必须直播的种类在出现3～4片真叶时进行。但遇阴雨低温、病虫害严重等情况时可适当推迟定苗。

2）按计划定苗

按计划或预定密度确定的株行距及预定营养面积选留壮苗定苗。

3）晴天中午定苗

选在晴天中午定苗，便于识别、剔除不健康的病、弱苗。

此外，根菜类应选留子叶与行向垂直的壮苗定苗，因子叶方向将与肉质根两侧的吸收根方向一致。

7.1.3　补苗

蔬菜、花卉等园艺植物定苗或定植后，因蟋蟀、蝼蛄等咬断植株根部或遇天气寒冷、干旱、遭受冰雹危害等原因，常导致田间出现缺苗死株断垄等现象，为确保大田选留小苗株行距更合理，应抓紧时间查苗、补苗，以免影响群体产量或群体观赏效果。补苗分补种和补栽两种。

①补种。即补播种子。由于补种产生的小苗出土时间晚，赶不上原来的秧苗，常采用浸种催芽、加强苗期管理等手段，促进晚苗生长。

②补栽。就是到产（供）苗工场购买或就近或通过其他渠道等方式获得秧苗，并将其补栽在所缺位置。最好的做法是在直播或育苗时，多留预备苗（一般结合分苗进行），以备缺苗缺株时补苗用。

总之,在间苗、定苗和补苗时,应按照选优、去劣的原则,早间苗,适时定苗,及时补苗。在具体间苗时,间苗的数量应按单位面积产苗量的指标进行留苗,第1次留苗密度最好比计划产苗多30%~50%;第2次比计划产苗量多15%~20%;最后定苗时,除要求留苗间距均匀外,宜考虑一定的损耗系数,比计划产苗量多留5%~15%,以备因各种因素所致的缺苗、补苗之需,以确保产苗(供苗)计划的完成,最终达到苗全、苗壮、田间植株群体结构更合理的目的。

任务7.2　中耕、培土与除草

中耕、培土与除草是园艺植物田间生长发育过程中的常规管理内容。

7.2.1　中耕

中耕是指在园艺植物田间生长发育过程中,采用锄头、中耕犁、齿耙和其他耕耘机械,在植物株、行间进行的松土、保墒作业。一般是在雨后或灌溉后其表土尚未完全干时进行,具有破碎土壤板结层、增加土壤透气性、促进根系呼吸和土壤养分的分解等作用。

1) 中耕的作用

中耕有疏松土壤,使土壤孔隙度增大,促使土壤内的空气流通,有利于土壤中有益微生物繁殖和活动,调节土壤的肥、水、气、温等状况,为植物根系发育创造条件的作用,还可消灭或减少杂草的为害。

在北方盐碱地区进行中耕,可减少土壤返盐碱现象;在南方在多雨季节进行中耕,可促使土壤水分迅速散失,锄松土壤使其变得松暖透气;在冬季和春季中耕,可提高土温,促进根系发育。据测定,深中耕比浅中耕5 cm土温提高1.7 ℃;在干旱季节进行中耕,毛细管被切断,减少土壤表层水分蒸发,形成了一个保护层,使根系所处的土壤环境更适合于植物生长,起到很好的保墒作用。

此外,中耕还有蹲苗作用,是调节蔬菜、花卉等园艺植物营养生长和生殖生长,促进产品器官形成的重要手段。

2) 中耕的时间和次数

中耕的时间和次数,因土壤性质(即板结状况)、植物种类、气候和杂草多少而定,一般是在雨后或灌溉后其表土尚未完全干时进行,通常是在雨后的2~3 d进行,在植物田间封行前结束。对于1年生草本播种苗来说,一年内为6~10次;2年生的一般需3~6次;但对于多年生的蔬菜、花卉及木本植物而言,根据植物生长或管理需要,每年进行2~3次。

3) 中耕的深度

中耕深度因植物的种类、植株的大小、根系的深浅及其再生能力特性和具体中耕时间决定。一般根系浅的植物,如黄瓜、葱蒜类等的根系浅再生能力弱宜浅中耕;对根系较深、再生能力强的植物,如番茄切断老根后容易发生新根,宜深中耕;同种植物,株行距小的宜

浅;同一田间同一植物,在其生育期间的多次中耕宜"两头浅,中间深"。总原则是:幼苗期宜浅,成株宜深;苗旁宜浅,行间宜深;干旱时宜浅,涝害时宜深。一般深度为 6 ~ 10 cm。

4)中耕的质量标准

要求达到土壤疏松、地面干净、平整一致,不伤苗、不压苗、不埋苗。幼苗期及移栽缓苗后,由于植株个体小,大部分表土暴露于空气中,杂草易滋生,应及时中耕,可有效地减少杂草的发生。但杂草多而土层疏松时,可只除草不中耕松土;当突然板结严重时,即使田间无杂草,也要中耕松土。当幼苗逐渐长大、枝叶覆盖地面、杂草发生困难时,根系已扩大于株间,应停止中耕,否则易因中耕损伤根系,影响植株的生长发育。

7.2.2 培土

培土是在田间植株生长期间将行间土壤分次培于植株根部的耕作方法,一般是与中耕、除草结合进行。北方地区的垄作趟地就是培土的方式之一,南方多雨地区培土作业可起到加深畦沟、垄沟,利于排水、固定根系抗倒伏,提高地温促增产等作用。

培土对不同的园艺植物有不同的作用。对大葱、韭菜、芹菜、石刁柏等培土,有促进植株软化、提高产品品质的作用;对马铃薯、生姜等薯芋类培土,可促进地下变态块根、块茎的形成与肥大;对番茄、茄子等茄果类培土,有防止倒伏和便于排水的作用;江南多雨地区和北方多雨季节,把疏通畦沟和培土结合起来,有利于田间排水,保护植株根系不至于被水淹;早春定植的蔬菜和冬季嫁接的果树苗木,通过培土,可提高土温,保护植物根部不被冻害(一般是在树根部培直径 80 ~ 100 cm、高 30 ~ 50 cm 的土堆,在北方冬季将耐修剪的月季短截重剪,培土,有利于防寒越冬);爬蔓生长的瓜类植物如南瓜、西瓜、冬瓜等可把培土和压蔓等植株调整环节合二为一,即隔一定的节位后,在其藤蔓上用土压上,既可防止植株徒长,还能在压蔓处诱发不定根,起到增加根系吸收水分和养分的作用。

当然,中耕、培土、除草等作业并不是孤立的,如中耕可起到一定的除草和培土作用;而培土除了具有增厚土层、保护根系、增加植物根际营养、拉大昼夜温差、改良土壤结构等方面的作用以外,也有一定侧除草功能。

7.2.3 除草

杂草是指生长在耕地、田边、土埂等场所,给菜园、花卉基地、果苗场以及果园内的园艺植物带来直接或间接为害的草本植物的总称。除草既是对田间及周边杂草进行人为控制、防除,减少其对栽培植物的为害的行为,又是田间管理的主要内容之一。

由于杂草对植物田间生长的为害性较大,应注意根据田间杂草的生长情况及时清除,最迟必须在杂草种子成熟前清除,必须采取提前预防与田间清除相结合、农业综合措施、化学除草等多种防御机制并举。杂草的防治主要从以下 3 个方面入手:

1)预防为主

严格植物检疫制度,对各地区间调运的植物种子和苗木等进行检查处理阻止杂草传播蔓延。在播种前精选种子,将杂草种子彻底清除。清洁园田周边环境,有机肥料使用前进行高温发酵腐熟处理。

2)农业措施

农业措施是防除杂草的基础。合理轮作、深翻土壤、合理选择播种时间、适度密植、中耕除草、地膜覆盖等都属于防除杂草的农业措施范畴,只有防除得力,就可以减轻杂草为害。

3)化学除草

利用化学除草剂的生态选择性、生理选择性和生物化学选择性进行的除草,称为化学除草。一般是在杂草出苗前和苗期应用,以杀死杂草种子、幼芽幼,而不影响园艺植物的正常生长发育,是目前世界上发展最快、最经济有效的除草方法之一,具有省工、增产、成本低等优点。常用的除草剂有 2,4-D-丁酯、麦草畏(百草敌)、除草灵(高特克)、草甘膦、莠去津(桃树对莠去津敏感,不能在桃园使用)、扑草净、氰草津等。

任务7.3　土壤管理技术

土壤是园艺植物根系生长、吸收养分和水分的基础,土壤结构、供肥性能、水分状况决定着土壤养分对植物的供给,直接影响到园艺植物生长发育。对土壤进行管理,目的就是人为地给予或创造良好的土壤环境,为园艺植物健壮生长、丰产、优质打下基础。

7.3.1　土壤改良

一般来说,蔬菜、花卉对土壤肥分的要求高于果树对土壤肥分的需求。我国果园多数建立在丘陵、山地、沙荒或河、湖、海滩上。一般是土层瘠薄,有机质少,土壤团粒结构差,肥力低。尽管在种植前进行过一定改良,但远不能满足果树生长结果和丰产、优质的要求,因此,栽植后对土壤进一步改良仍是园艺植物土壤管理的基础工作。土壤改良技术主要参见本书项目4 任务4.3 土壤改良。

1)改良土壤的目的、手段

土壤改良的目的,就是为植物的生长创造更好的条件。一般有以下两种方法:

①改"地",使之适合于某一具体的园艺植物的生长发育需要。

②改"植物",使之适合于某一具体的土壤环境。

既有因"地"制宜的问题,也有因"植物"制宜的问题;既有种植前的土壤改良,也有种植后的土壤改良。

2)改良土壤的方法

改良土壤的方法有很多,如制订合理的轮作、间套作计划,参见本书项目4 任务4.4 种植制度的确定;实行种养结合,建立体循环农业经济体系,大力推广"猪—沼—菜""猪—沼—果"等模式在农业专业合作社等新兴农业产业整合中的运用,可改善土壤团粒结构,提高土壤供肥能力等。下面将从调节土壤酸碱度和加强田间耕作管理两个方面来学习土壤

改良技术。

（1）调节土壤酸碱度

调节土壤酸碱度是土壤改良的一项技术措施。土壤的酸碱度对各种园艺植物的生长发育影响很大，土壤中必需营养元素的可给性、土壤微生物的活动，根部吸水、吸肥的能力以及有害物质对根部的作用等，都与土壤 pH 值有关。通常情况下，pH ＜ 4.5，为极强酸性，pH ＝ 4.5 ～ 5.5 为强酸性，pH ＝ 5.5 ～ 6.5 为酸性，pH ＝ 6.5 ～ 7.5 为中性，pH ＝ 7.5 ～ 8.5 为微碱性，pH ＝ 8.5 ～ 9.5 为强碱性，pH ＞ 9.5 为极强碱性。过酸过碱都不利于园艺植物的生长发育，我国土壤 pH 值大多数为 4.5 ～ 8.5。从南到北总体呈"南酸北碱"的分布情况。为了创造更适合各种园艺植物生长的土壤环境，就必须根据各种园艺植物对土壤酸碱度的不同要求，有针对性地对土壤酸碱度进行调节，以满足园艺植物生长发育的需要，就必须把调节土壤酸碱度作为土壤改良的一种重要手段来执行（见表 7.1）。

表 7.1 常见园艺植物最适宜的土壤酸碱度/pH

植物名称	适宜范围/pH	植物名称	适宜范围/pH	植物名称	适宜范围/pH
苹果	5.5 ～ 8.0	甘蓝	6.0 ～ 7.0	八仙花	4.6 ～ 5.0
梨	5.8 ～ 7.0	花椰菜	6.5 ～ 7.0	雏菊	5.5 ～ 7.0
桃	5.0 ～ 8.0	大白菜	6.5 ～ 7.5	菊花	6.0 ～ 7.5
板栗	5.5 ～ 6.8	黄瓜	6.0 ～ 7.0	香石竹	6.0 ～ 6.5
核桃	6.0 ～ 8.0	南瓜	5.5 ～ 6.8	风信子	6.5 ～ 7.5
枣	5.5 ～ 8.0	冬瓜	6.0 ～ 7.5	百合	5.0 ～ 6.0
柿	5.0 ～ 7.5	西瓜	6.0 ～ 7.5	水仙	6.5 ～ 7.5
杏	5.6 ～ 7.5	番茄	6.0 ～ 7.5	郁金香	6.5 ～ 7.5
葡萄	6.5 ～ 8.5	茄子	6.5 ～ 7.3	美人蕉	6.0 ～ 7.0
猕猴桃	5.8 ～ 7.1	菜豆	6.2 ～ 7.0	仙客来	6.0 ～ 7.0
樱桃	6.0 ～ 7.5	豇豆	6.2 ～ 7.0	文竹	6.0 ～ 7.0
山楂	6.0 ～ 7.0	大葱	6.0 ～ 7.5	金鱼草	6.0 ～ 7.5
山荆子	6.5 ～ 7.5	大蒜	6.0 ～ 7.0	鸡冠花	6.0 ～ 7.5
石榴	5.8 ～ 7.5	韭菜	5.5 ～ 7.0	一品红	6.0 ～ 7.5
柑橘	5.0 ～ 7.0	洋葱	6.0 ～ 8.0	月季花	6.0 ～ 7.0
枇杷	5.5 ～ 6.5	芹菜	6.0 ～ 7.5	芍药	6.0 ～ 7.0
香蕉	4.5 ～ 7.5	莴苣	5.5 ～ 7.0	杜鹃	4.5 ～ 6.0
芒果	5.5 ～ 7.0	甜菜	6.0 ～ 8.0	山茶	4.5 ～ 5.5
菠萝	4.5 ～ 6.0	马铃薯	5.5 ～ 6.5	西府海棠	6.5 ～ 8.5
兰科植物	4.5 ～ 5.0	胡萝卜	5.5 ～ 8.0	仙人掌类	7.5 ～ 8.0

当土壤过酸时，可加入生石灰、石灰中和。土壤酸性较强（pH 5.5 以下）、土质黏重、有机质含量较高的土壤，仍可适当增施石灰，但石灰用量不宜大，一般每亩施 50 ～ 100 kg，每

隔2~3年施用一次;否则易引起土壤板结,降低磷素及铁、锰等营养元素的有效性,故可适当增施磷肥、生理碱性肥料硝酸钠和石灰氮(学名氰胺化钙,分子式为 $CaCN_2$,不含有酸根,能防止土壤,特别是设施内土壤的酸化,常作土壤消毒剂兼碱性肥料);或种植碱性绿肥如紫云英、豇豆、蚕豆、毛叶苕子等来调节。土壤过碱时,可加入硫黄粉、硫酸亚铁或加入生理酸性肥料如氯化铵、硫酸铵等,使碱变酸,也可亩施石膏(硫酸钙)15~25 kg,调节其碱性;或种植酸性绿肥植物如苜蓿、草木樨、百脉根、田菁、扁蓿豆、燕麦草、黑麦草、燕麦、绿豆等植物。其中,田菁为改良盐碱地的先锋植物。除了过酸、偏碱田土外,对于中低产田土来说,大力提倡园艺植物间套作绿肥,具有养地与恢复地力、保土与防治水土流失,保肥与快速改良土壤,提高土壤肥力与供肥性能等多重作用。

(2)加强田间耕作管理

土壤耕作的目的是改良土壤理化性状,提高土壤孔隙度、加强土壤物质氧化,促进土壤风化、释放养分,促进土壤潜在肥力发挥作用,调节土壤中水、热、气、养的相互关系,并能消除杂草、病虫害等。土壤耕作与作物的类别有关,作物类别不同,土壤耕作的内容也不完全一样,如菜田的耕作包括耕翻、耙、松、镇压、混土、整地、作畦(垄)等;绿化苗圃土壤耕作包括耕地、耙地、镇压、平地、中耕、浅耕灭茬等;而成年果园、茶园及绿化大苗抚育区包括清耕、免耕、覆盖等。

其中,浅耕的目的是在于防除杂草和疏松表土,以增加土壤蓄水耐旱的能力,减少土壤水分和养分的无效消耗,促进植物根系的吸收。深耕的主要作用在于提高土壤耕作层厚度,改善土壤理化性状,从而扩大土壤的容肥蓄水能力和促进土壤有益微生物的活动,且因深耕多少部分根系的损伤有利于根系的更新复壮。对新建的园艺植物种植园,包括建园时未深垦、松土层太浅的果园、茶园、绿化苗圃大苗培育区,或有效土层浅的种植园,特别是土层深度不足50 cm 的果园、下面有岩石或硬土层的山地或30~40 cm 以下有不透水黏土层的沙地以及沙、土交互成层的河滩地,在行间进行深翻改土,促进土壤熟化,将是一项大幅度提高产量的根本性措施。

①深翻的作用:

a. 深翻能改良土壤结构,提高土壤肥力。土壤深翻结合施入腐熟的有基肥,可改善土壤团粒结构和理化性状,增强土壤微生物活动,加速土壤熟化,使难溶性营养物质转化为可溶性养分,从而增加土壤养分的含量。

b. 深翻能促进根系和地上部分的生长。深翻能加深土层,改善根系分布层土壤生态条件,通透性和保水性得到增强,促进根系生长,使根系特别是深根性果树等木本植物的根系纵向分布加深,横向分布扩大,根量显著增多,从而促进园艺植物地上部分的生长,提高园艺植物的产量和品质。

②深翻时期。深翻的时期,一年四季皆可进行,以秋季深翻为主。但各地应根据园艺植物的特性,根系在一年中的生长规律,结合当地气候条件进行。1,2 年生园艺植物一般是在栽培前结合整地进行;多年生果树等木本园艺植物一般是在秋季果实采收后结合施基肥进行,此时地上部分生长缓慢,养分开始积累,深翻后正值根系秋季生长高峰,因深翻受伤的根易恢复、易长出新根,因此深翻效果最佳。

③深翻深度。深翻的深度一般应略深于园艺植物主要根系集中分布区,山地、黏性土壤、土层浅的果园宜深些;砂质土壤宜浅些。大多数木本及藤本果树、观赏树木、深根性宿

根花卉耕作层深翻的深度应在60~100 cm为宜;菜地和花圃深翻一般为20~40 cm。深翻土层宜逐步加深。

④深翻方式。深翻方式有全园深翻、扩穴深翻、隔行或隔株深翻以及盆栽植物的倒盆深翻等方式。

a. 全园深翻。在园艺植物种植前,必须进行全园深翻;多年生幼龄果园,除树盘范围内以外,为便于机械化施工也可进行全园深翻;对蔬菜及1年生花卉等园艺植物,每年在园地休闲期(秋季采收后至春季种植前)进行深翻。

b. 扩穴深翻。主要用于木本和藤本果树及观赏树木,在幼树栽植后头几年,自定植穴边缘开始,每年或隔年向外扩穴宽50~80 cm、深60~100 cm的环状沟,将其中的沙石、劣质土掏出,填入沃土和有机肥,随着树龄的增长,扩穴的宽度、深度相应加宽、加深,直到全园翻完为止。

c. 隔行隔株深翻。主要运用于木本和藤本果树及观赏树木。平地果园或绿化大苗培植区,可隔一行翻一行,次年进行另一行间的深翻;等高撩壕的坡地果园或丘陵山地果园,可隔两株深翻一个株距间的土壤。这种深翻,每次只伤及植株1/4左右的根系,有利于生长。

d. 盆栽园艺植物,常结合翻盆、换盆或施用有机肥时进行盆土的深翻熟化。

在深翻的同时,施入腐熟有机肥,并立即灌透水,有助于有机物质的分解和园艺植物根系的吸收,使土壤改良效果更佳。

知识链接

园艺种植园几种土壤管理制度比较见表7.2。

表7.2　园艺种植园几种土壤管理制度的比较

种 类	优 点	缺 点	实施条件
清耕法	1. 经常中耕除草,作物中间通透气 2. 采收产品较干净(叶菜类蔬菜等) 3. 春季土壤温度上升较快	1. 水、土、肥流失严重,尤其是有坡度的种植园 2. 长期清耕,土壤有机质含量降低快,增加了对人工施肥的依赖 3. 犁底层坚硬,不利于土壤透气与渗水,影响作物根系生长 4. 无草化,种植园生态条件不好,作物害虫的天敌也少了 5. 劳动强度大,费工时	1. 应尽量减少次数或长期实施免耕法、生草法之后短期性清耕 2. 果园、菜园、花圃都可实施
免耕法	1. 土壤结构性好,无坚硬的犁底层 2. 作物间通透性气、光照良好 3. 省劳力,可结合地面灌水或喷药的方法喷施	1. 长期免耕,土壤有机质含量降低快,增加了对人工施肥的依赖 2. 受除草剂种类、浓度等限制,有些杂草消灭了,在些反而更猖獗,即除草剂胁迫	1. 土壤肥力或土壤有机质含量较高的种植园宜实施 2. 果园、菜园、花圃都可实施

种类		优点	缺点	实施条件
覆盖法	覆膜	1. 春秋季明显提高地温,有利于促成,延后栽培 2. 控制杂草、保持作物间通透气和良好的光照,反光膜可增加作物株间光照 3. 促进土壤养分分解,提高肥效 4. 明显地减少土壤水分的蒸发 5. 较省工	1. 土壤肥力降低快,需大量施肥 2. 早春易使早开花的作物遇晚霜危害 3. 对降雨的利用差	1. 晚霜危害严重的地区不宜早覆膜 2. 果园、菜园、花圃都可实施
	秸秆或粉碎物覆盖	1. 增加土壤有机质含量 2. 有一定保水保土能力 3. 地温变化缓和,有利于作物根系的生长发育 4. 土壤结构性能好	1. 较费工时和投资 2. 易招致鼠害,要特别注意防火灾 3. 作物害虫的天敌少了,有些病虫害加重 4. 春季地温上升缓慢	1. 适于干旱地区应用 2. 较密植的种植园实施更费工
生草法		1. 显著地保土保水保肥 2. 增加土壤有机质,改进土壤结构性能 3. 缓和地表温度的季节与昼夜变化,有利于作物根系 4. 减轻雨季涝害 5. 可随时保证园内行车作业 6. 种植园有良性生态平衡,作物害虫的天敌有良好的生境 7. 管理省工、高效	1. 多年连作使土表有板结层,影响通透气与渗水 2. 生草的第1年灭除其他杂草较费工 3. 为灭除病虫害的清园措施不易进行,有的病虫加重	1. 果园、风景园林多用,蔬菜、花卉及绿化苗圃因种植密度大一般不用 2. 较干旱地区不宜实施
休闲轮作法		1. 休闲或种绿肥,可以恢复与提高土壤肥力,显著改进土壤结构性能 2. 管理简便,省工	1. 土地利用率较低 2. 休闲后头的几年的杂草不易控制	适于蔬菜、瓜类、高耗地力的作物;多年生果树地也可,但需很多年才休闲一次

7.3.2 土壤消毒

土壤是园艺植物病虫害繁殖的主要场所和传播的主要媒介。土壤消毒是一种快速、高效杀灭土壤中真菌、细菌、线虫、杂草、土传病毒、地下害虫及啮齿动物的技术,能很好地解决高附加值园艺植物的连作问题,并显著提高植物的产量和品质。在设施育苗、栽培条件下,由于复种指数高、难以合理轮作,加之高温高湿环境易导致病虫害发生、蔓延,其损失往往比露地栽培更严重。因此,对蔬菜、花卉、果树和绿化苗木类育苗苗床及其设施栽培条件下的棚室土壤或无土基质,适时消毒、彻底消毒就显得尤为重要。土壤消毒的方法有物理消毒和化学消毒等。

1)物理消毒

(1)燃烧消毒法

柴草较多的育苗场所或轮作区种植的作物收获后,将柴草或秸秆堆放在拟育苗的地块或苗床上焚烧,待土壤变干后再燃烧 1 ~ 2 h,可杀灭杂草种子、线虫和病原菌;盆栽植物用土量少,可将土壤放在铁板、铁锅上灼烧,既可消毒,也可提高土壤肥力。此外,对有机质含量低的沙性土壤、果园及其他露地土壤消毒,可使用煤油、丁烷为燃料,用火焰喷射器,将火焰喷射到地面,短时间能产生 800 ~ 1 000 ℃的高温,进行火焰消毒,使绝大多数病原菌、虫卵和杂草种子死亡。其优点是不用塑料薄膜,无水污染,不受地域限制,消毒后即可种植下茬作物,成本更低,该技术还可用于果园行间定向高温消毒。

(2)日光消毒法

日光消毒法也称为太阳能消毒。露地蔬菜、花卉育苗及栽培使用的培养土,可通过冬前深翻灌水,使土壤在日光和寒冬下暴露、冻结,可减少翌年病虫害的发生;在夏秋季高温季节,可对土壤多次翻晒,处理时间 10 d 左右。通过暴晒产生的高温及日光中的紫外线杀死病菌、消灭土中的虫卵和幼虫,达到消毒目的。

在温度相对偏低的地区,可结合覆膜技术消毒。即在田间蔬菜等作物收获后,连根拔除田间残留的老株,结合施有机肥,然后犁地耙细耧平。在气温达到 30 ℃以上时,在 20 ~ 30 cm 土层内施入一定量的石灰和未腐熟的有机肥,浇水后地面覆盖透明薄膜(25 ~ 30 μm),使土壤温度升至 36 ~ 55 ℃(局部可达 60 ℃),密闭 15 ~ 20 d,可杀死土壤中的各种病菌和害虫。这一方法适合在我国北方地区种植草莓、西瓜和花卉的大棚及温室的土壤消毒。

在消毒土壤面积、土方量不大的情况下,在夏秋季可将土壤均匀平铺在水泥地面或其他硬质地面上暴晒,硬质地面的温度可达到 60 ~ 70 ℃,能使蛞蝓、蜗牛等爆裂,蚯蚓、蛴螬等干死。暴晒前还可将 50% 多菌灵可湿性粉剂或 65% 代森锌可湿性粉剂 500 ~ 600 倍液拌土,增强消毒杀菌效果。这一方法适合于我国南北各种植区。

(3)高温闷棚消毒

在夏秋季高温时段,保留前茬栽培用过的棚膜并检查修补破损处。前茬作物收获后,将植物残体清除干净,然后深翻 30 ~ 40 cm。结合深翻每 667 m² 压入铡碎的麦草(或作物秸秆)300 kg。土表用地膜覆盖,大水漫灌,闭温室闷棚 15 ~ 20 d(白天棚内近地面温度可达 50 ~ 70 ℃),进行高温消毒。可有效杀死土壤中多种病菌和虫卵。高温闷棚消毒技术是一项投资少、操作简便、防效显著的实用技术。其适用范围是连茬种植蔬菜、花卉、果树等园艺植物两年以上,并且土传病害发生严重的日光温室。

(4)蒸气消毒

用蒸气锅炉加热,通过导管将蒸气热能送到土壤中,使土温升高,杀死病原菌,以达到防治土传病害的目的。其优点是消毒时间短,温度下降至自然状态下,即可种植,还能改善土壤理化性质。其缺点是使用移动式锅炉投资高,耗能多,操作复杂,设备结构复杂,使用时要将导管埋入土内,只适合经济价值较高的果树、花卉、绿化苗木,并在苗床上小面积使用。

北方棚室内的土壤蒸气热消毒,可结合温室加温进行。即将带孔的钢管或瓦管埋入地下 40 cm 处,地表覆盖厚毡布,然后通入高温蒸气消毒。蒸气温度与处理时间因消毒的对象而定。多数土壤病原菌通过 60 ℃处理 30 min 即可杀死;大多数杂草种子需用 80 ℃处理 10 min 方可杀死;而烟草花叶病毒则需 90 ℃处理 10 min,但由于土壤中的氨化、硝化细菌等有益微生物易被 90 ℃高温杀死。因此,处理花叶病毒最好的方案是将温度降低到 82.2 ℃,将时间延长到 30 min。

蒸气消毒具有较广谱的杀菌、消毒、除杂草效果,能促进土壤团粒结构的形成,增加土壤通透性和保水、保肥的能力;在北方运用优势明显,且不需另外增加设备,可用采暖炉升温并控制消毒所需的温度范围。

此外,物理消毒还有热水消毒、土壤循环消毒射频消毒等。

2)化学药剂消毒

化学处理常用活性很强的氧化剂或烷化剂,如环氧乙烷、氧化丙烯、甲醛(40%福尔马林)溴甲烷、石灰氮、恶霉灵等。

(1)毒土法

先将药剂与土混合后配成毒土,然后施用。毒土的配制方法是将农药(乳油或可湿性粉剂)与具有一定湿度的细土按比例混匀制成。使用的药剂有杀虫剂 40%的辛硫磷乳油、阿维菌素等,杀菌剂有 40%的五氯硝苯基、50%多菌灵可湿性粉剂、25%甲霜灵可湿性粉剂、70%代森锰锌可湿性粉剂、70%甲基托布津可湿性粉剂等,毒土的施用方法有沟施、穴施和撒施。

(2)喷淋或浇灌法

先将药剂用清水稀释成一定浓度,用喷雾器喷淋到土壤表层,或直接灌溉到土壤中,使药液渗入土壤深层,杀死土中病菌。喷淋施药处理土壤适用于大田、育苗营养土等;浇灌法施药适用于果树、茶叶、绿化苗木、瓜类、茄果类作物的大田土壤和苗床土壤消毒,常用的药物有威百 667、1,3-二氯丙烯、氯化苦、硫酸亚铁、福尔马林、绿亨 1 号、绿亨 2 号等,苗床消毒在播种前 7 d 进行,按要求参照相关药剂使用说明进行浓度配制,均匀浇在播种沟、穴内,再用塑料薄膜覆盖 3～5 d,翻晾至无气味后再播种。

(3)熏蒸法

利用土壤注射器或土壤消毒机将熏蒸剂注入土壤中,在土壤表面盖上薄膜等覆盖物,通过熏蒸剂在密闭或半密闭的设施中扩散,杀死病菌。土壤熏蒸后,待药剂充分散发后才能播种。否则,容易产生药害。常用的土壤熏蒸剂有甲醛、溴甲烷等,但由于溴甲烷对臭氧层有破坏,全球将于 2015 年禁用,将逐步被阿维菌素、氯化苦、1,3-二氯丙烯、威百 667、棉隆、二甲基二硫、碘甲烷、环氧丙烷、丙烯醛、臭氧、硫酰氟、氰氨化钙、乙二氰、异硫氰酸烯丙酯及其混合制剂,如氯化苦 + 1,3-二氯丙烯等取代,此法在设施栽培草莓、西瓜以及绿化苗木的苗床等方面。

温室药剂熏蒸消毒,在作物定植前 2 ~ 3 d 进行,用 75% 百菌清粉剂 + 80% 敌敌畏乳油,与锯末混匀后,分多处,从内到外点燃,密闭温室,熏蒸一昼夜,可杀死多种病菌和虫卵。最后打开通风口,将有害气体放出,避免对人体健康造成危害。

知识链接

石灰氮高温闷棚杀菌消毒法

石灰氮学名为氰胺化钙,分子式为 $CaCN_2$,是药、肥两用的土壤消毒杀菌剂。

我国大部分地方夏季温度高、光照强,正是大棚土壤高温闷棚杀菌消毒的最佳时期。对种植 3 年以上的大棚或日光温室土传真菌、细菌、根结线虫等病害日趋严重,土壤板结、酸化以及盐渍化引起缺株死秧等。均可利用石灰氮进行土壤消毒,具体方法是:

在大棚或其他栽培设施的土壤表层将碎稻草或麦秸(按 1 kg/m^2)和石灰氮(按 0.1 kg/m^2)混合后,均匀撒施,用旋耕机旋耕二遍,使其与土壤充分混合、增大土壤颗粒与石灰氮的接触面积,作畦(高 30 cm 左右,宽 60 ~ 70 cm)或起垄(高 40 cm、宽 60 cm),盖上地膜密封,沟内灌水,将设施、大棚密闭。白天地表温度可达 70 ℃,20 cm 深层土温度在 40 ~ 50 ℃,持续 20 ~ 30 d,可起到土壤消毒和降盐的作用。

对耕层深度不足 20 cm,土壤板结盐渍化较重或根结线虫发生较普遍的棚内,在消毒前必须先对土壤深翻 30 ~ 40 cm,然后撒上石灰氮、秸秆(麦秸或玉米秸、或鸭圈粪、喂牛剩余的草渣、鲜瓜豆类秧蔓粉碎)后,旋耕两遍,再作畦或起垄、盖地膜(封闭越严越好)、灌水、密闭大棚,进行高温闷蒸。大棚覆盖膜越新透光越好、温度越高,杀虫、灭菌效果越好。

另外,在育苗或定植时要杜绝病原菌侵染,要用石灰氮搞好床土消毒,用量为 1 kg/m^3,消毒剂与土掺均,堆积,用膜薄盖严闷 7 ~ 10 d,稍晾晒后就可育苗或定植。定植时结合施用生物菌肥;若根结线虫较普遍,定植时灌一遍阿维菌素或甲维盐等,这样会杜绝在移栽操作过程中使幼苗再次感染。

注意:在施用石灰氮时应戴口罩,穿工作服,远离家畜生活区,24 h 内不要饮用含酒精的饮料,以免引胸闷憋气等不良化学反应。如有中毒或误服,不要引吐,可以多喝水。如接触皮肤,脱掉污染衣服,清洗皮肤,误入眼内睁眼用大量水冲洗,或尽快就医。

任务7.4　施肥技术

肥料是园艺植物的"粮食",园艺植物生长发育过程中不仅需要二氧化碳和水,还要不断地从外界环境中获得大量的矿质营养。土壤中有一定的营养物质,但远远不能满足园艺植物高产、优质的生产要求,因此,要根据土壤肥力状况、植物营养特点与生长发育的需要及肥料自身的特点,科学施肥,才能使肥料真正起到增产的效果。

7.4.1　园艺植物营养诊断

营养诊断是通过植株分析、土壤分析及其他生理生化指标的测定,以及植株的外观形态观察等途径对植物营养状况进行客观的判断,从而指导科学施肥,改进管理措施的一项技术。营养诊断是果树、蔬菜及花卉等园艺植物生产管理中的一项重要技术。对园艺植物进行营养诊断的途径主要有缺素的外观形态诊断、土壤分析诊断、植株营养诊断及其他一些包括理化性状在内的测定等诊断。

1)植物缺素的外观诊断

外观诊断,即形态诊断,是短时间内了解植物营养状况的一种简洁有效的诊断方法,简单易行,是目前大田生产常用的方法。植物缺素症见表7.3。

表 7.3　植物营养元素缺素检索表

症状部位	症状特点		结论	诊断辅助提示
衰老组织先出现症状	生长受抑制,不易出现坏死斑点	植株浅绿,叶片薄而小,由老叶到新叶逐渐黄化、枯死,植株矮小、瘦弱、早衰	缺氮	
		叶形变小、暗绿,下叶呈紫红色,落叶,植株矮小、瘦弱、苍老、直立,成熟延迟,果实较小	缺磷	
	易出现失绿或有条纹、杂色斑点或坏死病斑	叶呈暗绿色,老叶前端及边缘变黄并产生小黄斑,逐渐向中肋扩展,随后老叶叶尖、叶缘褐变焦枯坏死	缺钾	缺镁叶片略发黄,而缺钾叶全体呈暗绿色,下部叶叶缘及叶间变黄或变褐,与绿色部对比明显
		叶片略发黄,老叶的叶缘及脉间失绿黄化,叶脉残留绿色,出现清晰网状脉纹,有各种色泽斑点或斑块	缺镁	与缺锰、缺锌不易区别;缺镁不发生在老叶上;酸性土壤易发生
		叶片小而窄、簇生,整个叶片脉间失绿,呈坏死黄色斑点先出现在主叶脉两侧,或从叶脉间向叶脉扩大或黄斑逐渐向全叶扩展;生育期延迟	缺锌	缺锌时黄斑部和绿色部色差对比明显;中性到偏碱性土壤易发生
		老叶脉间变淡、发黄,易出现坏死杂色斑点,叶缘内卷,或叶片瘦长畸形,呈鞭状或螺旋状扭曲,老叶变厚、焦枯	缺钼	酸性土壤及硝态氮多易发生。中性至碱性土壤不易发生

续表

症状部位	症状特点		结论	诊断辅助提示
幼嫩组织先出现症状	生长点枯死,幼叶变形和坏死	幼叶失绿,叶尖呈钩状、卷曲或相互粘连,不宜伸展	缺钙	叶柄无任何症状;酸性土壤易发生
		幼叶皱缩、卷曲,老叶肥厚质脆,叶柄粗短、开裂,叶簇生,花器官发育不良	缺硼	叶片叶柄产生褐色或黑色龟裂和斑点;以中性、碱性土壤易发生
	生长点不易枯死,幼叶缺绿或萎蔫	新叶黄化、褪绿均匀,生育期延迟	缺硫	
		新叶脉间失绿黄化,黄绿界限不明显,体色褪淡,叶面褪绿,叶面常有黄褐色、褐色斑点	缺锰	缺锰新叶黄化,但不如缺铁那样白化,且黄色部分界限不明显。中性到偏碱性土壤易发生
		新叶叶尖变白、叶细,或有白色斑,扭曲,易萎蔫,果、穗发育不良	缺铜	
		顶芽及幼叶变白色,叶脉深绿、脉间失绿黄化,黄绿色相间明显,严重时叶片变白	缺铁	是典型的缺绿症。与缺锰区别困难。缺铁顶芽几乎呈白色;硫酸亚铁喷2~3内呈绿色,可判断为缺铁。中性到偏碱性土壤以及石灰性土壤和盐渍土易发生

外观诊断虽然简捷有效,但若同时缺乏两种或两种以上营养元素时,或出现非营养元素引起的生理性缺乏症时,易导致误诊,不易判断症状的根源。有些情况下,就算通过观察发现缺素症,但要采取补救措施已为时已晚,因此,外观诊断在实际生产中还存在一定的不足之处。

2)土壤分析诊断

土壤分析诊断一般是测定土壤的有效成分,由于营养缺乏症通常不是所有植株都普遍发生,因此,需要按症状有无及轻重分别采取根际土样。对于果树等深根作物,不仅需要采取耕层土壤,而且还应根据根系伸展情况采集中、下层的土样。通过分析土壤质地、有机质含量、pH值、全氮和硝态氮含量及矿质营养的动态变化水平,提出土壤养分的供应状况、植物吸收水平及养分的亏缺程度,从而选择适宜的肥料补充土壤养分之不足。但土壤分析会受到多种因素如天气条件、土壤水分、通气状况等影响,使得土壤分析难以直接准确地反映植株的养分供求状况。

3)植物营养诊断

植物营养诊断是以植株体内营养状态与生长发育之间的密切关系为根据的,但两者之间的相关性并非一成不变,在某些生长发育阶段营养的供给量与植物的生长量成正相关,但达到某一临界浓度时,就会出现相关性逐渐减少的情况,最终会引起其他元素的缺乏或过量,而在进行营养诊断时不能只注重单一元素在组织中的浓度,还要考虑到各种元素间的平衡关系。

7.4.2　施肥技术

在充分了解营养元素与园艺植物生长发育关系的基础上,掌握各类园艺植物施肥的时期、种类和数量,掌握科学的施肥方法,是保证园艺植物高产、优质、高效的重要技术环节。

1)施肥原则

合理施肥能促进生态系统的循环,其中施用有机肥料是能量和养分的再利用,增施化肥,能大幅提高作物产量。因此,应注意以下原则:

(1)注重有机肥与无机肥结合

增施有机肥,虽然能提高土壤有机质,但有机肥中的营养元素通常都是以化合物形式存在的,肥效迟缓,必须与无机肥配合施用,可缓急相济、取长补短。有机肥在施用时,要充分发酵腐熟,使其中的一些有害成分通过发酵分解掉,以减少病虫害的传播、减少对植物根系造成伤害。如有机肥与无机肥磷肥配合施用,能提高磷的有效性、减少磷肥在土壤中的固定。

(2)施足基肥,合理追肥

基肥是较长时期供给植物多种养分的基础肥料,以有机肥为主,要施足。一般基肥施用量占总施肥量的50% ~60%,在地下水位较高或土壤径流严重的地区,可适当减少基肥施用量,以避免肥效随水流失。结合植物不同生育时期的需肥特点,合理追肥,追肥又称为补肥。基肥发挥肥效平稳而缓慢,当植物需肥急迫时期必须及时补充,才能满足植物生长发育的需要。追肥有土壤追肥和叶面喷施两种。

(3)科学配比,平衡施肥

施肥必须根据当地当时的气候特点、土壤状况、植株长势长相以及肥料的性质进行科学配比。根据植株长势和土壤供肥状况合理追肥。为了施肥更科学,可根据土壤和植株养分含量的亏缺对施肥种类和数量进行计算,做到平衡施肥,确保肥效。例如,积水或多雨地区肥分易流失,追肥宜少量多次;易流失的速效性或施后易被土壤固定的肥料如碳酸氢铵、过磷酸钙等宜在植物需肥稍前施入;迟效性肥料如有机肥,因腐烂分解后才能被植物吸收利用,应提前施入。

(4)掌握植物施肥关键时期

实践证明,掌握植物需肥的有利时期,及时追施关键肥,是提高植物产量的重要措施,如花卉的开花期,瓜果类蔬菜的缓苗期(缓苗肥、发棵肥),果实膨大期(促瓜肥,可每隔10 ~15 d 施 1 次),木本园艺植物的幼树发梢前,结果树施萌芽肥、稳果期、壮果期、采果期等,都是施肥的关键时期,施肥增产增值的效果最显著。

(5)肥水配合、以水养肥

肥效的充分发挥与土壤和水分有关,只有良好的土壤结构和理化性状,才能促进微生物的获得,加速养分分解,促进根系吸收。肥料的分解,养分的吸收、运转、合成和利用,又必须在水的参与下进行。因此,只有施肥后及时浇水,使水肥相互结合,才能起到较好的肥效。

2)施肥方式

施肥的方式有土壤施肥、根外施肥和灌溉施肥3种。土壤施肥主要包括基肥和除根外施肥以外的其他形式的追肥。

(1)基肥

对于1~2年生蔬菜和花卉来说,基肥是植物播种或移栽(定植)前,结合耕(整)地施入土壤中的肥料。而对于多年生的蔬菜、观赏植物和果树来说,往往把采果前后的秋季施肥作为基肥施用。

基肥一是满足植物整个生育期内能获得适量的营养,为植物高产打下良好基础;二是改良土壤,培肥地力,为植物生长创造良好的土壤条件。一般以有机肥为主,无机肥为辅;长效肥为主,速效肥为辅;氮磷钾配合施用为主,根据土壤的缺素情况,个别补充为辅。基肥施用量应根据植物的需肥特点与土壤的供肥特性而定。一般基肥施用量占总施肥量的50%~70%。一般情况是撒施,在土地翻耕前,将肥料均匀撒于地表,然后翻入土中。凡是密度大、植物根系遍布整个耕层且施肥量又相对较多的地块,都可采用该方法。撒施肥料时要求均匀,防止集堆,影响植物生长不平衡。

(2)种肥

在植物播种或移栽时局部施用的肥料称为种肥。种肥一是满足植物临界营养期对养分的需求;二是满足植物生长初期根系吸收养分能力较弱的需要。种肥一般以速效肥为主,迟效肥为辅;有机肥必须是充分腐熟的才能使用。一般占总施肥量的5%~10%为宜。若以种肥代替基肥施用时,也应少于基肥的常规施用量。种肥在生产上一般有两类施用方法。沟施或穴施,拌种、浸种或蘸根。

沟施或穴施。开沟或挖穴后,将肥料施入耕层3~5 cm的沟、穴内,先将肥料施入沟(穴)中,使肥土充分融合,然后再播种覆土,要求种、肥间距在3 cm左右,这种肥料一般以施用大量元素为主;拌种、浸种或蘸根,拌种是将少量的清水将肥料溶解或稀释,喷洒在种子表面,边喷边拌,使肥料溶液均匀的沾在种子表面,阴干后播种;浸种是先将肥料用水溶解配制成一定浓度的溶液,然后按种液1:10的比例将种子浸入溶液12~24 h,使肥料液随水浸入种皮,阴干后即可播种;蘸根是指在移植前,把肥料稀释成一定的浓度,一般为0.01%~0.1%的溶液,把植物的根往肥液里蘸一下即移栽。当肥料用量少或肥料价格比较昂贵及各种生物制剂、激素肥料等均可采用此法。常作种肥的肥料有有机、腐殖酸、氨基酸固体、液体肥、微生物肥、速效性化肥等。要求种肥不能过酸、过碱,对种子发芽无毒害作用。

(3)追肥

追肥一般是指在植物生长期间,根据植物生长发育各阶段对营养元素的需要而补施的肥料。追肥要"五看":

①看土施肥。即肥沃土壤少施、轻施,瘠薄土壤多施、重施;沙土少施、轻施,黏土适当多施、重施。

②看苗施肥。也就是根据苗的长势、长相情况施肥。即旺苗不施,壮苗轻施,弱苗多施、偏施。

③看植物的生育阶段施肥。一般苗期少施、轻施,营养生长和生殖生长均旺盛时需肥增加,但蔬菜重施基肥,结果植物应在果实开始膨大时重施肥,常要进行1~2次,甚至多次

施肥(如对果树施摧花肥、稳果肥、壮果肥等)。

④看肥料性质。一般追肥在苗期以速效肥为主,主要是促苗长壮;在营养生长和生殖生长旺盛期,则以有机、无机配合施用。

⑤看植物种类。播种密度大的植物如菠菜等以速效肥为主,地下结根、长茎类的植物如甘薯、马铃薯、凉薯等应多施用有机肥和磷、钾肥。

一般追肥占总施肥量的 40% ~50% 为宜。在植物生长的旺盛期(特别是以营养器官为经济产量的蔬菜如大白菜、甘蓝等)或结实关键时期(特别是以生殖器官花、果实和种子为经济产量的蔬菜和水果如西红柿、柑橘等)应占追肥量的 60% 左右。

植物生育期间追肥方法有:

①撒施法。主要适宜于播种密度大的植物如撒播的绿叶类蔬菜或条播、扦插移栽的小苗等。

②沟施法。即开沟施肥,适宜于植株较大的植物如甜玉米和单株产量很高的植物如番茄、甘蓝等。

③环施法。是在果树、观赏树木树冠外围稍远处挖环状沟进行的施肥,但挖沟易切断水平根,一般多用于幼树。

④喷施法。也称根外追肥或叶面喷肥,是利用植物地上部分器官也能吸收营养元素的特性,将一定浓度的液肥,喷到叶片或枝条上的施肥方法。

其优点是可直接供给养分,避免养分为土壤所吸附或转化,提高肥料施用效果。但根外追肥不能替代土壤施肥。根外追肥既可作为施肥的补救措施,又是微量元素肥施用的常见方法,效果好而快。根外追肥的时间:高温季节以阴天喷施最好,晴天应在上午 10 时以前和下午 4 时以后。

3)果树施肥技术

(1)施肥时期

合理的施肥时期应根据果树的物候期、土壤内营养元素和水分的变化规律等选取适宜的肥料进行施肥。

(2)施用量

一般情况下,幼年果树新梢生长量和成年果树果实年产量是确定施肥量的重要依据。试验发现,幼树期间氮、磷、钾的施肥比例一般为 2∶2∶1 或 1∶2∶1,结果期间的比例为 2∶1∶2。

(3)施肥方法

果树施肥方法有两种:土壤施肥和根外追肥。其中,土壤施肥是目前应用最广泛的施肥方法。

土壤施肥是将肥料施在根系分布层以内,有利于根系吸收,并诱导根系向纵深与水平方向扩展,使肥效达到最大化。果树水平吸收根多分布在树冠外围,所以施肥位置应在根系分布区稍深、稍远的地方,利用根的趋肥性,诱导根系向深度、广度方向伸展,扩大吸收面积。不妥树种、品种、树龄的果树,施肥的深度和广度页有所不同,如苹果、梨、核桃、板栗的根系发达,施肥宜深、宜广;桃、杏、李及矮化果树根系范围小且浅,因而施肥深度宜浅、宜窄。幼树宜小范围浅施,随着树龄的增大,施肥范围也随之扩大和加深。不同土壤情况、肥料种类、施肥深度和范围也有差异。沙地、坡地基肥宜深施,追肥宜少量多次,局部浅施。砂质土壤中,磷、钾肥应当深施。磷在土壤中易被固定,因而施过磷酸钙和骨粉时应与有机粪肥堆沤腐熟后混合施用。追施化肥后不要立即浇水,施后 10 d 以内不能灌大水。土壤施肥的方法较多,有环状沟施、辐射状沟施、条施、穴施、撒施、灌溉施肥等。

①环状沟施。在树冠投影外围稍远处挖宽 30～50 cm、深 40～60 cm 的环状沟,将肥料与土拌匀后施入沟内,覆土填平即可。环状沟施操作方便,用肥经济,但范围较小,伤根较多。幼树施基肥多采用此种方法。追肥时沟挖在投影的边缘,沟深 20 cm 即可。

②辐射状沟施。是在距树干 1 m 处外挖辐射状沟 4～8 条,沟宽 30～50 cm,深 30～60 cm,长度要超过树冠投影的外缘,且内浅外深,内窄外宽,施肥覆土既可,伤根少,施肥范围大,适宜大树施用基肥。每年要更换辐射沟的位置,适用性广泛。

③条施。在果树行间开沟施肥,基肥沟宽 30～50 cm、深 40～60 cm,追肥沟宽 20～30 cm,深 15～20 cm。此法可以进行机械操作,适宜宽行密植果园。

④穴施。在树冠垂直投影边缘的内外不同方向挖若干个坑,施肥填平即可。追肥时穴直径 20～30 cm,深 20～30 cm,施基肥时穴的直径为 40～50 cm,深 40～60 cm。每年更换穴的位置,适用性广泛。

⑤撒施。包括全园撒施和局部撒施。全园撒施是将肥料均匀撒在整个地面,翻入土中,深约 20 cm,基肥、追肥均可应用,施肥范围大,能够充分发挥肥效。应注意若施基肥较浅,根系易上浮。全园撒施与辐射状施肥交替使用,在成年果园应用较广。局部撒施是将肥料撒在树盘或树行间,翻入土中,施肥范围广且不伤根,适用于幼龄果园的基肥、追肥的施用。

知识链接

果树根外追肥的肥料浓度参考见表 7.4。

表 7.4　果树根外追肥的肥料浓度参考

肥料名称	水溶液浓度/%	肥料名称	水溶液浓度/%
尿素	0.3～0.5	硝酸铵	0.5
硝酸铵	0.1～0.3	硼砂	0.1～0.25
硫酸铵	0.1～0.3	硼酸	0.1～0.5
磷酸铵	0.3～0.5	硫酸亚铁	0.1～0.4
腐熟人尿	5～10	硫酸锌	0.1～0.5
过磷酸钙	1～3	柠檬酸铁	0.1～0.2
氧化钾	0.3	钼酸铵	0.3
草木灰	1～5	硫酸铜	0.01～0.02
磷酸二氢钾	0.2～0.3	硫酸镁	0.1～0.2

4)蔬菜施肥技术

(1)施肥时期

确定适宜施肥时期,首先应了解不同营养型蔬菜的生长发育特性。

蔬菜大致分为以下 3 种营养类型:

①以变态的营养器官为养分贮藏器官的蔬菜。如结球白菜、花椰菜、萝卜、洋葱、马铃薯、山药、姜、结球莴苣、西瓜等。这类蔬菜从播种到产品采收整个生长周期中,分为发芽期、幼苗期、扩叶期及养分积累4个时期。其中,扩叶期较长,营养供应是否充足直接影响着后期养分积累起的多少,是管理的关键。养分不足时,植物生长势弱或过早进入养分积累前期,因此均衡施肥是十分重要的。

②生殖器官为养分贮藏器官的蔬菜。如茄果类的番茄、茄子、辣椒以及豆类的菜豆、豇豆以及瓜类的黄瓜、丝瓜、南瓜等。这类蔬菜的生长发育分为发芽期、幼苗期、开花着果期及结果期4个时期。一般情况下,花芽分化在幼苗期已经开始,产品器官的雏形已经开始形成,叶片生长与果实发育几乎同时进行,因而在幼苗后期平衡施肥调节营养生长和生殖生长的需肥矛盾是管理的关键。

③以绿叶为产品的蔬菜。如菠菜、芫荽、茼蒿菜、蕹菜等。这类蔬菜的生长发育分为发芽期、幼苗期和扩叶期3个时期。一般生长期短,单位时间内生长速度快、产量高,肥水管理比较简单。

下面以第1,2类蔬菜生长发育为主,兼顾第3类蔬菜中发芽期、幼苗期、扩叶期或开花着果期和养分积累或结果期几个阶段来介绍重点施肥时期。

①发芽期。针对绿叶菜类蔬菜来说,在种子直播后直接施,补充苗期营养需要。

②幼苗期。在施足基肥的基础上,一般在幼苗后期,当植株没有封行、操作方便时进行一次性施肥,如番茄、菜豆、黄瓜在立架前施肥,西瓜在甩蔓后进行。应薄肥勤施,如番茄在三叶一心后,结合喷水进行1~2次叶面喷施。

③扩叶期(开花着果期)。第1类蔬菜在阔叶后期节制用肥。第2类蔬菜在坐果后补充营养,如茄果类在全园普遍开花坐果时第1次追肥;菜豆类在果长达5 cm以上时进行。第3类蔬菜从苗期进入扩叶期后,营养供应以促为主,一促到底。

④养分积累期(结果期)。第1类蔬菜在产品器官形成后大量补充营养;第2类蔬菜陆续结果、陆续采收,根据果实经济采收成熟度决定,一般每隔10~20 d随灌溉追肥1次,共2~4次。

(2)施肥量

施肥量应根据蔬菜种类、物候期、土壤情况、气候条件及肥料种类来确定。

基肥以有机肥为主,一般每茬施用5 000~10 000 kg/667m^2。基肥施用量为总施肥量的50%~60%。通常情况下菜地土壤中有机质的含量要在3%左右;如果有机质含量超过3%,只补充矿质营养;如果有机质含量不足3%,则同时补充有机质和矿质营养。追肥可施用稀薄粪尿或化肥,也可采用0.2%~0.5%浓度的尿素进行根外追肥。值得指出的是,蔬菜整个生长周期中需要充足的氮肥,尤其是以绿叶为产品器官的蔬菜更为重要。磷肥主要在蔬菜生长期需要,形成养分积累器官的蔬菜要补充适量的钾肥。一般情况下,在南方蔬菜天然供肥率为40%~50%,肥料利用率氮为40%~70%,磷为15%~20%,钾为60%~70%.对于棚室蔬菜,其化肥施用量可参考下列公式酌量施用。

$$施肥量 = \frac{1 - 土壤天然供肥率}{肥料利用率} \times 蔬菜吸肥量$$

(3)施肥方法

主要分为土壤施肥和根外追肥两大类。

①土壤施肥。又因基肥和追肥而不同。基肥在播种或定植前整地做畦时施入。基肥促进根系深入生长,一般为有机肥或少量的速效性化肥。可采用撒施,施后翻入土中即可。追肥是在蔬菜生长期间依生育期不同而相应补充营养的施肥方式。如穴施、条施、随水施肥等方式应用较多。肥料以粪肥或化肥为主,但肥料的浓度要低。追肥时要保持肥料与根系的距离,以免烧根。

②根外追肥。蔬菜上主要是利用叶面喷施,见效快。一般尿素的浓度为 0.2% ~ 0.3%,磷酸二氢钾为 0.2%,过磷酸钙浸出液为 1%。叶面喷施的适宜时间在傍晚叶片气孔开放时进行。

此外,保护地栽培条件下,薄膜或玻璃妨碍空气流动,CO_2 供应不足,影响光合速率。追肥可施用稀薄粪尿或化肥,也可采用浓度为 0.2% ~ 0.5% 的尿素进行根外追肥。CO_2 施肥的适宜浓度为 0.08 ~ 0.1%,施用的时间宜在上午 10 时左右。

5)花卉施肥技术

(1)露地花卉的施肥

①露地花卉的施肥时期。植物大量需肥期是在生长旺盛或器官形成的时期。一般来说春季要大量施用肥料。尤其是氮肥;夏末秋初则不宜多施氮肥。否则会引起新梢生长,导致幼嫩新梢易受冻害,不利于植株越冬。秋季当花卉顶端停止生长时施入复合肥料,对冬季或早春根部急需生长的多年生花卉有促进作用。冬季或夏季进入休眠期的花卉,应减少或停止施肥。根据花卉生长发育的物候期、环境气候及土壤营养状况,适时适量施肥,一般在苗期、叶片生长期及花前、花后施用追肥,在高温多雨或砂质土壤上追肥要采取"少量多次"的原则。像碳酸氢铵、过磷酸钙等速效肥多作追肥,应在需要时施用;而有机肥等迟效肥多作基肥,宜提早施用。

②露地花卉的施肥量。施肥量因花卉的种类、物候期、肥料种类、土壤状况及气候条件不同而异,所以也无统一的标准。施肥前要通过土壤分析或叶片分析来确定土壤所能供给的营养状况及植物营养供给水平,据此选用相应的肥料种类及施肥量。有研究报道,施用氮(N)-磷(P_2O_5)-钾(K_2O)为 5-10-5(kg)的复合肥,每 100 m^2 的土地面积上,球根类花卉施用 0.5 ~ 1.5 kg,其他草本花卉施用 1.5 ~ 2.5 kg,落叶灌木及常绿灌木类施用 1.5 ~ 3.0 kg。露地花卉化肥的施用量见表 7.5。

表 7.5 露地花卉化肥的施用量/(kg·100 m^{-2})

花卉种类	化肥种类					
	硝酸铵		过磷酸钙		氯化钾	
	基肥量	追肥量	基肥量	追肥量	基肥量	追肥量
1 ~ 2 年生花卉	1.2	0.9	2.5	1.5	0.9	0.5
多年生花卉	2.2	0.5	5.0	1.8	1.9	0.3

(2)盆栽花卉的施肥

盆栽花卉多在温室、荫棚等保护地进行精心栽培管理。盆栽花卉的养分来源除了培养土以外,还在上盆、换盆时施入基肥,以及上盆后生长期间的多次施肥。给盆花施肥应注意以下 4 个问题:

①不同花卉种类、不同观赏目的以及不同生长阶段施肥是不同的。苗期多施氮肥,花芽分化和孕蕾期多施用磷、钾肥。室内观叶植物(如绿萝)不能缺氮肥,观茎植物(如仙人掌)不能缺钾肥,观花植物(如三角梅)不能缺磷肥等。

②肥料必须充分腐熟,以免产生有害气体或烧根。

③肥料要配合施用,营养元素的种类不能单一,否则易引起缺素症,应多施复合肥。

④肥料的酸碱性要与花卉的生长习性相适应。腐熟的堆肥、厩肥、马蹄片、氨水、碳酸钾、碳酸氢铵、草木灰等呈碱性,而硫酸铵、磷酸二氢钾、过磷酸钙、鸡鸭粪肥呈酸性。杜鹃、山茶、茉莉、栀子等是喜酸性土壤的花卉,不宜施人粪尿、草木灰、马蹄片等碱性肥料。

有些花卉还需要特殊的微量元素,如喜微酸性土壤的杜鹃、栀子等必须供应可给态的铁肥。因此,施肥时要慎重选择肥料。

在花卉施肥方面,目前国内外还生产了很多商品性花卉专用缓解肥,既节省人力,又能够使植物均匀吸收。不同类型及不同厚度的包衣能有效地控制养分的扩散速度,供给不同需肥特性的花卉吸收、利用。

任务 7.5　水分管理技术

园艺植物的水分管理主要包括灌溉和排水两个方面。

7.5.1　灌溉技术

灌溉是园艺植物田间水分管理的主要内容,包括常规灌溉即地面灌溉和节水灌溉。

1)地面灌溉技术

蔬菜、花卉植物的地面灌溉主要有畦灌和沟灌;果树和绿化大苗的地面灌溉还有穴灌、盘灌等。

(1)沟灌

沟灌是通过植物行间开沟的灌水方式,可以逐行灌,也可隔行灌。沟灌水渗透量小,土壤通透性好,土壤不易形成板结现象。沟灌适于雨水较多地区或多雨季节。

(2)畦灌

畦灌是引水漫灌畦面的一种灌溉方式,北方菜田普遍采用,优点是灌得透、灌得匀;缺点是灌后地面板结,通气性差,蒸发量较大。同时畦灌要求地势平坦,畦面要平,否则会造成土壤干湿不均。

(3)盘灌

盘灌主要是针对果树、绿化大苗的单株进行的灌溉,因此,也称为树盘灌水或盘状灌水。即以树干为圆心,在树冠投影以内的地上,作圆盘状坑,或以土作埂围城圆盘,灌溉前疏松盘内土壤,以利水的渗透,灌溉时使水流入圆盘内,灌溉后耙松表土,或用秸秆或草覆盖,减少水分蒸发。此法特别适合于新植大树的灌溉。

（4）穴灌

穴灌主要用于较大的木本园艺植物，在树冠投影的外缘根据树冠的大小，每株挖穴3～8个，穴的直径大小在30 cm左右，深度以不伤或少伤粗根为准，灌溉时将水灌入穴内，以灌满为度，灌后将土回填还原；在干旱地区，也可将穴长期保存而不随即覆土。此法用水经济，浸湿根系范围较宽而均匀，不易引起土壤板结，较适合水源缺乏的地区推广。

另外，在缺水地区，甚至定植时用暗水法施定根水、抢墒移栽等属于传统的节水农业范畴。为满足植物田间灌溉的需要，建立小水窖，人工挑水淋浇，面积小的花卉、苗圃或苗床用胶管引自来水浇灌或借助于水泵、抽水机从河道、沟渠临时抽水等多种灵活方式的灌溉。

2）蔬菜、花卉类园艺植物合理灌溉的依据

（1）根据气候特点进行灌溉

我国大多数地区都有相对的旱季和雨季之分。因此，雨季应以排水为主，旱季以灌溉为主。

在夏秋高温干旱季节，降雨少，地温高，空气和土壤同时干旱，可通过增加浇水次数、加大浇水量来以水降温，满足园艺植物对水分的要求，宜在早晨或傍晚进行，切忌中午高温时灌水；在冬春低温季节，应以保墒为主，尽量不浇水、少浇水，结合中耕，通过少灌多锄来保持土壤水分。必须浇水时，要在冷尾暖头的晴天进行，最好在地温较高的上午11时至下午3时前浇完；春季气温回升后，可逐渐增加浇水次数。

（2）根据土质情况进行灌溉

沙壤土保水力差，应增加浇水次数，勤中耕，并增施有机肥改土保水；黏壤土保水力强，透气性差，浇水次数宜少，应与深耕、多锄结合；盐碱地应明水大灌，应与洗盐、洗碱结合，强调用河水或井水灌溉；低洼地及易积水地块，宜小水勤浇、排水防碱。应与深耕、排水结合；高燥地要大水浇灌防旱。

（3）根据植物种类、特性进行灌溉

对根系浅而叶面积大的种类，要求土壤湿度高，应经常浇水，保持"畦面湿润"，以畦面（或花盆表土）不干为原则；对根系浅而叶面积小或叶面积大而根系深且有一定抗旱能力的种类，应保持畦面（或花盆表土）"见干见湿"；对速生植物，保持"肥水无缺"，果菜类蔬菜和观花植物应避免花期浇水，有"浇荚不浇花"之说。

（4）根据不同生育期进行灌溉

种子发芽期需水多，应灌足播种水。根据植物生长的相关性，当植物地上部分处于旺盛生长期时需水多，要注意浇水；当根系生长旺盛时，土壤湿度要小，水分不宜过多，应少灌或不灌，以中耕保墒为主。始花期及蔬菜食用器官开始形成时，水分既不能多也不能干旱，宜先灌后中耕；当蔬菜食用器官或果品接近成熟时，应减少或停止浇水，以免延迟成熟或造成裂果。

（5）根据植株长相进行灌溉

根据叶片的姿态变化和色泽深浅、茎节长短、蜡粉厚薄等长相，确定是否应灌排，如通过早晨看叶片是否下垂、中午看叶片是否萎蔫、程度如何，傍晚看萎蔫恢复的快慢进行判断，若早晨叶片下垂，中午萎蔫严重，傍晚不易恢复，则说明缺水，应及时浇水，若遭受叶缘有水珠，说明土壤水分过多，不能再灌水，严重时应排水。番茄、黄瓜、胡萝卜等叶色发暗，中午有萎蔫现象或甘蓝、洋葱叶色灰蓝，表面蜡粉增多，叶片脆硬时，是缺水的表现，应及时

灌水。

（6）结合其他农业措施进行灌溉

如借追肥之机，灌水；定植前适当灌水，有利于起苗时带土，减少裸根苗，有利于成活，缩短缓苗期；间苗、定苗后灌水，可以弥缝、稳根。

3) 果树灌水时期及灌水量的确定

（1）灌水时期的确定

正确的灌水时期，不是等果树已从形态上显露出缺水状态（如果实皱缩，叶片卷曲等）时才进行灌溉，而是要在果树未受到缺水影响以前进行；否则，将影响果树的生长和结果而招致不可弥补的损失。

确定灌水时期的依据主要有根据果树物候期、土壤的含水量、仪器测定等。现主要介绍第 1 种。

果树在不同的物候期，对需水量有不同的要求。一般认为，保证果树生长期的前半期，水分供应充足利于生长与结果，而后半期要控制水分，保证其及时停止生长，使果树适时进入休眠期，为越冬作准备。根据各地的气候，在下述的物候期，如土壤含水量降低时，必须进行灌溉。

①萌芽开花期。此期若土壤水分充足，可促进新梢的生长，加大叶面积，增强光合作用，并使开花和坐果正常，为当年丰产打下基础。春旱地区此期灌水更重要。

②新梢生长和幼果膨大期。此期果树的生理机能最旺盛，若水分不足，叶片夺去幼果的水分，使膨大受影响，甚至皱缩、脱落。严重干旱时，叶片还将从吸收根组织内部夺取水分，影响根的正常吸收，导致生长减弱，产量、品质下降。此期自然降水不足的地区必须灌水，一般在落花后 15 d 至生理落果前进行。

南方多雨地区，此期常值梅雨季节，除注意均匀供给土壤水分以外，还应注意排水。若出现异常干旱，或保险起见，需及时灌水。

③果实迅速膨大期。就多数落叶果树而言，此时既是当年果实迅速膨大期，也是影响来年是否丰产的花芽大量分化期，及时灌水，不但可满足果实肥大对水分的要求，同时也可促进花芽健壮分化，从而达到在提高产量的同时，又形成大量的有效花芽，为连年丰产创造条件。常绿果树，此期也是生长旺盛期，土壤水分不足时，可结合追肥灌水。

④采果前后及休眠期。在秋冬干旱地区，此时灌水，可使土壤中贮备足够的水分，有助于肥料的分解、促进果树翌春的生长发育。在南方对柑橘等常绿果树此期灌水结合施肥，有利于恢复树势、促进花芽分化；在北方对多数落叶果树而言，在临近采收期之前不宜灌水，以免降低品质或引起裂果，但在土壤结冻前，灌一次封冻水（冬灌），可防旱御寒，不仅保证果树安全越冬，而且使土壤中储足水分，促进肥料分解，有利于花芽发育和来年果树春天的生长。

（2）灌水次数及灌水量的确定

果树灌水次数及灌水量的确定，主要取决于各个时期的降水量和土壤的水分状况。一般年份，上述各个灌水时期通常需灌水 1 次，即可满足果树的需要。若果园土壤含水量降低到田间持水量的 50% 时，需及时灌水。在干旱地区，水资源不足时，应保证果树的需水临界期即果实膨大期灌水。果树的灌水量依果树的种类、品种和砧木特性、树龄大小以及土质、气候条件而有所不同。耐旱树种，如枣树、板栗及砧木等对水分要求较低的树种，灌水

量可少一些;耐旱性较差的树种,如葡萄、苹果、梨等,灌水量应多一些。幼树少灌水,结果果树可多灌水。

沙地果园,土壤保水能力弱,宜采用小水灌,以免水分和养分流失;盐碱地果园灌水应注意地下水位上升,以防止返盐、返碱。

一般成龄果树一次最适宜的灌水量,应以水分完全湿润果树根系范围内的土层为原则。在采用节水灌溉的条件下,要达到的灌溉深度一般为 $0.4 \sim 0.5$ m;水源充足时可达 $0.8 \sim 1$ m。

4) 节水灌溉技术

所谓节水灌溉,就是用尽可能少的水投入,取得尽可能多的农作物产出的一种灌溉模式,目的是提高水的利用率和水分生产率。它包括水资源的合理开发利用,输配水系统的节水、田间灌溉过程的节水、用水管理的节水以及农艺节水增产技术措施等方面。

(1) 喷灌

喷灌利用专门的机械设备将水加压,或利用水的自然落差将高位水通过压力管道送到田间地头,再经过喷头喷射到空中散成细小水滴,均匀地散布到田间,在一定范围内形成"人工降雨",既达到灌溉的目的,又可调节农田小气候,打造局部凉爽的小环境,有利于炎夏蔬菜、花卉等园艺植物的生长。喷灌时,可人为控制水量,对植物适时适量灌溉,做到小定额给水,不会产生地表径流和深层渗透;可节水 30% ~ 50% ,且灌溉均匀,使土壤松软而不板结,避免因沟灌而引起的土壤盐渍化。喷灌还可用来喷洒肥料、农药,对于防霜也有一定的作用。它主要有固定式、半固定式和机组移动式 3 种喷灌形式,有利于现代农业实现机械化和自动化。

(2) 滴灌

滴灌是用管道系统输水,通过滴头,缓慢地把水送到植物根部区域。一般采用干、支、毛 3 级轻质软管系统供水,是机械化与自动化的先进灌水技术。其特点是只湿润部分土层和表土,能按作物需水量供水,特别适于气候干旱、酷热的地区。

(3) 微喷

微喷技术又比喷灌省水 15% ~ 20% ,优点更多。一是更节水省能(在低压条件下可运行);二是灌水更均匀;更便于同水肥步,微喷系统更有效地控制每个灌水管的位置和出水量;三是还可调节株间温度和湿度,不会造成土壤板结;四是适应性强、操作方便,适用于山区、坡地等各种地形条件,无须平整土地,开沟作畦,因而可大大减小劳动强度。微灌的不利因素在于系统建设的一次性投资大,灌水器易堵塞等。

(4) 地下灌溉

地下灌溉是把水输入地下铺设的透水管道或采用其他供水系统,通过毛细管作用,水自下而上供给植物吸收利用。优点是不损坏土壤的物理性和克服地面灌溉一些缺点,但设备投资大,不易检修,用水量大,盐碱地易引起反碱,不利于大面积使用。

另外,各地也应用了一些灌溉的新技术,如膜上灌溉技术,即在地膜栽培情况下,改地膜旁侧灌水为膜上放苗孔和膜侧渗灌溉;如植物调亏灌溉技术,即从植物生理角度出发,在一定时期内主动施加一定程度的有益水度,来调控地上部的生长量,实现矮化密植,减少整枝等工作量。

【知识链接】

调亏灌溉

在植物生长发育某些阶段(主要是营养生长阶段)主动施加一定的水分胁迫(亏缺),促使植物光合产物的分配向人们需要的组织器官倾斜,以提高其经济产量的节水灌溉技术。

该技术于20世纪70年代中期由澳大利亚持续灌溉农业研究所Tatura中心研究成功,并正式命名为调亏灌溉。它的节水增产机理,依赖于植物本身的调节及补充效应,属于生物节水和管理节水的范畴。从生物生理角度考虑,水分胁迫并不总是表现为负面效应,适时适量的水分胁迫对植物的生长、产量及品质有一定的积极作用。

国外对调亏灌溉的研究应用大多集中在果树方面,而我国从20世纪80年代末开始研究调亏灌溉技术,并将其应用范围由果树、蔬菜,推广到冬小麦、玉米和棉花等主要农植物。与充分灌溉相比,调亏灌溉具有节水增产作用。

7.5.2 排水技术

1)及时排水的重要性

排水与灌溉对园艺植物的正常生长发育同等重要,能否合理灌溉仅仅影响到果蔬等园艺植物经济产量的高低,而排涝及时与否缺关系到其生死存亡。特别在南方多雨地区排涝更为重要。

一般来说,田间积水、排水不良所造成的危害,首先是植物的根的呼吸作用受到抑制,而根吸收养分和水分或进行生长必要的动力源,都是依靠呼吸作用进行的。当土壤中的水分过多缺乏氧气时,则迫使根进行无氧呼吸,积累乙醇使蛋白质凝固,引起根系生长衰弱以致死亡。同时,由于土壤通气不畅,导致好气性微生物的活动受阻,从而降低土壤肥力。特别是在黏土中大量施用硫酸铵等化肥或未腐熟的有机肥后,如遇土壤排水不良,这些肥料进行无氧分解,产生一氧化铁或甲烷、硫化氢、一氧化碳等影响植物地下部和地上部生长发育的还原性物质,而这些物质严重地影响植物地下和地上部分的生长发育。因此,应及时排水。

2)排水目的

对田间植物排水的目的在于除涝、防渍,防止土壤盐碱化,改良盐碱地、沼泽地等。通过排水调整土壤通气和温湿状况,为植物正常生长创造条件。排水工作主要是针对南方多雨地区。

3)排水方法

田间排涝的方式很多,主要有明沟、暗沟和井排3种。生产上仍以传统的明沟排水为主。明沟排水成本低,且能迅速排出地表积水。但缺点是占地面积大,影响机械作业,需不断修整,又易滋生杂草,且难于排出土壤中的积水。因此,在多雨地区,要兴建排涝泵站,建闸、筑堤、修渠,建设完整的排涝系统,实行申沟高畦,沟沟相同,做到雨后(灌后)不积水,遇旱不缺水。

　　暗沟排水,即在地下铺设暗管,不占地不影响田间耕作,可根据需要调整埋深和间距,可弥补明沟排水的不足,其排水效果好于明沟,但费用较高。

　　井排是指在田间按一定的间距打井,井群抽水时在较大范围内形成地下水位降落漏斗,从而起到降低水位的作用。井排的优点是在水质条件适合时,可实现排、灌结合,雨涝季节容纳较多的渗水,减轻涝害、渍危害,又可贮备一定水源,供旱季抽水灌溉。其缺点是在土壤质地太黏、渗透系数太小时,效果不好;若抽出的水质矿化度过高,则不能用于灌溉,其设备仅作排水之用则显成本太高。

复习思考题

1. 简述间苗技术要点及注意事项。
2. 简述中耕的概念及作用。
3. 如何防除杂草?
4. 如何对土壤酸碱度进行调节?
5. 如何对土壤进行消毒?
6. 简述石灰氮高温闷棚杀菌消毒技术。
7. 如何对园艺植物营养进行判断?
8. 结合生产实践,分析果树、蔬菜、花卉各种施肥方法的优缺点。
9. 如何理解土壤施肥和根外施肥的关系?
10. 总结蔬菜施肥的种类及各种施肥的技术要求。
11. 露地花卉施肥与盆栽花卉有哪些不同?
12. 总结节水灌溉技术的要点。

项目8 园艺植物生长发育调控

理解掌握园艺植物生长发育调控的基本理论。
掌握园艺植物的整形修剪、矮化技术、花果调控和花期调控的技术要点。
掌握园艺植物生长发育调控过程中常见问题的分析与控制。

能对常见的园艺植物科学合理地进行整形修剪。
能对园艺植物施行矮化栽培技术。
能对园艺植物科学地进行花果调控。
能够依据需要开展花卉的花期控制。

任务 8.1　园艺植物的整形修剪

修剪的含义有狭义和广义之分。狭义的修剪,是指对植物的某些器官,如根、芽、枝、干、叶、花、果等进行剪截、疏除或其他处理的操作。整形是指对植物通过修剪使植株具有某种理想的形状。广义的修剪,包括整形在内,是指在植物生产过程中,人为采用特殊的工具和手法,使植株形成并维持一定的结构和形状的技术。因此,修剪包括两个阶段:前期造形和后期维形。前期的造形过程靠修剪完成,而后期的维形中也有造形过程,尤其是在株形因故发生变化的情况下。

8.1.1　果树的整形修剪技术

果树整形修剪的发展趋势呈现两个方面的特点:一是简化,主要表现在树冠结构简化,整形修剪技术简化,广泛利用矮化品种、矮化砧木,并逐步采用化学和机械修剪。二是模糊种类和品种间的差异,如灵活的主干形、自然开心形等树形的应用范围更加广泛,木本果树也开始采用架式栽培。

1)树形结构

所谓树形结构,是指树的骨干成分(见图 8.1)。了解这些成分,对掌握整形修剪的技术很重要。以有中心干的树形为例,观赏树木的树形结构主要是:

(1)主干

主干一般是指树的地面到分枝处的距离,60～100 cm。干矮,树冠形成快、体积大;干高,树冠较小,树势易控制,适宜密植。干高矮是幼树定植后修剪决定的(称定干)。

(2)中心干

中心干又称中央领导干,是指主干以上的中心主枝。也不适宜太高,2～3 m 即可。中心干有直立的,也有弯曲的;生长势太强的宜取弯曲中心干;而生长势弱的则宜取直立中心干。

(3)主枝

主枝是中心干上的骨干枝,向外延伸占领较大的空间。主枝大的,上面有 2～4 个侧枝以及许多结果枝组或辅养枝。稀植的树,主枝大;密植的树,主枝小,甚至与中心干上长出的其他枝(如辅养枝)无区别。纺锤形树,主枝就不明显了。

(4)辅养枝

辅养枝是指中心干上或主枝上长出的临时性枝,插空存在,空间允许时保留结果或长叶养树;待骨干枝上枝量大、空间拥挤时,辅养枝就逐渐"让路",或缩小或疏除。

(5)枝组

枝组又称枝群或单位枝,是两个或两个以上结果枝集于一起的枝。苹果、柑橘、梨、桃等果树的枝组,其寿命长短、结果枝多少、结果能力如何,对果树的生产性能影响极大,培养枝组是修剪的重要任务。

（6）结果枝

结果枝是指着生果实的枝,1 年生或多年生。结果枝多、健壮、分布均匀合理,是果树生产能力的主要指标之一。

2）修剪的时期

从理论上说,生长控制为目的的修剪,什么时期都可以进行。但从影响植物生长发育的效率上和可行性上说,各种园艺植物、不同品种、不同生长情况等,是应当讲究修剪时期的。多年生木本植物修剪时期主要分冬剪和夏剪。

（1）冬剪

落叶果树,秋末冬初落叶至第 2 年春季萌芽前,或常绿果树冬季生长停止的时期,这一段时间即休眠期,进行的修剪称为冬剪或休眠期修剪。在生产上这是最重要的修剪时期,一是因为这个时期劳动力便于安排,无其他活茬挤占,易从容进

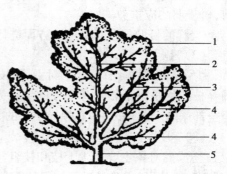

图 8.1　树形结构
1—树冠;2—中心干;
3—主枝;4—侧枝;5—主干

行;二是落叶后树冠内清清爽爽,便于辨认和操作;三是这个时期修剪,果树的营养损失少,即使是常绿果树也是如此。另外,从果园土壤管理上,不论是果园生草或间种植物,以冬剪影响最小。

一个大面积的果园,在整个冬季内要进行修剪,应先剪幼树、先剪经济效益大的树、先剪越冬能力较差的树、先剪干旱地块的树。从时间上讲,应先保证技术难度大的树修剪。

（2）夏剪

除冬剪的时间外,由早春至秋季末的修剪都称夏剪,又称带叶修剪。理论上讲,调节光照、调节果实负载量、调节枝梢密度,夏剪更准确一些,也较合理;但夏季果园劳力紧张,夏剪的及时性难以保证,甚至容易被忽略。

（3）有"伤流现象"树木的修剪时期

葡萄、核桃等果树每年有个固定的时期出现剪口的"伤流现象",这个时期称"伤流期"。伤流是树体营养物质的损失,因此,这类果树修剪应避开"伤流期"。葡萄的"伤流期"是春季萌芽前后两三周;核桃的"伤流期"是秋季落叶后至春季萌芽前,数个月之久。"伤流期"修剪果树,剪口愈合慢,剪口下芽的生长势弱。

3）果树修剪的基本步骤

在进行果树修剪时,必须首先了解果树修剪的基本步骤。现在大多认为,果树修剪的基本步骤可以概括为以下 4 个步骤:

（1）"看"

在修剪一棵果树之前,首先要"绕树三圈",也即"看"。其内容有:

①看树体结构。果树是多年生植物,修剪有其继承性,尤其是骨干枝培养需要多年才能完成,在修剪之前必须首先弄清上一年的修剪意图。

②看生长结果习性。果树种类和品种繁多,果树修剪应根据不同种类和品种的生长结果习性特点而采用相应的方法。

③看修剪反应。修剪反应是修剪方法和程度、外界环境、管理水平等因素的"自动记录器",一般对反应敏感的轻剪,反应迟钝的重剪。

④看树势。树势强弱是树龄、立地条件、管理水平等因素的综合反映,树势强的应轻剪,树势弱的应重剪。

"看"的目的是在对上述4方面进行观察之后,确定修剪的程度和方法。

（2）"锯"

为了简化树体结构,要求对主、侧枝之外的非骨干枝(辅养枝)进行处理。基本原则是辅养枝的生长以不影响骨干枝的生长为前提,如果辅养枝影响骨干枝的生长时,应部分甚至全部锯除。此外,对中心领导干上的大型结果枝组有时也采用辅养枝的处理办法。

（3）"剪"

"剪"的对象主要是骨干枝和枝组。对骨干枝,主要调节主枝和侧枝延长方向、强度和均衡度;对枝组,主要是进行枝组的配备和更新(细致修剪)。对非生产性枝条,如徒长枝、交叉枝、竞争枝、下垂枝、病虫枝等,一般疏除。"剪"的顺序通常是从上到下,从外到内,从大枝到小枝。

（4）"查"

修剪之后,再"绕树三圈",谓之"查"。查的目的是看与修剪意图是占相符,如果有不完善之处则按照修剪意图适当修改。

4）果树修剪的基本手法

（1）常规修剪

基本手法有"截""疏""伤""变""放"5种,实践中应根据修剪对象的实际情况灵活运用。

①"截"。把1年生枝剪去一段,称为短截。根据短截的程度不同,可分轻短截、中短截、重短截及极重短截。短截修剪方法如图8.2所示。

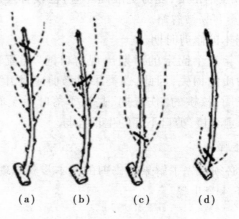

（a）　　　（b）　　　（c）　　　（d）

图8.2　短截

（a）轻短截　（b）中短截　（c）重短截　（d）极重短截

a.轻短截:剪去1年生枝的1/4～1/3。轻短截对于局部的刺激作用较小,剪口附近的芽生长势较弱,但芽眼萌发率高,形成中、短果枝较多,易形成结果枝,全枝总生长量大,加粗生长快。有缓和营养生长促进成花的作用。

b.中短截:一般剪去1年生枝的1/3~1/2。中短截枝条芽眼萌发率较高,形成中、长枝较多,全枝生长量较大,有增强部分枝条营养生长的作用,但不利于花芽的形成。

c.重短截:在1年生枝的中下部进行短截,一般剪去枝条长度的2/3~3/4。重短截对局部的刺激大,特别是全枝总生长量减小,可使少数枝条加强营养生长,但花芽难以形成。

d.极重短截:在1年生枝基部只留2~3个瘪芽短截。可强烈地削弱其生长势和总生长量,既不利于营养生长,又不利于花芽的形成,一般是用作削弱生长势,为来年花芽分化打基础。

②"疏"。即把枝条从基部去掉(见图8.3)。"疏"的作用主要是促进通风透光、削弱树势。

疏的强度分为轻疏(疏枝量占全树的10%以下)、中疏(疏枝量占全树的10%~20%)、重疏(疏枝量占全树的20%以上)。疏剪强度因植物的种类、生长势和年龄而定,萌芽力和成枝力均较强的植物,疏剪的强度可大些;萌芽力和成枝力较弱的植物,疏剪强度宜小些。一般幼树轻疏或不疏;成年树中疏;衰老期的植物枝条有限,只能疏去必须要疏除的枝条。

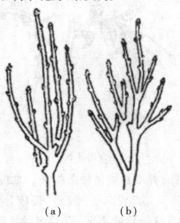

图8.3　疏枝
(a)疏除1年生枝
(b)疏除多年生枝

抹芽和除蘖是疏的一种形式。抹芽是将树木主干、主枝基部或大枝伤口附近等萌发出的不必要的嫩芽抹除,除蘖是将植物基部新抽生的不必要的萌蘖剪除。抹芽与除蘖可减少树木生长点的数量,减少养分的消耗,改善光照与水肥条件,还可减少冬季修剪的工作量和避免伤口过多。抹芽与除蘖宜在早春进行,越早越好。

③"伤"。是用各种方法损伤枝条。其目的是缓和树势、削弱受伤枝条的生长势。"伤"的主要方法有环剥、刻伤、扭梢及折梢等。

a.环剥。在发育期,用刀在开花结果少的枝干基部的适宜部位环状剥掉一定宽度的韧皮部。注意要深达木质部,剥皮的宽度以1个月内伤口能愈合为宜,一般为枝粗的1/10左右。环状剥皮有利于伤口上方枝条的营养物质的积累和花芽形成。

b.刻伤。是用刀在芽的上方或下方横切并深达木质部。在春季植物萌芽前进行时,应在芽的上方刻伤;相反,在植物的生长旺盛期进行时,应在芽的下方刻伤。此法可使伤口附近的芽获得较多的养分,有利于芽的萌发和抽新枝。

c.扭梢。在生长季内,将生长过旺的枝条扭伤或将其折伤(只折断木质部)。其目的是阻止无机养分向生长点输送,削弱枝条的生长势(见图8.4)。

图8.4　扭梢

④"变"。是改变枝条的生长方向,并控制枝条的生长势的方法,如曲枝、拉枝、抬枝等。其目的是使枝条的顶端优势转位、加强或削弱。将直立生长的背上枝向下曲成拱形

时,其生长势减弱,生长转缓。将下垂枝抬高,使枝顶向上,枝条的生长势会由弱转旺。

图8.5 拿梢

拿梢:对1年生枝用手从基部起逐步向下弯曲,应尽量伤及木质部又不折断,做到枝条自然呈水平状态或先端略向下。拿枝的时期以春夏之交、枝梢半木质化时最好,容易操作,开张角度、削弱旺枝生长的效果最佳,还有利于花芽分化和较快地形成结果枝组。树冠内的直立枝、旺长枝、斜生枝,可用拿枝的方法改造成有用的枝。幼年树一些枝用拿枝的方法可以提早结果,还避免了过多地疏剪或短截,做得好省工省力。冬剪时对1年生枝也可以拿枝,但要特别细心操作,弄不好则使枝条折断。拿枝不能太多,应当有计划地安排(见图8.5)。

⑤"放"。一般称"长放"或"甩放",利用单枝生长势逐年减弱的特点,对部分长势中等的枝条长放不剪,保留大量枝叶,以积累更多的营养物质,从而促进花芽的形成,使旺枝或幼旺树提早开花、结果。

果树冬季修剪主要以采用疏、截、放3种手法为主。

(2)机械化修剪

利用辅助修剪设备,如气动剪、升降台、环切刀等,可提高常规修剪的工作效率。国外还有的直接采用修剪机,但修剪效果并不理想。

(3)化学修剪

使用植物生长调节剂对果树生长发育进行调控,以达到简化修剪的目的。

知识链接

环剥、环割及倒贴皮

环剥是将枝干韧皮部剥去一环;环割是从主干或主枝基部,整齐地切割1圈或数圈(每圈间距5~10 cm);倒贴皮是与环剥相近的方法,不同之处是剥下的皮再倒过来贴回原处。

环剥、环割、倒贴皮能暂时阻断韧皮部向上向下的运输通道,使叶片光合产物在上部积累,而根系合成的一些激素类物质则运不到上部去,起到抑制营养生长、促进坐果和花芽分化的作用。环剥、环割及环状剥皮一般在树体生长旺盛的季节进行。

注意事项:环剥的长度为枝干直径的1/10;环割切至木质部;避免雨天进行,剥后切勿用手摸,否则难于愈合;仅对旺枝,旺树进行,弱树弱枝不可用。

5)果树整形修剪过程

(1)定干

果树定干是果树定植后的第1次修剪,按干的高度剪定;剪口芽应饱满、健壮。剪口下20 cm左右的一段干长,称整形带,是最早形成骨干枝的部位。一般定干高度60~100 cm。栽植苗健壮、密植,可以定得高些;相反,栽植苗弱,又是稀植时,定干应适当低一些。有的观赏树木可以定干高一些,如孤植风景树,可定干1.5 m以上。

(2)主枝的选定和修剪

幼树定干后,剪口芽以下会长出2~5个枝,第1年可选2~3个好的枝作主枝。枝

"好"的条件是:健壮或中庸、方向相互错开、角度适中。对主枝的领导枝短截,剪口芽应向外、饱满健壮。角度不理想的,采取措施开角。主枝上长出的侧枝,稀植的树还可培养为骨干枝,仿照主枝剪法,短截领导枝;一般侧枝当成辅养枝或枝组处理,长放、摘心或弯枝等。

第2年或第3年再选定第2层主枝。第4年或再后选定第3层主枝,共5~7个主枝。主干上的其他枝,尽量不疏除;幼树多留枝,树势好控制,易早结果;主干上疏除多造成伤口多,不利于幼树的发育。

(3)辅养枝处理和结果枝组的培养

辅养枝的处理,主要看该枝所在的位置、空间大小而定。位置太低的辅养枝,幼年树可保留一段时间,早结果用;大树不要太低的辅养枝。树干中层的辅养枝,只要不影响骨干枝,尽量保留,利用其结果;其大小、长短,要服从于骨干枝,给骨干枝让路。树冠上端也可留辅养枝,用来牵制下面的骨干枝,使骨干枝生长势稳定,并有一定遮阴;上端的辅养枝,体积一定不要大。

枝组多数是由辅养枝培养来的,有的是利用徒长枝。培养辅养枝,有多种方法,多用缩剪、长放、弯枝等。

(4)成年树的修剪

成年树修剪,虽然还有整形的任务,但已不是主要的。成年树修剪,主要是保持树形、调节结果量(负载量),结果少的要通过修剪促进多出结果枝、多成花;结果多的要通过修剪疏除一些结果枝,促进枝叶旺长,增强树势,使果实多的情况下还能保证果实质量。果树生产上常说的克服"大小年结果"(也称"隔年结果"),正确的修剪是很重要的措施。

成年树修剪,骨干枝应少短截,重点放在枝组和结果枝的修剪上,注意应用缩剪使一些开始衰弱的枝更新,注意树冠内通过修剪改善光照。

(5)衰老树的修剪

幼树的生长是离心式,而衰老树的生长是向心式,因此在修剪上幼树与老树应有很大的不同。幼树少短截,老树多短截;幼树树冠中不宜留旺长枝、徒长枝,老树树冠中的旺长枝、徒长枝是很宝贵的枝,恢复树冠和提高质量、恢复产量要靠它们。老树树冠中的旺长枝、徒长枝,对它们要像对幼树似地修剪,让它们去占领较大的空间,取代衰老骨干枝的位置。衰老树除了重视更新复壮式修剪以外,还要减轻果实负载量的配合,否则更新复壮的目的达不到。

知识链接

桃树的修剪

桃树喜光,芽具有早熟性,花芽形成容易,但结果枝寿命短,潜伏芽寿命短,顶端优势明显,结果部位易外移,需及时培养结果枝组和更新结果枝。幼旺树、南方品种群以中、长果枝结果为主。盛果期、北方品种群以中、短果枝结果为主。主侧枝的延长枝为徒长性结果枝(>60 cm)的是理想树势。

目前,应用较多的树形(见图8.6)。株行距3.5 m×5.0 m;树高<3.5 m;主枝3个,在基部错落着生,互为120°;主枝基角60°,腰角以上接近直立,弯曲延伸;每主枝配备两个侧枝,第1侧枝基角大于主枝,为70°~80°,第2侧枝60°,成功修剪的简易标准是:大枝少而精(粗),小枝多(密)而近,内膛开心,从属分明。

主干形为正在试验推广的树形。株行距 2 m × (3～3.5) m;树高 3～3.5 m。其主要技术要点是:首先根据是否有存在空间、是否影响骨干枝的原则,疏除徒长枝和遮阴的大型结果枝组,以利通风透光。传统修剪"枝枝过问",以短截修剪为主。现代桃树生产推广"长枝修剪"(疏枝+回缩)。但长枝修剪在管理条件较差时,自然更新困难。因此,必要时应结合短截。主、侧枝延长头剪留长度 50 cm,大型结果枝组在主枝背后或背斜处配备,中型结果枝组在主枝背上或两侧配备,小型结果枝组在主枝上部配备。自然更新和短截更新相结合,短枝更新分单枝更新和双枝更新,一般树冠下部和内膛进行。非生产性枝条一律疏除。盛果期桃树的修剪任务主要是解决光照和结果枝组更新问题。对密植桃树而言,生长期修剪的作用大于冬季修剪。适宜的修剪标准是来年既有足够的符合该品种特性的高质量的结果枝和花芽,又有在结果后可以回缩的部位。

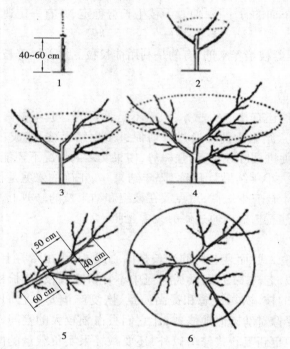

图 8.6　桃三主枝自然开心形整形过程
(引自王元裕,1992)
1—定干;2—第 1 年选出 3 个错落的主枝;3—第 2 年选第 1 副主枝(侧枝);
4—第 3 年选第 2 副主枝;5—副主枝配置距离;6—平视图

8.1.2　观赏植物的整形修剪技术

1)株型

在观赏木本植物中,株型不仅是指树冠内枝干骨架的轮廓,而且还包括叶幕的形状和整株的造型。观赏树木盆景的株型种类极多,较常见的主要有柱形、圆筒形、圆锥形、伞形、塔形、圆盖形、长圆形、卵形、杯形、球形、波状圆盖形、垂枝形、匍匐形、覆盖形、藤蔓形、单干形、双干形、二挺身、三挺身、灌木式、倾斜式、水平式、半悬崖式、曲干式等(见图 8.7)。

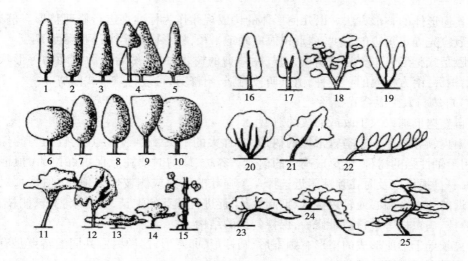

图 8.7　木本观赏植物的树冠形状(左)和树干形状(右)

(引自李光晨,2000)

1—柱形;2—圆筒形;3—圆锥形;4—伞形;5—塔形;6—圆盖形;7—长圆形;
8—卵形;9—杯形;10—球形;11—波状圆盖形;12—垂枝形;13—匍匐形;
14—覆盖形;15—藤蔓形;16—单干形;17—双干形;18—二挺身;19—三挺身;
20—灌木式;21—倾斜式;22—水平式;23—半悬崖式;24—悬崖式;25—曲干式

2) 观赏树木的整形修剪形式

(1) 自然式修剪

各种树木都有它自身的形态,在自然生长的基础上,对树木的形状作辅助性的调整和促进,使之始终保持自然形态所进行的修剪,称为自然式修剪。自然式修剪符合树木原有的生长发育习性,基本上保持了树木的自然形态,促进树木良好的生长发育,因而能充分发挥该树木种类的特点,充分表现树木的自然美,进而提高了树木的观赏价值。庭荫树、园景树及部分行道树多采用自然式修剪。

自然式修剪应当注意维护树冠的匀称完整,对由于各种原因产生的干扰、破坏自然树形的因素加以抑制或剪除,因而其修剪对象只是徒长枝、内膛过密枝、下垂枝、枯枝、病虫枝及少量其他影响株形的枝条。

常见的形式有:

①尖塔形。有明显的主干,是单轴分枝、顶端优势明显的树木形成的冠形之一,如雪松、南洋杉、落羽杉等。

②圆球形。如黄刺梅、榆叶梅、栾树。

③垂直形。有明显的主干,但所有枝条均向下垂悬。如垂柳、龙爪槐等。

④伞形。冠形如一把打开的伞,如合欢、鸡爪械等。

⑤匍匐形。树木枝条匍地而生。如沙地柏、铺地柏等。

其他还有丛生形、拱枝形、倒卵形、钟形等。

(2) 人工式整形

山于园林绿化的特殊目的,有时可用较多的人力物力将树木修剪成各种规则的几何形体或非规则的各种形体,如动物、建筑等。

①几何形体的整形方法。以几何形体的构成规律作为标准来进行修剪整形。例如,正方形树冠应先确定每边的长度,球形树冠应确定半径,柱形应确定半径和高度等。

②雕塑式整形。主要是将萌枝力强、耐修剪的树木密植,然后修剪成动物等形状。如侧柏,桧柏等,南方榕属的一些种,由于萌枝力强,耐修剪,可进行雕塑式修剪。

（3）自然与人工混合式整形

对自然树形辅以人工改造而成的造型。

①中央领导干形。这是较常见的树形,有强大的中央领导干,在其上较均匀的保留主枝,适用于轴性强的树种,能形成高大的树冠。养护、修剪时要注意保护好顶芽（顶梢）,防止损伤,一旦损伤应及时在顶芽附近选择一个强壮的侧芽或侧枝代替顶芽（顶梢）,对这个侧芽附近的芽进行摘心或轻短截,以抑制生长,促进代替芽的生长,对其余主枝、侧枝、枯死枝、重叠枝、病虫枝等进行适量修剪,保持匀称的结构。

中央领导干形所形成的树形有圆锥形、圆柱形、卵圆形,这类树冠共同的特点是有明显的中央领导干,顶端优势明显。

a. 圆锥形。大多数主轴分枝形成的自然式树冠,主干上有很多主枝,主枝多在节的地方长出,主枝自下而上逐渐缩短,主枝平伸,形成圆锥形树冠;如雪松、水杉、桧柏、银桦、美洲白蜡等。

b. 圆柱形。从主干基部开始向四周均匀地发出很多主枝,自下而上主枝的长度差别不大,形成近圆柱形的形状,如桧柏、龙柏等。

c. 卵圆形。这类树木主干比较高（主枝分枝点较高）,分布比较均匀,开张角度较小,形成卵圆形树冠。这类树形比较常见,如大多数杨树。修剪时,注意留够主干的高度。

d. 半圆形。这类树木高度较小,主枝疏散平直,自下而上逐渐变短,形成半圆形树冠。如元宝枫等。有的树木主枝分层着生。第1层留3~4个主枝,第2层留2~3个主枝,层间距离80~100 cm;第3层1~2个主枝,距第2层50~60 cm;以后每层留1~2个主枝。直到留够6~10个主枝。

②合轴主干形。还有一类树种的中央领导干虽然不是顶芽顶梢生长的,但也能形成明显领导干,如合轴分枝树木剪除顶端枝条后由下部侧芽获得顶端优势而形成中央领导干。这类树木也能形成卵圆形树冠。修剪时要注意培养侧芽。

③杯状形。树形无中心主干,仅有相当一段高度的树干,自主干部分生3个主枝,均匀向四周排开,主枝间的角度约为120°,3个枝各自再分生2个枝而成6个枝,再以6枝再分成12枝,即听谓的"二股、六杈、十二枝"的树形。这种方式要求冠内不允许存在直立枝、内向枝,一经出现必须剪除。

此种树形虽整齐美观,但比较麻烦,浪费较多的人力,而且违背树木本身的生长发育规律,缩短树木寿命,目前只在城市行道树和个别花灌木树种的修剪中应用。

④自然开心形。此形无中心主干,中心也不空,但分枝较低。3个主枝在主干上错落分布,自主干上向四周放射而出,中心开展,主枝上适当分配侧枝。园林中的碧桃、榆叶梅、石榴等观花、观果树木修剪常采用此形式。

⑤多领导干形。保留2~4个领导干,在各领导干上分层配置侧生主枝,形成整齐优美的树冠,宜作观花乔木、庭荫树的整形。多领导干形的树木可形成馒头形、倒钟形树冠。多领导干形还可以分为高主干多领导干和矮主干多领导干。矮主干多领导干一般从主干高

80~100 cm 处培养多个主干,如紫薇、西府海棠等;高主干多领导干形一般从 2 m 以上的位置培养多个领导干,如馒头柳等。

⑥伞形。多用于一些垂枝形的树木修剪整形,如龙爪槐,垂枝梅、垂枝桃等,保留 3~5个主枝,一级侧枝布局得当,使以后的各级侧枝下垂并保持枝的相同长度,形成伞形树冠。

⑦丛球形。主干较短,一般 60~100 cm,留数个主枝呈丛状。多用于小乔木及灌木的整形。

⑧灌丛形。没有明显主干的丛生灌木,每丛保留 1~3 年生主枝 9~12 个,各个年龄的3~4 个,以后每年将老枝剪除,再留 3~4 个新枝,同时剪除过密的侧枝,适合黄刺玫、玫瑰、棣棠、鸡麻、小叶女贞等灌丛树木。

⑨棚架形。适用于藤本植物。在各种各样的棚架,廊、亭边种植藤本树木后按生长习性加以修整、引导,使藤本植物上架,形成立体绿化效果。

3)株型控制

观赏木本植物的株型控制手段与果树类似。主要有以下 7 种方式:

（1）摘心

摘心的作用有去除顶端优势,促进侧枝生长,使枝条粗壮;促进植株矮化,使树形丰满、花繁果茂等。例如,四季海棠、倒挂金钟等单枝摘心,可促进腋芽萌发,形成多枝的丰满株型。

（2）疏剪

用于去除多余的侧枝、生长小整齐的枝梢,以及枯枝、病虫枝、细弱枝、重叠枝、密生枝及花后残枝,以调整观赏植物的株型。

（3）短截

对当年生枝条上开花的种类,可在春季短截,促发更多的侧枝;对 2 年生枝上开花的种类,可在花后短截残枝,重新促发新枝。例如,天竺葵、扶桑等,花后生长势减弱,可在枝条基部 2,3 芽处短截。

（4）曲枝

改变枝条的生长方向和状态,达到平衡枝条生长或使枝条分布合理,造型美观的目的。

（5）抹芽

限制枝数的增加,以节约营养,使营养集中供应主芽。

（6）疏蕾和疏果

去除过多的花蕾和果实,以集中营养。

（7）摘叶

在生长季节特别是生长后期,摘除黄叶、病虫叶,以及遮盖花、果的多余叶片,增加美感。

4)整形修剪的安全事项

①检查使用的工具是否锋利,上树用的机械或折梯的各个部件是占灵活,有无松动,防止发生事故。

②上树操作必须系好安全带、安全绳,穿胶底鞋,不穿带"钉"鞋;手锯要拴绳套,套在手腕上,防止掉下砸伤人。

③在高压线附近作业时,应特别注意安全,避免触电,必要时应请供电部门配合。

④修剪行道树及锯除大枝时,必须有专人指挥及维护现场。树上树下要互相配合,以防锯落大枝砸伤过往行人和车辆。

⑤刮五级以上大风、喝醉酒时不宜上高大树上修剪。

⑥作业时思想要集中,严禁嬉笑打闹,以免错剪。

8.1.3 蔬菜的植株调整

在蔬菜植物生长发育过程中,进行植株调整可平衡营养器官和生殖器官的生长,使产品个体增大并提高品质;使通风透光良好,提高光能利用率;减少病虫和机械的损伤;可以增加单位面积的株数,提高单位面积的产量。

蔬菜的植株调整包括搭架、整枝、摘心、打叶、引蔓、压蔓、吊蔓、防止落花、疏花疏果与坐果节位选择等。

1)搭架

搭架的主要作用是使植株充分利用空间,改善田间的通风、透光条件。

架子一般可分为单柱架、人字架、圆锥架、篱笆架、横篱架及棚架等(见图8.8)。

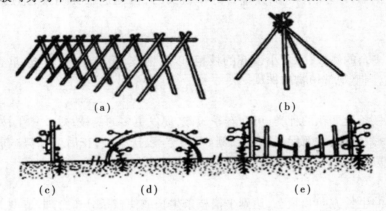

图8.8 支架的形式

(a)人字架　(b)四角架　(c)单杆架　(d)拱架　(e)小型联架(篱架)

①单柱架。在每一植株旁插一架竿,架竿间不连接,架形简单,适用于分枝性弱、植株较小的豆类蔬菜。

②人字架。在相对应的两行植株旁相向各斜插一架竿,上端分组捆紧,再横向连贯固定,呈"人"字形。此架牢固程度高,承受量大,较抗风吹,适用于菜豆、豇豆、黄瓜及番茄等植株较大的蔬菜。

③圆锥架。用3~4根架竿分别斜插在各植株旁,上端捆紧,使架呈三脚或四脚的锥形。这种架形显然牢固可靠,但易使植株拥挤,影响通风透光。常用于单干整枝的早熟番茄,以及菜豆、豇豆、黄瓜等。

④篱笆架。按栽培行列相向斜插架竿,编成上下交叉的篱笆。适用于分枝性强的豇豆、黄瓜等,支架牢固,便于操作,但费用较高。搭架也费工。

⑤横篱架。沿畦长或在畦四周每隔1~2 m插一架竿,并在1.3 m高处横向连接而成,

茎蔓呈直线或圈形,引蔓上架,并按同一方向牵引,多用于单干整枝的瓜类蔬菜。光照充足,适于密植,但管理较费工。

⑥棚架。在植株旁或畦两侧插对称架竿,并在架竿上扎横杆,再用绳、杆编成网格状,通常有高、低棚两种。适用于生长期长,枝叶繁茂,瓜体较长的冬瓜、长丝瓜、长苦瓜、晚黄瓜等。搭架必须及时,宜在倒蔓前或初花期进行。浇灌定植水、缓苗水及中耕管理等,应在搭架前完成。

2)引蔓、绑蔓、落蔓技术

(1)引蔓

引蔓时期为果菜类(如黄瓜、西瓜、甜瓜、番茄等)株高约30 cm时开始吊蔓。

棚室果菜类用绳吊蔓、引蔓的操作流程如下:

①尼龙绳绕过拱杆,吊成人字架。

②尼龙绳的两端系在两个相邻畦相对应的植株根茎部,系活扣,留出茎增粗后生长的余地。以后随着茎蔓增粗,适当松绑2~3次。最好是在畦两头各插1个20~30 cm深的8号铁钎或木棍,紧贴畦面内侧,拉一道底线,吊蔓绳子的下端系在底线上面,而不系在植株的根茎部,防止茎隘缩损伤。

③通过调节使绳拉紧,吊蔓后,架面松紧一致。

④将瓜蔓缠绕在尼龙绳上,每节缠绕1次,注意在叶柄对面走线,防止叶、花、瓜纽损伤或被缠绕。

棚室或露地果菜类搭架引蔓的操作流程如下:

①选架材。选用直径约2 cm、高1.7~2 m的竹竿插成棚架或人字架。

②插架条。竹竿下端距离果菜类根部5~10 cm,插在畦的外侧,深度约达20 cm。

③搭架。竹竿垂直地面,每畦竹竿上端再绑扎一横杆则构成棚架。若竹竿与畦面呈一定角度,相邻两畦相对应的竹竿绑扎在一起则构成人字架。

④引蔓、绑蔓。搭好架后,将果菜类茎蔓沿架面引蔓上架,以后每穗果下方都绑1次蔓。

(2)绑蔓

对搭架栽培的蔬菜,需要进行人工引蔓和绑扎,使其固定在架上。对攀缘性和缠绕性强的豆类蔬菜,通过1次绑蔓或引蔓上架即可;对攀缘性和缠绕性弱的番茄,则须多次绑蔓。瓜类蔬菜长有卷须可攀缘生长,但由于卷须生长消耗养分多,攀缘生长不整齐,因此一般不予采用,仍以多次绑蔓为好。绑蔓松紧要适度,不使茎蔓受伤或出现缢痕,又不能使茎蔓在架上随风摇摆磨伤。露地栽培蔬菜应采用"8"字扣绑蔓,使茎蔓不与架竿发生摩擦。绑蔓材料要柔软坚韧,常用麻绳、稻草、塑料绳等。绑蔓时要注意调整植株的长势,如黄瓜绑蔓时,若使茎蔓直立上架,有助于其顶端优势的发挥,增强植株长势,若使茎蔓弯曲上架,则可抑制顶端优势,促发侧枝,且有利于叶腋间花的发育(见图8.9)。

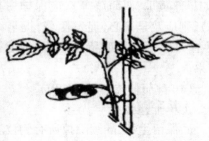

图8.9　番茄"8"字形绑蔓

（3）落蔓

保护设施栽培的黄瓜、番茄等蔬菜，生育期可长达 8~9 个月，甚至更长，茎蔓长度可达 6~7 m，甚至 10 m 以上。为保证茎蔓有充分的生长空间，需于生长期内进行多次落蔓。当茎蔓生长到架顶时开始落蔓。落蔓前先摘除下部老叶、黄叶、病叶，将茎蔓从架上取下，使基部茎蔓在地上盘绕，或按同一方向折叠，使生长点置于架上适当高度后，重新绑蔓固定。

3）压蔓、摘心技术

（1）压蔓

压蔓就是待蔓长到一定长度时用土将 1 段蔓压住，并使其按一定方向和分枝方式生长。压蔓能促进发生不定根，增加植株的养分吸收能力，增加防风能力。

压蔓的方法：

①明压。在瓜蔓长近 30 cm 时，开始压蔓。以后间隔 30~40 cm 把瓜蔓压上一块土块或带杈枝条，固定瓜蔓。明压法适于早熟和长势弱的品种。

②暗压。一种是先用瓜铲在准备压蔓的地方松土除草铲平，挖成深 3~7cm 的小沟，然后把瓜蔓拉紧轻放入沟内，上面再盖一瓜铲土，拍实即可；另一种是在压蔓处松土，整平后，右手持瓜铲侧插入土中，再向右压，左手将瓜铲把沟土挤紧压实。暗压的深浅：若长势较强的，可压深一些，每隔 4~5 节压 1 次；若长势弱的，可隔 5~6 节压 1 次，且要压浅、压轻。

压蔓时间宜下午进行。主、侧蔓一起压，每隔 4~6 节压 1 次。在结果处前后 2 个叶节不能压，以免影响果实发育。主蔓宜瓜前压 3 次，以后压 2 次，一次比一次重，土块也由小到大。瓜后第 1 次不要离幼瓜太近，至少有 10 cm 距离，群众经验是"瓜前一次压得狠，瓜后一次压得紧"。侧蔓每隔 3~4 节压 1 次，共压 3~4 次。压到开始坐果前，应每 3~4 d 压 1 次。南方有些地区，在畦面上铺草，也可起到压蔓作用。引蔓时可用土块压蔓。

（2）摘心

当无限生长类型的果菜类蔬菜，在生长到一定果穗数目时，可在顶穗果的上方再留2~3 片叶真叶，用手或镊子或剪刀掐掉或剪掉生长点。掐尖作业完成后，应及时喷 1 次杀菌剂。

摘心应根据品种及生长期而定，一般摘心时间应掌握稍早勿晚的原则。

4）整枝技术

整枝的方式和方法应以蔬菜的生长和结果习性为依据。一般以主蔓结果为主的蔬菜（如早熟黄瓜、西葫芦等），应保护主蔓，去除侧蔓；以侧蔓结果为主的蔬菜（如甜瓜、瓠瓜等），则应及早摘心，促发侧蔓，提早结果；主侧蔓均能正常结果的蔬菜（如冬瓜、西瓜、丝瓜、南瓜等），大果型品种应留主蔓除去侧蔓，小果型品种则留主蔓，并适当选留强壮的侧蔓结果。

（1）番茄整枝（见图 8.10）

①单干整枝：

a.保留主干，陆续除掉所有侧枝。

b.主干上保留 3~4 穗，顶穗果上方留 2~3 叶摘心。

c.对整枝后的植株立即喷杀菌剂防病。

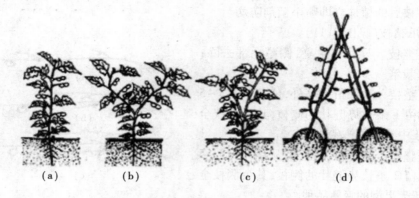

图 8.10 番茄的整枝方式

(a)单杆整枝 (b)双杆整枝 (c)改良单杆整枝 (d)三次换头整枝

②双干整枝：

a.除保留主干外,再留下第1花序下第1个侧枝。

b.除掉其余侧枝。

c.主干保留4~5穗果,侧枝留3~4穗果,在顶穗果上方各留2~3片叶摘心。

d.对整枝后的植株立即喷杀菌剂防病。

③改良单干整枝：

a.除保留主干外,还保留第1花序下的第1侧枝。

b.主干留3~4穗果,侧枝留1~2穗果,顶穗果上面再各留2片真叶摘心。

c.其余侧枝陆续摘除。

d.对整枝后的植株立即喷杀菌剂防病。

④换头整枝：

a.主干留3穗果后上面留2片真叶摘心。

b.保留主干第二花穗下的侧枝。

c.侧枝上也留3穗果再留2片真叶摘心。

d.再保留侧枝的第2花穗下的副侧枝。

e.每个侧枝上都保留3穗果摘心。如此继续重复,直到栽培结束。

f.每次摘心后都要扭枝,使果枝向外开张80°~90°。

g.每个果枝番茄采收后,把枝条剪掉。

h.对整枝后的植株立即喷杀菌剂防病。

⑤大棚番茄老株更新整枝法：

a.春早熟番茄采用单干或改良单干整枝。

b.其余侧枝一律摘除。

c.每株番茄只留3穗果,加强管理,促进早熟高产。

d.番茄第2穗果采收后开始留权,选择节位低、无病虫害、长势强的侧枝进行秋茬延后更新。

e.对整枝后的植株立即喷杀菌剂防病。

f.新侧枝采用单干整枝,仍留3穗果,顶部留2片叶摘心。

g.其余侧枝全部打掉。继续加强管理,促进成熟高产,提高经济效益。

h. 对整枝后的植株立即喷杀菌剂防病。

（2）西瓜整枝（见图8.11）

①单蔓整枝。只保留主蔓,侧蔓全部去除,多用于早熟栽培。

②双蔓整枝。除保留主蔓外,从茎基部3～5节叶腋再选留1条长势健壮的侧枝,其余侧枝全部去除,适于中熟和早熟品种。

③三蔓整枝。除保留主蔓外,从茎基部3～5节叶腋再选留2条长势健壮的侧枝,其余侧枝全部去除,适于大果型的晚熟品种。

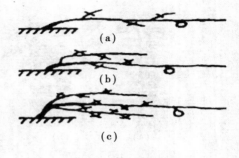

图8.11　西瓜整枝方式
(a)单蔓整枝　(b)双蔓整枝　(c)三蔓整枝

（3）甜瓜整枝（见图8.12）

①双蔓整枝。在幼苗3片真叶时进行母蔓摘心,然后选留2根健壮子蔓任其自然生长不再摘心。

②三蔓整枝。在幼苗4片真叶时主蔓摘心,选留3条健壮子蔓任其自然生长不再摘心。

③四蔓整枝。在幼苗5片真叶时进行主蔓摘心,然后选留4个健壮子蔓任其自然生长不再摘心。

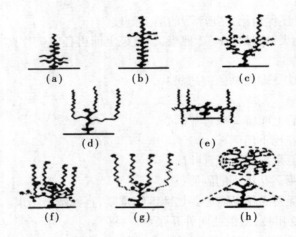

图8.12　甜瓜的整枝方式
(a)单蔓式主蔓坐果不整枝　(b)单蔓式主蔓坐果整枝　(c)双蔓式　(d)三蔓式
(e)六蔓式　(f)四蔓式　(g)孙蔓四蔓式　(h)十二蔓式

5)摘叶与束叶技术

（1）摘叶

园艺植物不同成熟度（叶龄）的叶片,其光合效率是不相同的,植株下部和膛内的老叶片,光合效率很低,同化的营养物质还抵不上本身呼吸消耗的营养物质。对这样的叶片应摘叶。黄瓜,生长到45～50 d的叶片,已经对植株生长和果实的生长有害而无益了。番茄植株长到50 cm高以后,下部叶片已变黄和衰老,及时摘除有利于果实的生长,也改善了植株的通风透光条件,减轻病虫害。

摘叶的适宜时期是在生长的中、后期,摘除基部色泽暗绿、继而黄化的叶片,以及严贡患病、失去同化功能的叶片。摘叶宜选择晴天上午进行,留下一小段叶柄用剪子剪除。操作中也应考虑到病菌传染问题,剪除病叶后须对剪刀做消毒处理。摘叶不可过重,即便是病叶,只要其同化功能还较为旺盛,就不宜摘除。

(2)束叶

束叶技术适合于结球白菜和花椰菜,可以促进叶球和花球软化,同时也可以防寒,增加株间空气流通,防止病害。在生长后期,结球白菜已充分灌心,花椰菜花球充分膨大后,或温度降低,光合同化功能已很微弱时,进行束叶。过早束叶不仅对包心和花球形成小利,反而会因影响叶片的同化功能而降低产量,严重时还会造成叶球、花球腐烂。

任务8.2 园艺植物的矮化技术

8.2.1 矮化栽培的意义

矮化栽培就是利用矮化砧、矮生品种、改变栽植方式和树形、控制根系、控制树冠、生长调节剂控制等措施,促进园艺植物矮化,进行密植的栽培方法。它能使果树提早结果,增加产量,改善品质,减少投入,提高土地利用率。可促使观赏植物开花阶段缩短,植株高度降低,株型丰满、紧凑,提高观赏性。矮化栽培在苹果栽培上应用较多,梨、桃、柑橘、香蕉、椰子、番木瓜等栽培上也有采用,已成为现代果园集约栽培的重要方法。矮化栽培在观赏植物上已经广泛应用。

8.2.2 矮化栽培的途径

1)选择矮化品种

选择具有遗传特性的短枝型矮化品种,是矮化密植栽培的主要途径。这类品种的主要特点是嫁接在乔化砧上,仍然表现树体矮小,树冠丰满紧凑,枝条短粗,叶片大,萌芽率高,成枝力弱,通风透光良好,结果早。

2)利用矮化砧木

利用矮化砧木嫁接是当前矮化密植栽培的又一主要途径。矮化砧木对嫁接品种具有明显的矮化效应,目前在苹果生产上应用较多。主要果树矮化砧木:柑橘、柚砧木有枳壳;梨有 pdr54,s1,s5 等;桃有毛樱桃、山毛桃、矮桃等;苹果有 h9,m26,m27 等,这些砧木可以通过压条、扦插等方法进行繁殖。

3)采用枝组嫁接

利用树木系统发育阶段的不可逆性,采用孕花枝组作接穗,促其提早结果同时致矮。结果接穗是在成龄果树上选取的,前一年在开花之后,就选定健壮形美的结果枝,并剪去结

果枝上过密的新枝、病弱枝、交叉枝、平行枝,培养成不等边三角形的造型。来年春季在上好盆的砧木上把它嫁接上去,当年或翌年就能开花结果并成型。

4)缩根育苗

植株的树冠与根系有成对生长的规律,矮化树冠,首先要控制根系的生长。可采取断主根、容器育苗等方法达到矮化的效果。上盆栽植时先用小盆,再逐渐换大盆。上盆和换盆时缩剪主根和侧根,限制根系生长,从而达到矮化栽培的目的。

5)矮化修剪

修剪是使园艺植物矮化的辅助手段,修剪主要是为了控制树高和稳定树形,重点放在生长期修剪上,一般是抑上扶下的修剪方法,甩放枝条,减少建造树体消耗的养分,增加树体下部有机物的积累,有利于花芽分化和果实生长。果树冬季修剪时,对需要培养枝组的枝条,留基部1~3个瘪芽重短截。夏剪时,对萌发的新梢留基部2~4片叶短截,促其形成短副梢。如发现长枝,可如此反复短截,直至获得短枝组,从而使树体矮化。花卉苗高15~20 cm时摘心,促进低分枝。采取拉、吊等方法,开张分枝角度;运用摘心、扭枝等方法,抑制顶端优势,促进开花结果。

6)主干环剥和倒贴皮矮化

在6月份,对主干、主枝进行环剥或环状倒贴皮,均有控制树体生长、增加营养积累、促进花芽形成的功效。同时,还削弱了根系的生长,从而达到树体矮化和提早结果的目的。

7)肥水调控

对盆栽园艺植物适当控制氮肥,增施磷、钾肥,枝梢旺盛生长期适当控制水分,控制植株营养生长,也可以达到矮化。

8)使用生长抑制剂

高品质的观赏植物要求株型矮小、紧凑,茎部粗壮,枝繁叶茂,仅采用栽培手段进行矮化还远远不够,还要辅以激素类物质来抑制植株生长达到矮化。使用植物生长调节剂能抑制树体生长,有明显的矮化效果,是矮化密植栽培的一个新途径。目前,应用的调节剂PP_{333}、B_9、乙烯、矮壮素、整形素等。盆栽时,在配制的培养土中加入适量的多效唑,也可用多效唑500~700 mg/kg或矮壮素2 000 mg/kg等生长抑制剂进行叶面喷洒或浇根,抑制营养生长,矮化树冠。

9)辐射处理

有些花卉,还可通过辐射处理来改变植株的生长状况,从而达到矮化。例如,用γ射线处理水仙鳞茎,可控制水仙生长,矮化水仙植株。用$60C_0$处理美人蕉,可使美人蕉高度降低30~50 cm,提高观赏价值。

8.2.3 果树矮化栽培技术

1)矮化栽培的意义

随着果业的发展,限产提质的问题越来越突出,然而要提高果品质量,最主要的技术是整形修剪,疏花疏果,果实套袋,病虫害防治和采收等项作业。树体矮化,可以方便操作,极大的节省劳力,降低成本。

2)果树矮化栽培的理论基础

①果树接芽已具有很高的发育阶段,在苗圃就有开花结实的潜能。

②果树生长与发育两者的关系相辅相成。越不挂果越长树,结果越早树越小,以产压冠,早果丰产,是矮化栽培成功的关键。

③选择矮化品种,利用矮化砧木,简化果树骨干级次,轻剪缓放,开张角度,以拉代截,以刻代截和化控技术等"八控技术",为矮化栽培的成功开辟了途径。

3)矮化栽培现状

近50年来,尤其是近10年来,果树发展异常迅猛,生产上常用的果树栽植密度由20世纪50—60年代株行距5 m×6 m(每亩22株)和4 m×5 m(每亩33株)变成70—80年代的株行距4 m×4 m(每亩41株)和3 m×4 m(每亩55株)。20世纪90年代至21世纪初株行距2 m×3 m(每亩110株)和1 m×3 m(每亩220株)。树形也由过去的自然分层形,开心形逐渐发展为改良分层形,二层开心形,V形和自由纺锤形,柱形和独干形等。现在正在探索更大密度的栽培体制。可以预料在不久的将来,果树架式栽培和篱式栽培将得到长足的发展。栽培果树就像种植西红柿一样的方便。栽植第2年就可挂果,第3年就可丰产。8～10年就可以完成一个栽培周期。有人正在实验,许多树种品种亩栽660株至千株以上的高密栽培技术,可望成功。

4)矮化栽培技术要点

(1)合理密植

栽植矮化果树必须根据不同的矮化砧木和不同类型的短枝型品种进行合理密植。同时,在定植矮化果树时,还要考虑到地力条件。总之,要根据实际情况合理确定栽植密度。

(2)合理定干

适当提高定干位置,使树干高度保持在80～100 cm。对那些已经形成的过低树干,在可能的情况下,剪除下面第1层主枝,提高主干高度。也可对外围下垂枝用绳子上拉或用木棍支撑,经一个夏季,枝条可恢复到理想的角度,一些竞争枝、徒长枝也可疏掉,使通风透光条件得到改善。

(3)合理整形修剪

矮化果树栽植密度较大,树体生长空间有限,应采取多种措施改善光照条件,增强叶片光合效能。因此,整形修剪时宜采用自由纺锤形、细长纺锤形或改良纺锤形等树形。无论采用哪一种树形,修剪时都要合理控制树冠的大小,不要使树的主枝延长太快,以免影响中心干的生长势。

(4)合理控制负载

除了冬剪时疏掉密集的结果枝、花前回缩串花枝外,进行疏花疏果、严格控制留果量是最有效的技术措施。

(5)合理供应肥水

矮化果树为了达到既早果丰产,又维持合理的树体大小和良好树形的目标,一定要保证肥水合理供应。幼树期要增加肥水,促进树体生长;进入初果期后则要适当控制肥水,利用切、剥、拉、扭等措施促进成花,可适当多留果,以果压冠,控制旺长;盛果期树要根据挂果量、果实品质、树势等,及时调整肥水,以达到稳产、优质、高效的栽培目标。具体可于每年或隔年在春秋季节给果树追施 1 次农家肥,以鸡、鸭、鹅粪为最佳,其次可施用羊粪和农家杂肥。施用化肥时,不要偏施氮肥,可将氮、磷、钾肥按比例充分混合后追施。因果园土壤中各种营养含量不一,树体生长状况以及叶片颜色不同,每种肥料的施用数量应根据树的生长势、叶片颜色以及果实负载量和每一种肥料实际有效成分含量适当调整。

(6)合理更新复壮

矮化果树进入盛果期时必须特别注意及时更新复壮,掌握好结果枝与营养枝的比例,合理调节树势,使其均衡,一定要保持中心干的生长优势,延缓衰老,使树的经济寿命延长。

(7)合理规范建园

果树基地大多处于干旱半干旱地区,要提高果树一次定植的成活率,达到全园树龄一致、树体大小一致,一方面要提高苗木质量和整地质量,选择有分枝的优质壮苗建园,提前一个雨季挖好定植沟穴,回填后使沟内土壤肥料充分下沉,并接纳降水,聚集水分;另一方面做好栽后管理,及时、充分灌水,使根系与土壤紧密接触,及早从土壤中吸收水分,并通过埋土、覆膜、包膜等方法保持苗木和土壤水分。另外,为了提高果园的整齐度,定植时还要留一定数量同规格的苗木作为预备苗,假植于株间,以备补植。

> 做一做:
> 试着利用矮化栽培技术进行桃树盆栽。

8.2.4 花卉矮化栽培技术

随着花卉产业的发展和人们对花卉需求的提升,小型化、紧凑型的盆花、盆景越来越受到人们的喜爱,因此,花卉的矮化技术也越来越显示它的重要性,矮化栽培主要技术为:

1)无性繁殖

采用嫁接、扦插、压条等无性繁殖方法都可达到矮化效果,使开花阶段缩短,植株高度降低,株型紧凑。嫁接可通过选用矮化品种来达到矮化。扦插可从考虑扦插时间来确定植株高度,如菊花在 7 月下旬扦插可达到矮化而控制倒伏。另外,用含蕾扦插法可使株形高大的大丽花植于直径十几厘米的盆内,株高仅尺许且花大色艳。菊花通过角芽繁殖也能取得很好的矮化效果。

2)整形修剪

通过整形,在植株幼小时去掉主枝促其萌发侧枝,再剪去过多的长得不好的侧枝,以达到株型丰满,植株低矮,提高观赏性。月季、一串红、杜鹃、观叶花卉等修剪多采用此法进行矮化。水仙通过针刺、雕刻破坏生长点矮化。

3)控制施肥

对盆栽花卉适时施磷、钾肥,少施氮肥,控制植株营养生长,达到矮化。

4)人工曲干

人工扭曲枝干,使植株养分运输通道受阻,减慢植株生长速度,达到花卉株型低矮。一般在小型盆景的制作用中应用较多。

5）使用植物生长调节剂

①用多效唑喷洒一串红植株,可使其节间变短,叶面积变小,叶色加深,从而改变一串红株高茎细、花叶稀疏、脱花严重的现象,提高观赏价值。此外,金鱼草、菊花等花卉矮化上也常采用。

②用缩节胺处理一串红等植株,可使植株高度降低26%,并且茎节变短,分枝数增多,观赏性提高。

③用 B_9 处理植株,可抑制牵牛花的营养生长,使其在营养生长期矮化61.5% ~ 67%,盛花期矮化40.5%,从而使株型矮小,枝叶紧凑,开花集中。

④用矮壮素抑制矮牵牛花等的营养生长,可使其株型矮化,提高观赏性。

6）辐射处理

有些花卉,还可通过辐射处理来改变植株的生长状况,从而达到矮化。例如,用 γ 射线处理水仙鳞茎,可控制水仙生长,矮化水仙植株。用 $60C_0$ 处理美人蕉,可以使美人蕉高度降低 30 ~ 50 cm,提高观赏价值。

知识链接

菊花的矮化栽培技术

栽培菊花往往要控制其高度,以获得紧凑而美观的株形。在栽培中,使菊花矮化一般采取以下技术措施:

1）适当推迟扦插时间

为了缩短菊花的生长期,扦插时间可以推迟到 6 月上旬进行,独本菊可在 7 月上旬扦插。

2）在上盆时适当浅栽并且要先栽小盆

菊花上盆时,盆土应放至盆高的 1/2,以后再随着茎干的长高而逐渐加土。上盆时,先栽小盆,以避免小苗因水分与养分充足而徒长,立秋后可再换入大盆。

3）定时对菊花摘心

摘心是控制菊花高度,防止其徒长的好办法。摘心的时间与次数视扦插的时间、栽培的方法（独本或多本）以及品种特性等情况而定。一般扦插时间早,留花数多,生长势强的摘心次数可多,反之则少,甚至不摘心。最后一次摘心（即定头）应在立秋前进行,如果过早,茎会生长过高。

4）严格控制肥水并且定期喷施矮壮素

浇水宜在上午 10 时前进行。这样可使盆土在夜间保持干燥状态,从而控制菊花茎干的生长。傍晚若菊叶缺水萎蔫,可在花盆四周喷水,借以提高空气湿度。切忌在傍晚时浇水,若夜间盆土潮湿会导致茎生长加快,难以控制高度。

另外,在苗期至花蕾形成的期间,每 10 d 用植物生长调节剂喷洒菊株,可有比较明显的矮化作用。显蕾后应停止喷施。

任务8.3 园艺植物的花果调控

8.3.1 疏花疏果技术

1)疏花疏果的作用

(1)提高果实品质

疏花疏果是调节园艺植物花果数量和布局的一项花果管理措施。疏花疏果后,由于减少了花果数量,有利于留下的果实生长发育。由于疏掉了小果、病虫果和畸形果,果实在植株上分布均匀,因而提高了好果率,留下的果实个大、形正、色艳、光洁度好、含糖量高且整齐一致。在品种相同时对果实品质影响最大的因素是留果量。严格疏花疏果是提高果实品质的有效措施。

(2)提高坐果率

园艺植物开花坐果,需要消耗大量营养。疏花疏果减少了养分的无效消耗,可将节省的养分集中于所留花果的发育,增加有效花比例,防止因养分竞争而产生的落花落果现象,因而可提高坐果率。

(3)促使植株健壮

对于多年生果树,疏去多余花果,可提高树体营养特别是贮藏营养水平,有利于枝、叶和根系生长,树体健壮,抗性增强,病虫害发生较少,树体更新复壮较快,结果期相应延长。对于栽培以收获营养器官为产品的蔬菜植物,疏花疏果可减少生殖器官同化物质的消耗,有利于产品器官膨大,如大蒜、马铃薯、莲藕等。

(4)促使多年生植物连年稳产

多年生园艺植物的花芽分化和果实发育往往是同时进行的,当营养条件充足或花果负载量适当时,既可保证果实膨大,也可进行花芽分化;营养不足或花果过多时,营养供应与消耗之间发生矛盾,过多的果实抑制花芽分化,易削弱树势出现大小年结果现象。因此,合理疏花疏果既可减少营养物质过度消耗,又可减少种子产生的赤霉素对花芽分化的抑制作用,是调节营养生长与生殖生长的关系,避免大小年现象发生,达到连年稳产高产的有效措施。

2)疏花疏果的方法

(1)人工疏花疏果

从节约营养的角度而言,疏花疏果应及早进行。但在生产实践中,为了保证充分坐果和产量,疏花疏果要根据花量、叶片发育状况及花期气候条件而定。当具备了保证充分坐果的内外界条件,而且花量能够满足丰产的要求时,就可以疏花。人工疏花宜从现蕾期到盛花末期进行。疏果应在谢花后开始,分次完成。

花序类型不同,所留花朵的部位也不一样。例如,苹果疏花时要留花序中的中心花,梨则留边花。菊花一枝上会产生许多花蕾,为了使每个枝条顶端只开1朵丰满、硕大、鲜艳的花朵,必须将侧蕾疏除(见图8.13)。对于花朵量大的穗状花序,一般结合疏花进行花序整形,以使果穗紧凑美观。例如,许多葡萄品种在花前掐去花序先端1/5～1/4的穗尖,并除去副穗,使穗形美观(见图8.14)。

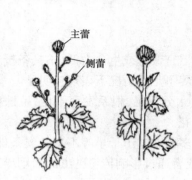

图8.13　菊花疏蕾示意图　　　　图8.14　葡萄花序整形示意图

人工疏花疏果目标明确,可严格按负载量标准人为地选择所留花果,并在植株上合理分布。但缺点是费时费工,面积较大和劳动力紧缺的果园难以及时完成疏除任务。

(2)化学疏花疏果

①常用的化学药剂有:二硝基邻苯酚(DNOC),常用浓度为500～800 mg/L;石硫合剂,常用浓度为1.0～1.5 Be(波美度);西维因,常用浓度1 500～2 000 mg/L效果较好;萘乙酸,常用浓度为5～10 mg/L;萘乙酰胺,常用浓度为25～50 mg/L。

除以上药剂外,国外应用的还有乙烯利、6-苄基腺嘌呤(BA)等。生产中,常用两种或两种以上药剂混合施用,如美国纽约州多数苹果品种用萘乙酸和西维因的混合液进行化学疏除。

②影响疏除效果的因素:

化学疏花疏果的效果受各种因素的影响,在应用时应综合考虑,避免疏除过度。

a.时期。从节约养分的角度出发,疏除越早,效果越好。但许多疏除剂有其最适的施用时期。同时,还要考虑不同品种特性和花期的气候条件。

b.用药量。通常用药量大,疏除效果明显。但用药量与气候条件、植株长势等有关。

c.品种。自花结实能力强的品种不宜用化学疏除,异花授粉的品种用化学疏除效果较好。对坐果不稳定的品种和在坐果不稳定地区,疏果较疏花安全。

d.气候。喷药时的天气状况会影响一些药剂的疏除效果。例如,在空气湿度较高的地方,不宜用二硝基邻苯酚。

e.植株生长势。植株生长势弱,不宜采用化学疏花疏果。

f.展着剂和表面活性剂。在药剂中加入展着剂或表面活性剂,可增加药效,降低使用浓度,从而降低成本。

化学疏花疏果虽然在国外已应用于生产,但受环境、品种和植株生长势等因素的影响,其疏除效果变化很大。因此,生产上大面积应用前应弄清楚疏除难易的影响因素,并进行小范围试验。另外,化学疏除只能作为人工疏除的辅助手段,不能完全代替人工疏除。

8.3.2 保花保果

1)落花落果的原因

(1)落花的主要原因

①花芽质量差。花芽质量差,发育不良,花器官败育或生命力低,不具备授粉受精的条件。多年生果树在环剥过重、叶片早落、贮藏营养不足的情况下表现较明显。

②花期营养不良。开花期如果土壤营养及水分不足,根系发育不良,植株徒长或生长势弱时,养分供应不平衡,会造成营养不良性落花。

③花期气候条件差。如大风、低温或晚霜、多雨或过于干旱等不良气候条件,常直接导致花器官受害或影响花粉萌发和花粉管伸长,或者通过影响传粉昆虫的活动导致授粉受精不良。

④授粉植株缺乏。异花授粉的种类在定植建园时若未能按要求配置授粉植株,主栽品种则无法正常授粉。

(2)落果的主要原因

①前期落果主要原因是由于授粉受精不良,子房所产生的激素不足,不能调运足够的营养物质促进子房继续膨大而引起幼果脱落。

②中期落果主要原因是植株营养物质不足,器官间养分竞争加剧,引起分配不均,果实发育得不到应有的营养而脱落。如果结果过多或营养生长过旺,营养消耗过大时易引起落果。

③后期落果与品种的遗传特性、成熟前的气候因素等有关。成熟前气温高易产生落果。此外,结果过多、生长势衰弱、土壤干旱时也引起果实脱落。

2)保花保果的途径

(1)加强综合管理,提高植株营养水平

培育壮苗,适时定植并注意保护根系,提高定植质量。加强肥水管理,防止土壤干旱和积水,保证充足的营养,防止过多地偏施氮肥,及时进行植株结构调整,改善通风透光条件,调节营养生长与生殖生长平衡。这是增加植株营养水平,改善花器发育状况,提高坐果率的基础措施。

(2)创造良好的授粉条件

①合理配置授粉品种。异花授粉的品种应在定植建园时,做好授粉树的选择和配值。

②人工授粉。是解决花期气候不良、授粉品种缺乏,提高坐果率和品质的有效措施。

A.花粉采集。选择适宜授粉品种,当花朵含苞待放或初开时,从健壮植株上采集花朵,带回室内去掉花瓣,拔下花药,筛去花丝,或两花心相对互相摩擦,让花药全部落于纸上。把花药薄薄地摊在油光纸上,放在干燥通风的室内阴干,室内温度保持 20 ~ 25 ℃,相对湿度50% ~70% ,随时翻动以加速散粉,1 ~ 2 d 花药裂开散出花粉,过筛后即可使用。如果不能马上应用,最好装入广口瓶内,放在低温干燥处保存。

B.授粉方法:

a.人工点授。将花粉人工点在柱头上。授粉前可用 3 ~ 4 倍滑石粉或淀粉作填充物与花粉充分混合,用毛笔或软橡皮蘸粉点授于初开花的柱头上蘸1次可授7～10朵花。

b.机械喷粉。用农用喷粉器喷,喷时加入50～250倍填充剂。

c.液体授粉。把花粉配成一定的粉液,用喷雾器喷洒在花朵上。粉液配制比例为:水10 kg,砂糖1 kg,尿素30 g,花粉50 mg,使用前加入硼酸10 g,粉液配好后应在2 h内喷完,喷洒时间宜在盛花期。

③花期放蜂。花期放蜂主要利用熊蜂和蜜蜂在采粉时传播花粉。

(3)防止花期和幼果期霜冻

根据天气预报,采用喷水、灌水和熏烟等方法预防花期和幼果期霜冻。发芽前对果树喷水,可推迟花期,避免晚霜危害。开花前灌水,可稳定土壤和近地面空气温度,减轻霜冻危害。在霜冻将要出现前,在园地周围熏烟,可获得良好的防霜效果。

(4)应用植物生长调节剂和叶面施肥

用于提高果树坐果率的生长调节剂主要有萘乙酸(NAA)、赤霉素(GA_3)、6-苄基腺嘌呤(BA)及多效唑(PP_{333})、矮壮素(CCC)和B_9等。茄果类蔬菜常用的生长调节剂有2,4-D、对氯苯氧乙酸(PCPA),又称防落素、番茄灵、萘乙酸等,可用其涂抹、蘸花或喷花。用于提高坐果率进行叶面施肥的化合物主要有尿素、硼酸、硫酸锰、硫酸锌、铝酸钠、硫酸亚铁及磷酸二氢钾等,生长季节使用浓度多为0.1%～0.5%。

(5)其他措施

通过摘心、环剥、打杈和疏花疏果等措施,可调节树体营养分配转向开花坐果,提高坐果率。例如,许多多年生木本果树,如枣花期环剥和控水、葡萄花前摘心和去副梢、茄果类和瓜类蔬菜摘心和打杈均有提高坐果率的效果,合理的疏花疏果也可提高坐果率。

8.3.3　果实管理

1)果实套袋

(1)果实套袋的作用

①促进着色。果实套袋后,由于果面不受阳光直接照射,从而抑制了果皮中叶绿素的合成,减轻了果面底色,除袋后因果皮叶绿素含量少,果面发白,对着色特别有利。因此,套袋果实着色率高,色泽艳丽。

②改善果面光洁度。套袋后果实处于果袋内较稳定的环境中,不易发生果锈。同时,套袋减少了尘埃、煤垢等污染和农药的刺激,使果皮细嫩,果点小,果面光洁美观。

③减少病虫害。套袋能有效地避免病虫害为害果实,同时,可减少农药使用量,降低用药成本。

④降低农药残留量。果实套袋后树体喷药时果实不直接接触农药,减少了果实中的农药残留量。因此,果实套袋是无公害生产的重要环节。

由于果实套袋对提高果实外观品质的效果十分显著,市场竞争力和售价大幅度提高,经济效益十分可观。但套袋果实一般会降低可溶性固形物含量,使果实风味变淡,贮藏过程中易失水和褪色。同时,套袋也增加了生产成本。

(2)果实套袋的技术环节

果实套袋如果不加强综合管理,套袋果会出现风味变淡、硬度下降等现象。为此,果实

套袋必须采用配套的技术措施。现主要以苹果为例,介绍套袋的技术方法。

①套袋前的管理:

a.选择套袋树。在计划套袋时,应对园内每棵树的生长结果情况进行全面考察,选择肥水条件好,全园通风透光的果园和树体生长健壮、结构合理、枝量合适者套袋。

b.套袋前的肥水管理。计划套袋果园,应在头年秋季施足基肥,使树体积累充足的贮藏营养。在施基肥时,应增施适量过磷酸钙。果实套袋以后,蒸腾量减少,随蒸腾液进入果实中的钙也较少;而果实中的生长素浓度在黑暗条件下升高,果个相应增大。进行套袋栽培时,必须增施钙肥,除土壤增施钙肥外,最好在套袋前对果实喷布2~3次钙肥。

套袋期如果天气过于干旱,应在套袋前3~5 d浇1次水,待地皮干后再开始套袋。套袋果园最好具备灌溉条件,否则旱情严重时,套袋果很容易发生日灼。

c.严格疏花疏果。套袋前必须按要求严格疏花疏果。

d.病虫防治。套袋前的病虫防治对提高套袋效果至关重要。套袋前应细致周到地喷布一次杀菌剂和杀虫剂,务求使幼果果面全面均匀受药。此外,苹果幼果套袋前,果皮对农药非常敏感,应选用刺激性小的农药,否则易发生果面锈斑。

②果袋选择。果袋质量是决定套袋成功与否的前提。套袋用的果袋有纸袋和塑料薄膜袋两种类型。纸袋应是全木浆纸,耐水性强,能抗日晒雨淋且不易破碎变形,若经过药剂处理,还可防止病虫为害果实,纸袋有双层袋和单层袋之分。塑料薄膜袋的原料是一种新的聚乙烯薄膜,厚度为0.005 mm左右,袋上有透气孔,袋下部有排水口。塑膜袋有全开口、半开口、角开口等多种类型。塑膜袋最大的优点是成本低,但在果实着色等方面达不到双层纸袋的效果。

选择果袋类型应依品种、立地条件及栽培水平不同而有差异。较易着色的品种可采用单层纸袋,较难着色的品种主要采用双层纸袋,黄绿色品种应套单层纸袋或塑膜袋。在海拔高、温差大的地区,单层纸袋的效果也很明显。栽培条件较好的果园,为了生产精品果,可以双层纸袋为主,辅助套单层纸袋和塑膜袋;栽培条件较差的地区,套单层纸袋和塑膜袋为主。

③套袋时间和方法:

a.套袋时间。套袋时间早晚对产量、品质、采收期及日灼轻重等都有一定影响。套纸袋的时间早,套袋果退绿好,摘袋后易着色,但由于果柄幼嫩,易受损伤影响生长,同时,日灼较重,减产明显。套塑膜袋时间越早,越有利于减少病虫害,增加产量,促进早熟,但日灼果也较多。早套袋也不利于幼果补钙;套袋过晚会影响套袋效果,还容易损伤果柄造成落果。我国多数苹果产区套纸袋的时间为6月份,套塑膜袋的时间为花后15~30 d。

b.套袋方法。定幼果后,手托果袋,先撑开袋口,或用嘴吹,使袋底两角的通风放水孔张开,袋体膨起;手执袋口下端,套上果实,然后从袋口两侧依次折叠袋于切口处,将捆扎丝反转90°,扎紧袋口于折叠处,让幼果处于袋体中央,不要将捆扎丝缠在果柄上(见图8.15)。

套袋时,应注意以下4点:一是套袋时的用力方向始终向上,以免拉掉幼果。二是袋口要扎紧,若封口不严,一些害虫容易进袋繁殖,污染、损害果面;雨水容易进入袋内,果实梗洼处积水,阴雨天气袋内长时间湿度过大,会造成果皮粗糙,病害发生。三是使果实处于袋口中部,不要让果面贴袋,特别是纸袋向阳面与幼果之间必须留有空隙,以免造成日灼。四是注意捆扎丝不能缠在果柄上,而要夹在果袋叠层上,以免损伤果柄,造成落果。

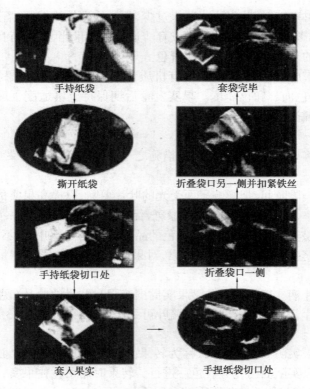

手持纸袋　　　　　　　　　　　套袋完毕

撕开纸袋　　　　　　折叠袋口另一侧并扣紧铁丝

手持纸袋切口处　　　　　　折叠袋口一侧

套入果实　　　　　　　手捏纸袋切口处

图 8.15　果实套袋操作方法示意图

(引自王少敏等,2002)

④摘袋时间和方法:

a.摘袋时间。摘袋时间因不同品种、立地条件和气候条件而异。易着色的地区和品种应适当晚摘袋,而不易着色和着色条件差的地区或秋季阴雨多时,应适当早摘袋。

摘袋时,最好选择阴天或多云天气进行。若在晴天摘袋,为使果实由暗光逐步过渡至强光,在一天内应于上午 10～12 时去除树冠东部和北部的果实袋,下午 3～5 时去除树冠西部和南部的果实袋,这样可减少因光强剧烈变化引起日灼的发生。晴天、阳面的果实,应在袋内果温与气温相近时除去果袋(10 时前)。

b.摘袋方法。摘除双层纸袋时先去掉外层袋,间隔 3～5 个晴天后再除去内袋。若遇阴雨天气,摘除内层袋的时间应推迟,以免摘袋后果皮表面再形成叶绿素。摘除单层纸袋时,首先打开袋底放风或将纸袋撕成长条,3～5 d 后除袋。

2)果实增色技术

果实颜色是评价外观品质的一个重要指标。果实色泽发育受光照、温度、树体营养水平及果实内糖分积累等因素的影响。在栽培管理方面应根据不同种类和品种的色泽发育特点,制订有效的技术措施,增加果实的色泽,达到该品种的最佳色泽程度。

(1)加强综合管理,创造良好的植株条件

①改善群体和个体的光照条件。应保持合理的栽植密度、叶面积指数、覆盖率和留枝量。在合理的留枝量的前提下,树体结构要合理,骨干枝宜少,枝条角度要开张,生长势适中。果实着色期进行修剪,清除树冠徒长枝,疏去外围竞争枝和直立旺枝,改善树体受光条件。

②合理负载,保持适宜的叶果比。留果过少,常导致生长势偏旺,着色不良;结果过多,果实含糖量低,同样影响果实色泽的正常发育。适宜的叶果比,可维持良好的光照条件,并有利于果实中糖分的积累,从而增加果实着色。

③肥水调控。增施有机肥,提高土壤有机质含量,有利于着色。果实发育中后期增施钾肥,可增加果实着色面积和色泽度。果实发育后期保持土壤适度干燥,有利于果实增糖着色,故成熟前应控制灌水。

(2)果实套袋

果实套袋是改善果实色泽的主要技术措施之一。

(3)摘叶

摘叶是采收前一段时间,把影响果面受光的叶片剪除,以提高果实的受光面积,增加果面对直射光的利用率,从而避免果实局部绿斑,促进果实全面着色的一项措施。摘叶宜在果实着色期进行。果实生长期短或较易着色的品种应适当晚摘叶,而不易着色品种应当早摘叶。但摘叶过早,会减少光合产物的积累,对果实增大不利,影响产量,降低树体贮藏营养水平,影响花芽质量。

摘叶时应保留叶柄。摘除的对象是果实周围遮阴和贴果的叶片(见图8.16)。应多摘枝条下部的衰老叶片,少摘中上部叶片。摘叶可一次进行,也可分2~3次进行。

(4)转果

果实采收前将果实阴面转向阳面,称为转果。转果能促进果实全面着色,提高全红果率。转果时期是在果实阳面已充分着色后进行。转果时用手托住果实,轻巧而自然地将果实朝一个方向转动180°,使原来的阴面转向阳面(见图8.17)。转果时切勿用力过猛,以免扭落果实;同时,转果应避免在晴天中午的高温高光强下进行。

图8.16　摘叶示意图

(引自马锋旺等,1999)

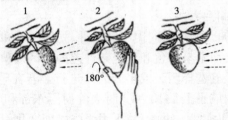

图8.17　转果示意图

(引自马锋旺等,1999)

1—转果前;2—转果方法;3—转果后,阴面朝阳,可迅速着色

(5)铺反光膜

树冠下部的果实往往因光照不足而着色差。在树盘下铺设反光膜,能明显地增加树冠下部的光照强度,改善光的质量,使树冠下部的果实受光条件改善,促进着色,增加全红果率。铺反光膜的时间宜在果实着色前期,套袋的果园应在除袋后立即铺膜。

任务8.4　花卉花期调控

花期调控又称促成和抑制栽培,是通过人为地改变环境条件和采取特殊的栽培方法,使花卉提早或延迟开花的技术措施。开花期比自然花期提早称为促成栽培;开花期比自然花期延迟称为抑制栽培。我国冬季除南方地区尚有盆栽花卉可供观赏外,北方寒冷地区由于气温低,保护地栽培成本高,为了满足对花卉的需求,就采用促成栽培和抑制栽培的方法进行生产。尤其是元旦、春节、国庆节、五一节等节日用花,需求量大、种类多、质量高,必须应时开花。这样,促成栽培与抑制栽培就成了改变花期理想的栽培手段和经常应用的花卉生产技术措施。

8.4.1 花期调控的基本原理

花期调控要掌握各类花卉的生长发育规律和生态习性,以及成花、开花的习性,熟悉各类栽培花卉在不同生长发育阶段对环境条件的要求,人为地创造或控制相应的环境条件,以达到花期调控的目的。

1)光照与花期

(1)光周期对开花的影响

一天内白昼和黑夜的时数交替,称为光周期。光周期对花诱导,有着极为显著的影响。有些花卉必须接受到一定的短日照后才能开花,如秋菊、一品红、波斯菊等,通常需要每日光照在12 h以内,以10~12 h最多。故将这一类花卉称为短日照花卉。有些花卉只有在较长的日照条件下才能开花,如金光菊、紫罗兰、三色堇、福禄考、景天、郁金香、百合、唐菖蒲、杜鹃等。故将这一类花卉称为长日照花卉。也有一些花卉对日照的长短不敏感,在任何长度的日照条件下都能开花,如香石竹、长春花、百日菊、鸡冠花等。

花卉植物营养生长是生殖生长的基础,营养生长阶段使植株长大、健壮,才能够进行花芽分化,进入生殖生长,才能产生五彩缤纷、千姿百态、深受人们喜爱的花朵。因此,花卉植物只有经过充实的营养生长,才能够进行花期调控。

(2)光照强度对开花的影响

光照强弱对花卉的生长发育有着密切关系。花在光照条件下进行发育,光照强度促进器官(花)的分化,但会制约器官的生长和发育速度,使植株矮化健壮,促进花青素的形成,使花色鲜艳等;光照不足常会促进茎叶旺盛生长而有碍花的发育,甚至落蕾等。

不同花卉花芽分化及开花对光照强度的要求不同。原产热带、亚热带地区的花卉,适应光照较弱的环境;原产热带干旱地区的花卉,则适应光照较强的环境。

2)温度与花期

(1)低温与花诱导

自然界的温度随季节而变化,植物的生长发育进程与温度的季节变化相适应。一些秋播的花卉植物,冬前经过一定的营养生长,度过寒冷的冬季后,在第2年春季再开始生长,继而开花结实。但如果将它们春播,即使生长旺盛,也不能正常开花。这种低温促使植物开花的作用,称为春化作用。

一些2年生花卉植物成花受低温的影响较为显著(即春化作用明显),一些多年生草本花卉也需要低温春化。这些花卉通过低温春化后,还要在较高温度下,并且许多花卉还要求在长日照条件下才能开花。因此,春化过程只是对开花起开花诱导作用。

（2）春化作用对开花的影响

根据花卉植物感受春化的状态,通常将其分为种子春化、器官春化和植物体春化3种类型。这种分类的方式主要是根据在感受春化作用时植物体的状态而言。一般认为,秋播1年生草花有种子春化现象,2年生草花无种子春化现象,多年生草花没有种子春化现象。种子春化的花卉有香豌豆等,器官春化的花卉有郁金香等,整株春化的花卉有榆叶梅等。

花卉通过春化作用的温度范围因种类不同而有所不同,通常春化的温度范围在0~17℃间。一般认为,0~5℃是适合绝大多数植物完成春化过程的温度范围,春化所必需的低温因植物种类、品种而异。研究结果表明,3~8℃的温度范围对春化作用的效果最佳。

3）生长调节剂与花期

植物激素是有植物自身产生的,其含量甚微,但对植物生长发育有着极其重要的调节作用。由于激素的人工提取、分离困难,也很不经济,使用也有许多不便等,人工就模拟植物激素的结构,合成了一些激素类似物,即植物生长调节剂。如赤霉素、萘乙酸、2,4-D、B_9等,它们与植物激素有着许多相似的作用,生产上已广泛应用。

植物的花芽分化与其激素的水平关系密切。在花芽分化前植物体内的生长素含量较低,当植株开始花芽分化后,其体内的生长素水平明显提高。

植物激素对植物开花有较为明显的刺激作用。例如赤霉素可以代替一些需要低温春化的2年生花卉植物的低温要求,也可以促使一些莲座状生长的长日照植物开花。

细胞分裂素对很多植物的开花均有促进作用。

8.4.2 花期调控的方法

1）控温法

（1）休眠期的温度处理

①越夏休眠的球根花卉在夏季高温期休眠,在高温或中温条件下形成花芽,于秋季凉温时萌芽,越冬低温期内进入相对静止状态,并完成花茎伸长的诱导,在春季温度升高后生长开花。调节开花的方法主要是控制夏季休眠后转入凉温的迟早以及低温期冷藏持续时间的长短。例如,喇叭水仙在叶枯前5月间已经开始分化花芽,6—7月高温期已完成花芽分化,起球后将鳞茎冷藏于5~11℃环境12~15周即可完成花茎伸长的诱导。当芽伸长到4~6 cm时,升温至18~20℃进行培养,可提前至年内开花。又如,选早花品种提前收球,起球后用30~32℃高温处理3周,促使花芽形成,以后再经冷藏、升温栽培,可提前到10—11月开花。

②越冬休眠的球根花卉在秋季起球时,叶片已干枯进入休眠,通常在冬季低温中贮藏并解除休眠,春季升温后栽培,经生长发育于夏季开花。若起球后立即置于低温环境一定时间即能打破休眠。例如,唐菖蒲起球后置3~5℃环境下冷藏5周即打破休眠,采取提前或延后升温种植,可达到促成或抑制栽培目的。

③越冬休眠的宿根花卉也是通过低温打破休眠或延长休眠时间进行花期调节。例如,铃兰10月底以0.5℃处理3周.然后进行23℃的高温栽培,12月中旬开花,从处理到开花50 d;若9月中旬将植株放入0℃的冷藏库中处理50 d,效果更好,开花繁茂而整齐。

④越冬休眠的落叶木本花卉经低温能解除休眠的芽,于春季升温后萌发并生长开花。

因此,落叶木本花卉可用低温打破休眠,再升温促成开花,或延长休眠期,使其延后开花。例如,牡丹落叶后置于 5 ℃左右低温处理 45 d,再将温度升至 20～25 ℃,湿度增加到 80%以上,经 35～60 d 能够开花。

(2)生长期的温度处理

在植株营养生长达到一定程度时进行低温处理,能够促进花芽分化,如满天星、紫罗兰、报春花、瓜叶菊、小苍兰、石斛、木茼蒿等。这些花卉在夏秋持续高温的地方茎不伸长,叶呈莲座状,这时候一经低温处理,就会形成花芽,茎也旺盛伸长。

2)控光法

(1)短日照处理

它主要用于长日照季节中,长日照花卉的延迟开花和短日照花卉提早开花。用黑色的遮光材料,将植株进行遮光处理,缩短白昼加长黑夜。通常于下午 5 时至翌日上午 8 时为遮光时间,遮光时数控制在 14～15 h,处理天数 40～70 d,注意遮光材料要密闭,遮光不能间断。

(2)长日照处理

它主要用于短日照季节,长日照花卉提前开花和短日照花卉延迟开花。通常采用人工辅助光照,在太阳下山前将光源打开,延长光照 5～6 h,或在半夜中断暗期长度 1～2 h。

(3)昼夜颠倒处理

它适用于夜间开花植物,如昙花,将花蕾长至 6～9 cm 的植株,白天放在暗室中,晚上给予充足的光照。一般经过 4～5 d 的处理后,就能改变其开花习性,并可延长开花时间。

(4)调节光照强度

花卉植物在开花前,通常需要较强的光照,如月季、香石竹等,但在开花后,需减弱光照强度,延长鲜花的观赏期并保持较好的质量。

3)激素处理

在花卉园艺生产中为打破休眠、促进茎叶生长、促进花芽分化和开花,常应用一些激素对花卉进行处理。常用的激素有赤霉素(GA)、萘乙酸(NAA)、2,4-D、秋水仙素、吲哚乙酸(IAA)、脱落酸(ABA)等。

(1)赤霉素的应用

①打破休眠。用 200～4 000 mg/L 赤霉素对八仙花、杜鹃、樱花等打破休眠有效。牡丹应用赤霉素 500～1 000 mg/L,滴在芽上,4～7 d 开始萌动。

②茎叶伸长生长。赤霉素多有促进开花的作用,应用于菊花、紫罗兰、金色草、报春花、四季报春、仙客来等。菊花于现蕾前,以赤霉素 100～400 mg/L 处理;仙客来于现蕾时,以赤霉素 5～10 mg/L 处理,效果良好。若处理时间偏晚,会引起花梗徒长.观赏价值降低。

③促进花芽分化。赤霉素有代替低温的作用,对一些需要低温春化的花卉如紫罗兰、秋菊、紫菀等有效。对紫罗兰,从 9 月下旬起,用 50～100 mg/L 赤霉素处理 2～3 次,则可开花,但叶数比对照者少。

使用赤霉素应注意浓度,过高易引起畸形,药效时间 2～3 周。应于花卉生长发育的适当阶段进行适量的处理,可涂抹或点滴施用。若开花时赤霉素仍有药效,则花梗细长、叶色淡绿、株形破坏,进而推迟花期。

（2）乙烯利的应用

乙烯利可加速发育提早结果。用100 mg的乙烯利来处理观果类花卉，可提高坐果率和加快果实成熟。

（3）生长素的应用

吲哚丁酸、萘乙酸、2,4-D等生长激素对开花激素的形成有抑制作用，处理后可推迟花期。例如秋菊在花芽分化前，用50 mg/L萘乙酸每3 d处理1次、共进行50 d，可延迟开花10~14 d。2,4-D对花芽分化和花蕾的发育有抑制作用，当未被处理的菊花已经盛开时，用0.01 mg/L喷布后呈初花状态，用0.1 mg/L喷布的菊花花蕾膨大而透色；用5 mg/L喷过的花蕾尚小。

（4）其他激素的应用

乙醚、三氯一碳烷、a-氯乙醇、乙炔气、碳化钙等均有促进花芽分化的作用。例如，利用0.3~0.5 g/L的乙醚气处理小苍兰的休眠球茎或花灌木的休眠芽24~48 h，能使花期提前数月至数周。碳化钙注入凤梨科植物的筒状叶丛内能促进花芽分化。

4）栽培措施调节

调节繁殖期或栽植期，采用修剪、摘心和控水控肥等措施可有效调节花期。为保证促成和抑制栽培的顺利进行，在处理前要预先做好准备工作。

首先要选择适宜的花卉种类和品种，另外要选择在确定的用花时间比较容易开花，不需过多复杂处理的花卉种类。为了提早开花，应选用早花品种；若延迟开花，则应选用晚花品种。球根花卉进行促成栽培，要设法使球根提早成熟。

知识链接

秋菊短日照处理方法

1）品种选择

若使秋菊夏天开放，宜选用早花或中花品种，并应注意因光照和温度引起的花色变化。夏季应尽量选用白色和黄色品种，而盛夏前或盛夏后可选用粉色和红色品种。

2）植株高度

遮光处理前植株应有一定的高度。切花应用要求株高在50 cm以上、高干品种24 cm、矮干品种36 cm，进行遮光处理，待开花时株高均可达到切花应用的标准。

3）遮光时间

前半月遮光11 h，然后缩短至9 h，效果较好。

4）遮光日数

不同的品种需要遮光日数不同，通常需30~50 d。将日照处理加入短日照处理中，则开花期延迟。

5）遮光时刻

一般短日照遮光处理多遮去傍晚和早晨的阳光，而遮去正午的光线无效。遮去傍晚的阳光，有提早开花的效果；而遮去早晨的阳光，开花偏晚。

6)遮光材料

在遮光处理时,若遮光不严密,有光线透入,则受光的植株不进行花芽分化,或者花芽分化不完全形成抑芽。现在简易的遮光设备,多用黑色塑料薄膜覆盖,效果较好,管理比较方便。

复习思考题

1. 果树的树形结构如何?
2. 如何确定果树的修剪时期?
3. 果树修剪的基本步骤及手法有哪些?
4. 果树整形修剪的基本过程是什么?
5. 观赏树木的整形修剪形式有哪些?
6. 观赏树木的株型如何控制?
7. 蔬菜的植株调整包括哪些内容?
8. 简述蔬菜的引蔓、绑蔓和落蔓技术。
9. 疏花疏果的方法及保花保果的途径有哪些?
10. 果实套袋的作用及套袋的技术环节有哪些?
11. 果树矮化栽培有哪些技术要点?
12. 简述花期调控的原理及基本方法。

项目9　园艺产品采收技术与市场营销

知识目标

了解各类园艺产品采收成熟度的确定及合理确定采收期。

理解掌握园艺产品商品化处理的目的和原则。

掌握园艺产品的营销管理策略。

技能目标

掌握园艺产品的采收技术。

掌握园艺产品商品化处理的技术。

任务9.1 园艺产品的采收

采收是园艺作物生产工作的结束,是采后工作的开始,是园艺生产的最后一环,同时又是园艺产品贮运的开始。采收质量的好坏和成熟度都直接影响产品的运输、贮藏效果,对园艺产品的品质、寿命和用途影响较大。只有科学、适时地进行采收,才能获得优良的园艺产品。

9.1.1 确定采收期的依据

1)表面色泽

在成熟过程中,园艺产品的表面色泽都会显示出其特有的颜色。因此,园艺产品的颜色可作为判断其成熟度的重要标志之一,此法直接、简单,易掌握。果实成熟前含有大量的叶绿素,多为绿色,随着成熟度的提高,叶绿素逐渐分解,底色便呈现出来,如类胡萝卜素、花青素等。例如,甜橙含有胡萝卜素,血橙含有花青素,红橘含有红橘素和黄酮,成熟后表现红色、橙红色、橙黄色等颜色;苹果、桃等的红色为花青素。长途运销的番茄应在果实绿熟期采收,就地上市的应在粉红色时采收,加工的应在全红果时采收。而罐藏制果酱时,就应选用充分成熟的深红色果。青椒一般在果实深绿色时采收,茄子应在表皮黑紫色时采收,豌豆从暗绿色变为亮绿色时采收。茄子的采收应在明亮而有光泽时采收。黄瓜应在深绿色时采收,菜花的花球应为白色,未变黄时采收。花卉要在表现出品种应具备的色泽后采收。

2)硬度

果实的硬度又称为坚实度,是指果肉抗压力的强弱。抗压力越强,果实硬度越大;反之,抗压力越弱,则果实硬度越小。果实随着成熟度的提高,原来不能溶解的原果胶逐渐分解成为可溶解的果胶或果胶酸,果实的硬度随之变小。可据此作为采收之参考。

3)蒂梗脱落

某些园艺产品的果实,当达到成熟阶段,梗蒂(花萼与果柄或果柄与枝干)之间常产生离层,一般振动即可脱落,这也是成熟的标志。核果类和仁果类果实,以及一些瓜类都有类似的现象,柿子则蒂果分离。

4)主要化学物质含量与变化

产品器官内某些化学物质如糖、酸、总可溶性固形物和淀粉及糖酸比的变化与成熟度有关。例如,豌豆、豆薯、菜豆等以食用幼嫩组织为主的,糖多、淀粉少,则质地柔嫩,风味良好;如果纤维增多,组织粗硬,则品质下降。而马铃薯、芋头等淀粉含量的多少是采收的标准,一般应变为粉质时采收,此时产量高,营养丰富,耐贮藏。在生产上和科研中,常用可溶性固形物的高低来判定成熟度,或以可溶性固形物与总酸之比(即固酸比)作为采收果实的依据,如四川甜橙在采收时固酸比为10:1左右;美国将固酸比为8:1作为甜橙采收成熟

度的底线标准,苹果的固酸比为30∶1时采收最佳。

5)生长期和生长状态

不同品种的果蔬,从开花期到果实成熟都有一定的生长期,可根据当地的气候条件和多年的经验确定不同品种果蔬的适宜采收的平均生长期。例如,济南的元帅系苹果生长期为145 d左右,青香蕉苹果150 d,国光苹果160 d。北京露地春栽番茄,约4月20日左右定植,6月下旬采收;大白菜立秋前播种,立冬前采收。

以鳞茎、块茎为产品的蔬菜,如大蒜、洋葱、马铃薯、芋头、山药及鲜姜等,应在地上部开始枯黄时采收;莴笋达到采收成熟度时,茎顶与最高叶片尖端相平时为采收期。

9.1.2　采收方法

1)人工采收

用手摘、采、拔,用采果剪剪,用刀割、切,以及用锹、镢挖等方法都是人工采收的方法。人工采收需要劳动量大,但对于花卉和一些特殊园艺产品,如苹果带梗、黄瓜带花、草莓带萼等,成熟不均匀的种类和用作鲜销、贮运的园艺产品的采收,要求人工采收。人工采收可分期分批采收,边选边采收。

2)机械采收

机械采收是利用机械来采收园艺产品。机械采收一般适合于果实成熟时易脱落或地下根茎类,以及一些用于加工的果实类。机械采收的特点是可节省劳动力,可自动分级、包装,提高采收率,降低生产成本。但机械采收后果实耐贮性较差,成熟度不一致的品种不适宜机械采收。机械采收是今后农业发展的方向。

任务 9.2　园艺产品的采后商品化处理与运输

知识链接

园艺产品采收后处理的重要性

园艺产品采收后到贮藏、运输及销售前,根据种类、贮藏时间、运输方式及销售目的,还要进行一系列的处理,这些处理对减少采后损失,提高产品的商品性和耐贮运性能具有十分重要的作用。园艺产品的采后处理就是为保持和改进产品质量并使其从农产品转化为商品所采取的一系列措施的总称。园艺产品的采后处理过程主要包括分级、预贮愈伤、药剂处理、预冷、分级、包装、催熟、脱涩、辐射处理、涂膜处理等环节。可根据产品种类选用全部的措施或只选用其中的某几项措施。这些程序中的许多步骤可在设计好的包装房生产线上一次性地完成。即使目前设备条件尚不完善,暂不能实现自动化流水作业,但仍然可通过简单的机械或手工作业完成果蔬的商品化处理过程,使园艺产品做到清洁、整齐、美观,有利于销售和食用,从而提高产品的商品价值和信誉。许多园艺产品的采后预处理是在甲间完成的,这样就有效地保证了产品的贮藏效果,极大地减少了采后的腐烂损失,减少城市垃圾。因此,加强采后处理已成为我国果蔬产品生产和流通中迫切需要解决的问题。

9.2.1 采后商品化处理

1)分级

(1)分级的目的

分级是使园艺产品商品化、标准化的重要手段,是根据果蔬的大小、质量、色泽、形状、成熟度、新鲜度和病虫害、机械伤等商品性状,按照国家标准或其他的标准进行严格挑选、分级,并根据不同的果蔬进行相应的处理。

(2)分级标准

不同国家和地区都有各自不同的标准。例如,苹果的标准,美国按色泽、大小分为超级、特级、商业级、商业烹饪级和等外级;日本分为优、秀、中、等外;我国的标准按果形、色泽、硬度、果梗、果锈、果面缺陷等方面分级,按果实最大横径分为优等、一等、二等3个等级。

蔬菜的分级是其长途运输的基础,有益增进购买方的信任。分级按大小、质量进行。它的作用:

①完全清除了不满意的部分,清除了在包装后的环境下病害蔓延快的后患。

②消除了大小、外观缺陷造成的不整齐现象,等级分明,不必再翻动挑拣,避免造成损伤。

③质优价高,增加商品价值。

④促进销售。

花卉分级可阻止市场中品质低劣产品进入,使花卉产品标准化、统一化,从而使市场体系规范化,使消费者获得满意的商品,种植者获得较高的收益。

表9.1 鲜切花质量等级划分公共标准

	一级品	二级品	三级品
整体效果	整体感、新鲜程度很好,成熟度高,具有该品种特征	整体感、新鲜程度好,成熟度较高,具有该品种特性	整体感、新鲜程度较好,成熟度一般,基本保持该品种特性
病虫害及缺损情况	无病虫害、折损、擦伤、压伤、冷害、水渍、药害、灼伤、斑点、褪色	无病虫害、折损、擦伤、压伤、冷害、水渍、药害、灼伤、斑点、褪色	有不明显的病害斑迹或微小的虫孔,有轻微折损、擦伤、压伤、冷害、水渍、药害、灼伤、斑点或褪色

(3)分级的方法

①果品的分级。一般有两种方法:

a.人工分级。一般在小型的包装厂或农家果园,大多以手工分级,还有些易腐水果如樱桃等也用人工分级。

b. 利用分级机。这种分级的主要部件有输送带、分离滚轴、载果机。

②蔬菜的分级。一般有两种方法：

a. 人工分级。由人员操作,分级人员熟悉标准内容,操作熟练,并持专用的分级板、比色卡等工具,常与包装同时进行。产品损伤率小,但效率低,误差大。

b. 机械分级。20 世纪 50—60 年代的分级机械分选项目突出,适用于质量、形状等方面,从 20 世纪 70 年代后,研制开发了电、光技术不仅能从大小、外观,还可根据内在质量进行分选。

而花卉的分级则全部需要依靠人工进行,按照不同花卉的分级标准进行分级。例如,我国现在使用的切花切叶分级标准和盆花分级标准等。

2）预冷

（1）预冷的目的和意义

预冷就是在产品采收之后,运输或贮藏之前,将其带有的大量田间热尽快除去,使产品的体温冷却至一种较为有利于贮藏、运输的温度。

（2）预冷的方式

预冷方式主要有：

①空气冷却。

②水冷却。

③真空冷却。

④接触加水冷却。

⑤冷库冷却。

3）化学药剂处理

目前,化学药剂防腐保鲜处理,在国内外已经成为园艺产品商品化不可缺少的一个步骤。化学药剂处理可延缓园艺产品采后衰老,减少贮藏病害,防治品质劣变,提高保鲜效果。

（1）处理果蔬的化学药剂分类

①植物生长调节剂处理。

②化学药剂防腐处理。

（2）花卉的化学药剂（保鲜剂）处理

①花卉保鲜剂的主要成分有：

a. 碳水化合物。

b. 杀菌剂。

c. 乙烯抑制剂。

d. 生长调节剂。

e. 生长延缓剂。

②切花保鲜剂的种类有：

a. 预处理液。

b. 开花液。

c. 瓶插保鲜液。

③切花保鲜剂处理方法有:

a. 吸水处理。

b. 茎端浸渗。

c. 脉冲液处理。

d. 硫代硫酸银(STS)脉冲处理。

4)包装

(1)包装的目的

合理的包装是使园艺产品标准化、商品化,安全运输和贮藏的重要措施,包装的作用是保护产品免受机械损伤、水分丧失、环境条件急剧变化和其他有害影响,以便在运输和上市过程中保持产品的质量。

(2)包装的容器

包装容器应该具有美观、清洁,无异味,无有害化学物质,内壁光滑,质量轻,成本低,便于取材,易于回收及处理,等等。果蔬的主要包装主要有纸箱、木箱、塑料箱、筐类、麻袋及网袋等。切花包装的材料有纤维板箱、木箱、加固胶合板箱、板条箱、纸箱、塑料袋、塑料盘及泡沫箱等,其中纤维板箱是目前运输中使用最广泛的包装材料。

(3)包装的方法

①果蔬的包装。果蔬在包装容器内要有一定的排列形式,既可防止它们在容器内滚动和相互碰撞,又能使产品通风换气,并充分利用容器的空间。

外销果实的包装要求严格,要求包果纸大小一致、清洁、美观,并包成一定的形状,也可用泡沫塑料网套包装后装箱。箱内用纸板间隔,每层排放一定数量的果实,装满后胶带封口或捆扎牢固。果实在箱内的排列形式,有直线排列和对角线排列,前者方法简单。其缺点是底层受压力大,后者其底层承受压力小,通风透气较好。

②花卉的包装。常见切花包装的方式有两种,即成束包装和单枝散装。成束包装是按惯例上的单位尺寸包装或根据切花大小或购买者的要求,通常以10,12,15枝或更多枝捆扎成一束。在美国,月季和康乃馨通常25支一束,而标准菊、金鱼草、唐菖蒲、郁金香、水仙、鸢尾以及大多数切花10支一束。大丽花包装是按质量确定的,一般每225 g为一束,通常每束花茎的长度为30英寸(76 cm),茎数不少于5支。花束捆扎不能太紧,以防受伤和滋生霉菌。

花束可用耐湿纸或塑料套等材料包裹。包裹后置于包装箱内。鲜切花花束通常用塑料套保护花朵,并用皮筋在花梗基部捆扎,然后放入厚纸板箱中用以冷藏或装运。同一花束中不要将花色混杂,不同类型的花放入不同纸箱并标记。各色花束注意搭配,以利于销售。

单枝切花(如鹤望兰和菊花)或成束切花(如小苍兰和郁金香)可用塑料网(或套)保护花朵。有专门设计用于火鹤花和非洲菊的包装纤维板箱能保护花头,支撑茎保持垂直。单生花的兰花可包于碎聚酯纤维中,茎端放入盛满花卉保鲜液的带孔有盖塑料小瓶中,瓶子用胶带粘在箱底上。

5)其他采后处理

其他常用的采后处理还有:

①催熟。

②洗果消毒处理。

③愈伤。

④晾晒。

⑤脱涩。

⑥涂膜处理等。

根据不同产品采取必要的处理措施。

9.2.2　商品化运输

园艺产品收获之后,大部分需要运输到消费人口密集的城市。为了调节市场以旺补淡,生产产品的一部分需贮藏保鲜,这些从田间到贮藏场所,从产地到销地,都需要进行运输。随着商品生产发展和经营管理的改善,园艺产品生产也逐步走向了区域化、标准化和优质化。

1)园艺产品运输的要求

①快装快运。

②轻装轻卸。

③防热防冻。

2)运输的方式和工具

(1)公路运输

冷藏拖车是近代发展的一种灵活的运输工具,是世界各国广泛使用的运输工具。

(2)铁路运输

铁路运输具有运输量大,速度快和运费低的优点。机械保温冷藏车是一先进的冷藏运输设备,世界上许多发达国家早已采用这种运输形式。

(3)水路运输

利用各种轮船进行水路运输,运输量大,行驶平稳,成本低,尤其是海运,是最便宜的运输方式。

(4)空运

空中运输速度快,损失少,果品保证质量好,但运价高。

(5)冷链运输

园艺产品采后的一系列处理(流通、贮藏、销售)中始终处于适宜的低温条件下,这种采后低温冷藏技术连贯的体系,被称为冷链系统。

任务 9.3　园艺产品流通

园艺产品采收后经处理、包装、运输等一系列活动,最后到达销售地,园艺产品只有销售出去,才能实现其商品价值。组织好园艺产品的销售工作,才能促进经济的发展,促进人们生活水平的提高和农民收入的增加。

9.3.1　园艺产品品质评价

品质是衡量产品质量好坏的尺度,园艺产品必须从食用品质和商品价值两方面加以综合评价。

1)食用品质

(1)新鲜度

新鲜度表示园艺产品的新鲜程度,新鲜程度好的产品比新鲜度差的产品商品价值要高,营养成分损伤少,质地口感好。

(2)成熟度

提供市场销售的园艺产品应具有适宜的成熟度,成熟度不够,果实的色、香、味受到影响,过熟果实则易腐烂、变质,不耐贮藏和运输。

(3)色泽

良好的色泽可反映园艺产品的品种特性,能给消费者留下美好的印象,在一定程度上能促进消费。

(4)芳香

每种园艺产品都应具有本身特有的芳香气味,芳香气味能给人以愉悦,有利于人们身心健康。

(5)风味

园艺产品要求有鲜美、酸甜、可口的味道。

(6)质地

质地的好坏直接影响园艺产品的口感及其耐贮运性能。

(7)营养

园艺产品含有丰富的对人体有特殊营养价值的维生素、矿物质、微量元素等成分,长期食用,能调节人体营养生理代谢,预防和治疗某些疾病。

2)商品价值

以下因素可体现园艺产品商品价值的高低:

(1)商品化处理水平

园艺产品采后的商品化处理水平高低是决定其商品价值的重要因素。商品化处理水平高,其耐贮运性能好,运输损耗少,产品精美的包装也能提高其商品价值。

(2)抗病性及耐贮运性能

抗病性强,耐贮运性能好的优质园艺产品其商品价值高。

(3)货架寿命

新鲜园艺产品不仅能在贮运过程而且在市场销售期中还能保持其良好的食用品质的期限,称为货架寿命。这是园艺产品价值高低的重要标志。

9.3.2　园艺产品市场销售的特点及对策

①要求园艺产品市场要做到周年供应、均衡上市、品种多样、价廉物美。园艺产品生产具有季节性、地域性,只有做好园艺产品的贮藏运输工作,才能保证其均衡上市、周年供应,这样有利于保持物价稳定,维护社会经济稳定。

②新鲜园艺产品是易腐性园艺产品,市场流通应及时、畅通,做到货畅其流,周转迅捷,才能保持其良好新鲜的商品品质,减少腐烂损耗。为此,需要产、供、销协调配合,尽量实行产销直接挂钩,减少流通环节,提高运输中转效率。大中城市和工矿逐步建立批发市场,加强生产者、零售网点与消费者之间的联系,使新鲜园艺产品及时销售到千家万户。

③园艺产品商品性强,发展园艺产品生产的目的在于以优质、充足的商品提供销售,满足人民消费的需要。

④园艺产品必须适应市场需要,才能扩大销售。经验告诉我们,只有那些适应市场的产品才能经久不衰。为了了解产品的市场占有情况,必须加强市场信息调查,预测行情变化趋势,根据调查预测结果有效组织销售。

复习思考题

1. 园艺产品采收期是如何确定的(以果品为例)?
2. 简述园艺植物采收方法及注意事项。
3. 园艺产品的采后处理包括哪些内容?

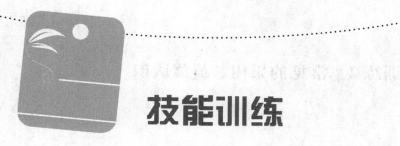

技能训练

> ## 技能训练 1　常见的花卉识别

1）目的及要求

学习从植物形态特征方面识别当地常见花卉的一般特征,并能准确识别50种常见的花卉。

2）材料及用具

①材料。各种盆花、切花,常见的园林树木、灌木及地被植物。

②工具。放大镜、镊子、记录本。

3）方法步骤

在教师的指导下对花卉基地、温室、植物园、校园内的花卉进行识别。要求学生认识各种花卉的形态特征,做好记录。进一步了解各种花卉的生长习性、繁殖方法、观赏用途。

4）考核标准

能准确识别出各种花卉(任意选25种常见花卉,说出其名称)。

5）课后作业

中文名	学名	形态特征	生态习性	观赏部位	园林应用

参考植物材料:一串红、美女樱、鸡冠花、金盏菊、梅花、碧桃、三色堇、矮牵牛、虞美人、雪松、四季海棠、郁金香、天竺葵、美人蕉、玉兰、仙客来、一品红、红掌、西洋杜鹃、大花惠兰、垂柳、鹤望兰、广东万年青、巴西铁、马拉巴栗、龟背竹、变叶木、香樟、绿萝、万寿菊、吊兰、紫薇、樱花、鸢尾、彩叶草、丽格海棠、米兰、紫叶李、贴梗海棠。

技能训练2　常见的果树、蔬菜认识

1）目的及要求

学习从植物形态特征方面识别当地常见果树、蔬菜的一般特征，并能准确识别50种常见的果树及蔬菜。

2）材料及用具

①材料。各种果树、蔬菜。

②工具。放大镜、镊子、记录本。

3）方法步骤

在教师的指导下，对蔬菜生产基地、果园的果树、蔬菜进行识别。要求学生认识各种果树、蔬菜的形态特征，做好记录。进一步了解各种果树、蔬菜的生长习性、繁殖方法、其他分类法。

4）考核标准

能准确识别出各种果树、蔬菜(任意选25种常见花卉、果树，说出其名称)。

5）课后作业

（1）蔬菜的识别

中文名	形态特征	生态习性	植物学分类	食用器官分类	农业生物学分类

（2）果树识别

中文名	形态特征	生态习性	植物学分类	果树栽培学分类

参考植物材料:苹果、梨、樱桃、草莓、荔枝、龙眼、核桃、菠萝、柑橘、葡萄、蓝莓、桃、李、

杏、梅、芒果、柿子、猕猴桃、板栗、香椿、魔芋、芋头、山药、荸荠、花椰菜、芹菜、茴香、银耳、洋葱、番茄、菜豆、姜、菱角、荠菜、黄花菜。

技能训练3　园艺植物生长、开花、结果习性观察

1)目的及要求

选择有代表性的园艺植物,通过亲自栽种及田间观察,了解园艺植物植株生长发育规律和开花结果习性,掌握园艺植物植株生长测定方法和记载开花结果习性的方法,为园艺植物科学栽培提供理论依据,并为学习果树修剪和1~2年生园艺植物的植株调整打下基础。

2)材料及用具

①材料。茄果类、瓜类、豆类等蔬菜种子、幼苗及不同生产期的正常植株;苹果(或梨)、桃(或李、杏、樱桃)、葡萄、柑橘、板栗、核桃的成年植株。

②工具。铁铲、锄头、皮尺、游标卡尺、天平、放大镜、镊子、铅笔等。

3)方法步骤

（1）实验材料的栽培与准备

①茄果类、瓜类、豆类等蔬菜的种植:

a. 苗床准备。充分晒地、耙地、打碎,结合整地施足基肥。基肥常用有机肥、微生物菌肥,或有机无机复合肥、磷肥等。基肥可整地时撒施,后再做畦或先起畦后于中间开沟施入,然后覆土备用。一般每667 m^2 可施入农家肥3 000~5 000 kg,磷肥40~50 kg。

b. 合理定植。根据品种、栽培季节、种植方式、肥水条件等合理密植。参考定植密度为:瓜类株行距30 cm×50 cm,茄果类为40 cm×50 cm,豆类为20 cm×50 cm。

c. 肥水管理。在施足基肥的基础上,根据果菜类生长发育及需肥特点,适时适量肥水管理。生长前期应避免肥水过足而导致徒长,生长后期注意肥水不足而导致落花落果。追肥量应根据品种特性、土壤特点及肥料养分含量等而定。一般每667 m^2 茄果类蔬菜参考肥量为尿素50~80 kg,氯化钾或硫酸钾70~80 kg;或三元复合肥70~100 kg加钾肥30 kg。瓜类蔬菜每667 m^2 用三元复合肥50~80 kg。豆类蔬菜每667 m^2 用三元复合肥50~60 kg。

d. 其他管理。整枝、打叉、摘心等植株调整按常规管理进行。

②苹果、桃等果树的准备。果树种类、品种繁多,应根据具体情况,选择一两个种类的主要类型,在开花期和结果期进行观察。

（2）生长习性观察

①观察记载茄果类、瓜类、豆类等蔬菜植株的开展度、分枝情况;观察记载果树的树形、干性强弱、分枝角度、层性明显程度,找出树体结构特点,结果列表记录。

②测定记载茄果类、瓜类、豆类等蔬菜在不同生长期植株高度、茎粗度、叶片数量、果实数量等,结果列表记录。

③分别在不同生育期秤取植株的鲜重和干重,绘制生长曲线图。

（3）开花结果习性观察

①花器结构观察。仔细观察不同植物的花器结构，按从外到内的次序进行，并将有关项目做记录，结果列入表1中。

表1　不同植物花器结构

科名	完全花/不完全花	花萼的数目、离合	花冠的形态	雄蕊的数目	雌蕊的数目
1					
2					
3					

②开花结果动态观察。定期观察植物的开花结果期，并将有关项目做记录，结果列入表2中。

表2　开花结果动态调查表

植物名称	初花期	盛花期	落花期	坐果期	生理落果期	果实着色期	果实成熟期

③开花结果状况观察。选择不同果树，观察花芽位置、结果枝类型、坐果特点等，并将有关项目做记录，结果列入表3中。

表3　开花结果状况调查

果树名称	花芽着生位置	花朵数/花序	结果枝类型	坐果数/坐果率

4）考核标准

能准确说出不同植株生长、开花、结果规律。

5）课后作业

①根据以上的观察步骤，列表记录实验观察结果。

②根据实验结果分析不同植株生长、开花、结果规律。

技能训练4　常见园艺设施的认识及设施环境调控

1）目的及要求

了解日光温室、现代化温室和大棚的分类、结构与性能；掌握日光温室、现代化温室和塑料大棚的基本构造和在生产中的应用技术；掌握日光温室、现代化温室和塑料大棚内各类环境因子的特点以及设施内各种环境因子的调控措施。

2）材料及用具

现代化温室、日光温室、塑料大棚、人工气象站或者照度计、温度计、湿度计、钢卷尺、直尺、卡尺、铅笔、记录本。

3）方法步骤

教师现场讲解，指导学生学习，学生进行记录。

①由教师现场讲解现代化温室、日光温室和塑料大棚的基本类型及结构；日光温室的温、光、水、肥、气的设备和使用方法；现代化温室的温、光、水、肥、气的设备和使用方法。

②教师演示温室内各种环境调控设备，包括通风窗口的使用、利用卷帘机覆盖和掀起保温被、遮阴网、灌溉系统、喷雾系统、排风扇、水帘、保温幕、双层膜之间充气等使用方法和效果。

③利用照度计、温度表和湿度表测定并记录现代化温室、日光温室、塑料大棚内不同位置的光照强度、温度和湿度。

④学生观察并记录现代化温室、日光温室和塑料大棚内栽培的花卉种类、布局及摆放位置。记录温室内栽培床的长度、宽度、床间距等。

4）考核标准

能准确掌握温室的温、光、水、肥、气的设备和使用方法。

5）课后作业

①比较现代化温室、日光温室和塑料大棚在构造上的差别。
②比较现代化温室、日光温室和塑料大棚内各种环境因子的差异及各自的调控方法。
③总结现代化温室、日光温室和塑料大棚各适合的栽培种类。

技能训练5　种植园的调查及规划

1）目的及要求

使学生掌握园艺植物种植园的规划设计的方法；能结合本地实际情况进行种植园的设计；熟悉种植园规划设计的步骤和方法。

2）材料及用具

①材料。选好附近要建园的场地作为实习对象。
②用具。做好测量和绘图等用具的准备工作，如水准仪、平板仪或经纬仪、标杆、塔尺、木桩、比例尺、三角板、方格坐标纸、铅笔、橡皮、绘图纸、记载纸等。

3）方法步骤

（1）种植园的踏查

在建园以前，首先要对园地进行全面踏查；并了解园地边界，地形概貌，找出园地的特点，并对附近种植园进行访问和调查。只有在这项工作调查的基础上，才能设计好新建的种植园。调查的内容有：

①对自然环境条件的调查和了解：

a. 土壤条件,挖土壤剖面,观察表土和心土的土壤类型和土层厚度,土壤酸碱度,地下水位。

b. 了解全年最高、最低温度,无霜期,年降雨量和雨量分布情况,不同季节的风向和风力。

c. 观察园地的坡向和地貌,调查园地植被。

d. 了解水源的位置和水质,原有建筑物的位置,四周的村庄,交通条件等。

②对附近果园进行观察了解：

a. 各种果树树种和品种的生态反应,主要病虫为害情况,作为选择树种和品种的参考。

b. 其他自然灾害：日烧、雹害、冻害、霜害、涝害等。

c. 观察了解防风树树种的生长情况,作为果园选择林木树种的参考。

③对建园后当地人力、物力条件的了解。

(2)园地测量

用测量仪器测出园地的地形图,其中包括建筑物、水井等位置,并将野外测量的地形图,回到室内绘出一定比例的地形图。

(3)绘种植园规划图

在地形图上按一定比例绘出规划图,其中包括：

①小区。绘出每个小区的位置,并注明每个小区的树种和品种。

②道路。绘出主路、支路的位置和区内小路的位置。

③排灌系统。绘出主渠和支渠的位置,绘出主渠和支渠的剖面图,将此图附在果园规划图上。

④防护林的设置。绘出主林带和副林带的位置,绘出栽植方式图,将此图附在种植园规划图上。

种植园规划图绘制好后,在图的一角注明：

a. 小区的区号,每小区的面积,树种、品种、株行距。

b. 用图例表示道路、灌水系统、防护林、建筑物、水井的位置。

(4)写出种植园规划设计书

主要是对规划进行说明,对施工的文字说明。其中,包括：

①小区。每个小区的面积,树种和品种,授粉树的配置,栽植距离。栽植方式,每小区的栽植株数。全园栽植果树的总面积,总株数。每个树种的总面积,总株数、早中晚熟树种和品种所占的比例。

②道路。说明主路、支路、小路的宽度,路边的行道树种,栽植距离,路边排水沟的宽度和深度。计算出道路占全园总面积百分数。

③灌水排水系统。说明主渠、支渠的宽度和高度,排水沟的宽度和深度。计算排灌系统占全园总面积的百分数。

④防护林。说明主林带和副林带行数,树种(乔木和灌木),栽植方式,距第1行果树的距离。计算防护林占全园总面积的百分数。

⑤建筑物。说明建筑物名称、面积、要求,计算其占全园总面积的百分数。

4）考核标准

善于合作、勤于思考；调查内容翔实，种植园设计要素齐全；规划设计因地制宜，科学合理；设计图纸比例恰当，图面清晰；设计说明书方案具有现实性和可操作性；能按要求完成任务。

5）课后作业

绘出一份种植园规划图，并写出种植园设计书。

技能训练6　蔬菜的播种

1）目的及要求

通过技能训练，使学生能在播种前对种子进行处理；针对不同蔬菜种类，能选择适宜的播种时期，能熟练掌握蔬菜播种技术。

2）材料及用具

①材料。番茄、黄瓜、冬瓜、西瓜、萝卜、甘蓝、白菜、莴苣等蔬菜种子。

②用具。量杯、玻璃棒、纱布、培养皿、恒温箱、温度计、镊子、烧杯、酒精灯及灯架、瓷盘、小刀、刀片、纱布、标签纸、毛巾、红墨水或TTC(2,3,5-氯化三苯基四氮唑)等。

3）方法步骤

（1）种子的播前处理

①温汤浸种。将一定数量的黄瓜种子(约100粒)置于烧杯中，注入55 ℃温水，水量为种量的5~6倍，用玻璃棒不停搅拌，并随时加温水，维持55 ℃水温10 min；然后加凉水，使水温降至25~30 ℃，浸泡4~5 h，而后捞出，稍晾；将种子平铺在有潮湿滤纸的培养皿中（皿盖要留一定的间隙），置25~30 ℃恒温箱中催芽。

②热水烫种。取冬瓜种子100粒，置于茶缸内加85 ℃水，立即用另一个茶缸来回倒换，动作要迅速，当水温降至55 ℃时，改用搅棒搅动，以后步骤同前面温水浸种。

浸种后的种子若不行催芽，于浸完洗净后使水分稍蒸发至互不黏结时即可播种，或加入一些细沙、草木灰以助分散。另外，经过浸种的种子必须播在湿度适宜的土壤中，若播在干燥土壤中反而不如不浸种。

（2）播种

在实训基地按小组进行，将浸种后的不同蔬菜种子播种在实训基地大田中。

①每组每个学生要学会使用两种以上播种方法进行播种，提出播种前的准备及注意事项。

②小组制订方案。教师引导学生制订合理的行动方案。各小组自主确定行动方案、组内同学分工。增强学生合作意识，使任务实施井然有序。

③方案实施。每组需完成整地、浇底水（墒情适宜可不浇水）、播种、覆土各项工作任务。

4）考核标准

操作规范，质量标准，能独立完成，发芽率达90%以上。

5）课后作业

①填写表1。

表1　黄瓜浸种及催芽情况记载表

供试种子数	浸种		浸种后出水的处理	催芽		发芽率	发芽势
	水温	时间		温度	时间		

②比较撒播、条播和点播的特点。

③根据各组所播种的种子出苗和生长情况，总结经验教训，并提出改进意见。

技能训练7　果树的嫁接

1）目的及要求

学习果树芽接和枝接的方法，通过田间实践，熟练掌握果树芽接和枝接操作技能，掌握嫁接成活的关键，提高芽接和枝接的成活率。

2）材料及用具

①材料。供嫁接用的接穗、砧木、绑缚用的塑料带、套袋用的塑料袋。

②用具。修枝剪、芽接刀、切接刀、劈接刀、手锯、磨石、水桶等。

3）方法步骤

教师现场示范操作各种嫁接方法，并说明嫁接成活的关键，学生练习并操作。

①实习前按照小组或个人划分嫁接地段。

②课堂实习前准备好接穗枝条和砧木枝条若干。

③实习前给每个小组准备一套嫁接方法的实物标本，以便学生的学习。

④室内训练利用修剪下来的非正式嫁接材料，由教师示范果树的各种芽接和枝接方法，并说明嫁接成活的关键。

⑤学生认真观察各种芽接和枝接方法，在老师指导下分组练习和个人练习嫁接，根据教师所提示的重点，进行果树芽接和枝接练习（以T形芽接为例）。

⑥砧木接穗的准备。芽接实习前一周，应检查砧木苗是否离皮。若不离皮，应在嫁接前一周浇水。接穗应选择生长充实芽饱满的当年生新梢或1年生枝作接穗，夏秋季芽接，接穗应随采随接，采集后应立即剪去叶片，保留叶柄，注明品种，用湿毛巾包好，接穗下端插

入水中,随接随取。

⑦嫁接操作。具体见教材嫁接部分。

⑧学生练习,有老师检测嫁接质量,经考核合格后,方可进入苗圃进行实地嫁接。

⑨嫁接结束前,要在嫁接地段表明嫁接品种名称。

⑩利用课余时间对嫁接苗进行嫁接后的管理,并检查成活率。芽接 10 ~ 15 d 后统计嫁接株数及成活率,枝接 25 ~ 30 d 后统计嫁接株数及成活率。

4)考核标准

操作认真、勤于思考;操作过程正确、规范、熟练 操作规范;按考核要求时间内完成嫁接数量(30 min 内准确完成枝接 10 份及芽接 20 份为满分);爱护公物,能独立完成,成活率达 90% 以上。

5)课后作业

①试述各种嫁接的方法特点与成活关键;每人交嫁接方法的实物一份。

②总结分析芽接成败的原因。

③统计枝接株数及成活率,并总结提高枝接成活率的技术要点。

技能训练8　园艺植物的扦插技术

1)目的及要求

掌握插穗选择、剪制、扦插及插后管理的技术,了解插穗的抽芽和生长发育规律。

2)材料及用具

①材料。插穗,选择本地区常见的园艺植物 2 ~ 3 种,插穗各若干。

②用具。修枝剪、钢卷尺、盛条器、测绳、喷壶、铁锹等。

3)方法步骤

(1)硬枝扦插

①选条。落叶植物在秋季落叶后至春季萌发前均可采条;常绿植物在芽苞开放前采条为宜。选择生长健壮、无病虫害的母株上近根颈处 1 ~ 2 年生枝条做插穗。

②制穗。用修枝剪剪取插穗。枝剪的刃口要锋利,特别要注意上、下剪口的位置,形状、剪口要光滑,以利于愈合生根。插穗的长度与粗度要适宜。

③促进生根处理。用浓度为 1 000 ~ 1 500 mg/L 的生根粉或萘乙酸快速蘸枝条基部,也可用较低浓度的生根剂,用温水浸泡催根。

④扦插。在事先准备好的插床上扦插。用直插法或斜插法均可。落叶植物将插穗全部插入,上剪口与地面相平或略高于地面。常绿植物将插穗长度的 1/3 ~ 1/2 插入基质中。

⑤管理。插后要立即浇透水,秋季扦插需搭建小拱棚。

(2)嫩枝扦插

①选条。选择生长健壮,无病虫害的半木质化当年生枝条做插穗。

②制穗。用修枝剪修剪插穗。每穗带 2～3 片叶或带半叶。采、制穗要在阴凉处进行,以减少水分的散失。

③促进生根处理。一般用快速蘸法处理。激素种类与浓度与硬枝扦插相近。

④扦插。插穗深度为扦插长度 1/3～1/2,密度以扦插后叶片相不覆盖为宜。

⑤管理。遮阴、保湿。最好采用自动间歇喷雾装置来保持空气相对湿度,防止高温危害插穗。成活后马上移植。

4)考核标准

操作规范,质量标准,能独立完成,易生根种类成活率达90%以上。

5)课后作业

①将扦插实习过程记录,整理成实习报告。

②调查扦插成活率及生长情况,填写表1、表2。

表1 扦插育苗生长观察记录表

植物种类:_____ 插穗类型(含处理):_____

扦插日期:_____ 成活率%:_____

观察日期	生产日期	苗高	地径	苗木生长情况

班组:_____ 填表人:_____

表2 扦插成活调查表

种类及品种	扦插数量/个	成活数量/个	成活率/%

班组:_____ 填表人:_____

技能训练9 种子的消毒与催芽

1)目的及要求

掌握种子的消毒、催芽处理方法,为露地播种做好准备。

2）材料及用具

①材料。大、中、小粒种子各 1~2 种；马铃薯。甲醛、高锰酸钾、赤霉素、硫脲、百菌清、敌克松、湿沙等。

②用具。量杯、玻璃棒、纱布、培养皿、恒温箱、温度计、镊子、烧杯、瓷盘、刀片、纱布、标签纸、毛巾等。

3）方法步骤

（1）种子消毒

①福尔马林。在播种前 1~2 d，将种子放入 0.15% 的福尔马林溶液中，浸 15~30 min，取出后密闭 2 h，用清水冲洗后阴干再播种。

②硫酸铜。用 0.3%~1% 的溶液浸种 4~6 h，阴干后播种。

③退菌特。将 80% 的退菌特稀释 800 倍，浸种 15 min。

④敌克松。用种子质量 0.2%~0.5% 的药粉再加上药量 10~15 倍的细土配成药土，然后用药土拌种。

（2）催芽

①水浸催芽。浸种水温 40 ℃，浸种时间 24 h 左右。将 5~10 倍于种子体积的温水或热水倒在盛种容器中，不断搅拌，使种子均匀受热，自然冷却。然后捞出水浸后的种子，放在无釉泥盆中，用湿润的纱布覆盖，放置温暖处继续催芽，注意每天淋水或淘洗 2~3 次；或将浸种后的种子与 3 倍于种子的湿沙混合，覆盖保湿，置温暖处催芽。应注意温度（25 ℃）、湿度和通气状况。当 1/3 种子"咧嘴露白"时，即可播种。

②机械破皮催芽。在砂纸上磨种子，用铁锤砸种子，适用于少量的大粒种子的简单方法。

③混沙催芽。将种子用温水浸泡一昼夜使其吸水膨胀后将种子取出，以 1:3~5 倍的湿沙混匀，置于背风、向阳、温暖（一般 15~25 ℃）地方，上盖塑料薄膜和湿布催芽，待有 30% 种子咧嘴时播种。

④每组取马铃薯切块 30 块，各处理 10 块，其中 1 份用 1×10^{-6} 赤霉素浸泡 10 min；1 份 1% 硫脲浸 4 h；另一份作对照。处理完后，放入铺有湿沙的瓷盘中，贴上标签，温度保持在 15~18 ℃，保温催芽。在半月内观察记载其结果。

（3）要求

①以组为单位，根据种实及播种面积的大小确定播种量。

②根据种实的性质，以组为单位，确定催芽的方法。

4）考核标准

操作规范，能独立完成种子的消毒、催芽处理方法。

5）课后作业

①根据播种种子的类别，选择种子消毒、催芽的方法，并说明理由。

②比较不同种子处理对种子发芽势与发芽率的影响。

③不同药剂处理马铃薯催芽记录结果，并填写表 1。

表1 药剂处理马铃薯的催芽效果记载表

项 目	处 理	赤霉素	硫 脲	对 照
应发芽数				
实发芽数				
发芽率				
芽均长/cm				
烂薯数				

④除上述几种播前处理方法外,你认为还有哪些措施对蔬菜种子进行处理可达到提高出苗率,减轻种传病害的发生,查阅有关资料加以说明。

技能训练10　苗木的移植

1)目的及要求

使学生掌握挖掘苗木栽植穴和各类苗木起苗的操作要求,苗木栽植的操作步骤和技术要领,从而提高苗木移植的成活率。

2)材料及用具

①材料。适宜苗木。

②用具。塑料筐、铁锹、锄头、修枝剪、草绳、水桶、水瓢等。

3)方法步骤

按3~5人1组,划分出一定的苗木移植任务,教师先讲解实训内容、要求,再进行操作示范,然后按组在教师指导下完成苗木移植任务。

(1)移植苗床的准备

按照苗木移植的要求,在平整好的土地上区划好苗床,在此基础上按照移植苗木的株行距定点放样。不同树种,不同苗龄的苗木,其移植的株行距不同。株距:一般针叶树小苗5~20~50 cm;阔叶树苗木50~80~100 cm 行距:一般为25~60 cm。

(2)苗木的准备

苗木移植最好是随时起苗,随时栽植,做好苗木的保护工作。移植前要进行苗木分级,根据苗木大小分区,分床移植,移植前要进行修根,一般针叶树根长15~20 cm,阔叶树根长25~30 cm,过长的主根和受到损伤的侧根应进行修剪。常绿苗木还要带适宜大小的土球移植,一般以苗木1.3 m 高处干茎的9~12 倍确定土球直径。

(3)移植技术

①裸根小苗起苗。先在顶行离根部10~20 cm 处向下垂直挖起苗沟,深度20~30 cm,1 年生苗略浅,2 年生苗略深,然后在20~25 cm 处向苗行斜切,切断主根,再从第1 行到第2 行之间垂直下切,向外推,取出苗木,在锹柄上敲击一下去掉泥土,放入苗筐内,以后按此

法继续操作。

②土球苗起苗。先根据苗木大小确定土球直径,将根部的表土挖至苗床空地内,深度5 cm左右(俗称起宝盖);再在土球外围挖30~40 cm的操作沟,深度为土球直径的2/3。

注意:

a. 以锹背对土球。

b. 遇粗根应用手锯或修枝剪剪段,而不能用锹硬劈,防止土球破碎。

c. 挖至土球深度1/2~2/3时,开始向内切根掏底,使土球呈苹果状,底部有主根暂不切断。

③裸根苗的修剪和土球苗的包装。裸根苗起苗装满苗筐后要适时抬至阴凉处,按不同高度和粗度进行分级,并用修枝剪剪去根系过长的部分和受机械损伤的根系。

为了保证土球苗不散球要进行包装,土球挖好后,首先扎腰绳,1人扎绳,1人扶住树干,2人传递草绳,腰绳道数根据运输距离远近确定,土球直径小于50 cm时3~5道,随直径增加道数也相应增加,缠绕时,应一道紧靠一道拉紧,并用砖块或木块敲击嵌入土球内。然后扎竖绳,顺时针缠绕,包装完毕后切断主根。

④裸根苗打浆包装和土球苗树冠修剪与拢冠。裸根苗就近移植可不打浆,及时运往栽植地点栽植,如运往外地出售需进行打浆和包装工作。在苗圃地旁,用水调好泥浆水要求不稀不浓,以根系不互相粘在一起为标准。将苗木根系放入泥浆水中,均匀地粘上泥浆保湿,根据苗木大小,大苗10株1捆,小苗可50株左右1捆。用塑料袋或稻草包装好。

土球苗切断主根后,苗木倒下,放倒时注意安全,放倒后根据树种特性进行修剪。可保持树型,适当疏枝和摘去部分叶片,然后进行拢冠,用绳将树冠拢起,捆扎好,便于装运。

⑤装运。将打包好的苗木装入运输工具,做到堆放整齐,下面一层和上面一层的根梢位置要错开,苗木土球互相靠紧,防止滚动震散土球。装后要再次拢冠,使树冠不要超过车厢板。

⑥栽植。挖好种植穴后,将苗木放在栽植穴中扶正,使根系比地面低3~5 cm,回土达根颈处,用手向上提一提苗,抖一抖,使细土深入土缝中与根系结合,提苗后踩实土壤再回第2次土,略高于地面踩实,第3次用松土覆盖地表。概括起苗即"三埋、二踩、一提苗"的技术要求。

土球苗要根据大小高度,先将表土堆在穴中成馒头状,使苗木放上去的土球略高于地面,如土球有包装材料,应用修枝剪解除。将苗木扶正,再进行回土栽植。当回土达土球深度1/2时,用土棍在土球外围夯实,注意不要敲到土球上,以后分层回土夯实,直至与地面相平,上部用心土覆盖,不用夯实,保持土壤的通气透水。

⑦栽后后第1次要浇足定根水,以后视天气情况而定。

4)考核标准

①操作规范、熟练程度及操作效果(70分)。苗床的准备是否合理(10分),苗木准备是否合理(10分),挖穴或沟规格是否合理(10分),起苗栽植(20分),移栽成活率(一周后检查移栽成活率,20分)。

②出勤率(10分)。

③课堂表现:勤于思考、敢于动手(10分)。

④团队贡献率。分工是否明确,完成的速度及团结互助(10分)。

严格防止苗木根系干燥(如风吹,日晒);严禁栽植时苗木窝根,根系不舒展或不踏实等;移植季节应在苗木休眠期或秋天,春季移植以早为好;移植后要及时浇水(特别是秋天)。

5)课后作业

①苗木移植可以在什么时期进行?

②总结苗木移植技术要点。

技能训练11 芽苗类蔬菜生产

1)目的及要求

掌握芽苗类蔬菜生产的种子处理方法,叠盘催芽技术,出盘后的环境调控技术,以及芽苗类蔬菜采收的标准和采收技术。

2)材料及用具

①种子。青豌豆、花豌豆、灰豌豆、褐豌豆、麻豌豆等粮用豌豆。

②用具。滤纸、蛭石、快餐盒、营养钵、剪刀、小喷壶、烧杯、塑料盆、光照培养箱。

3)方法步骤

(1)品种选择

要求种子纯度高,净度高,发芽率高,粒大。

(2)种子的清选与浸种

播种前要进行种子清选,剔除虫蛀、残破、畸形、发霉、瘪粒、特小粒和已发过芽的种子。而后用20~30℃的洁净清水将种子淘洗2~3遍,然后浸种,浸种时间为24 h。浸种后将种子再淘洗2~3遍,捞出种子,沥去多余水分即可播种。

(3)播种

播种前先将苗盘洗刷干净,并用石灰水或漂白粉水消毒,再用清水冲净,然后再盘底里铺一层纸张,即可播种。播种量(按干种子计算)为500 g,播种时要求撒种均匀,保证芽苗生长整齐。

(4)叠盘催芽

播种后将苗盘叠摞在一起,放在平整的地面进行叠盘催芽。注意苗盘叠摞和摆放时的高度不得超过100 cm,每摞之间要间隔2~3 cm,以免过分郁闭、通气不良而造成出苗不齐。每摞苗盘上面要覆盖湿麻袋片、黑色薄膜或双层遮阳网。催芽室内温度应保持为20~25℃,催芽期间每天应用小喷壶喷水一次,水量不要过大,以免发生烂芽,在喷水的同时应进行一次"倒盘",调换苗盘上下前后的位置。在正常条件下,4 d左右即可"出盘"(见表1),此时豌豆苗高约1 cm。

(5)出盘后的管理

①出盘标准。及时进行出盘。如果时间过长,常因湿度大或温度较高而导致烂种等病害发生。此外,还会引起徒长,使芽菜柔弱、细长,中后期容易倒伏;过早出盘,会增加出盘

后的管理难度,芽苗生长也难以达到整齐一致。

②光照管理。芽苗菜一般需要弱光栽培或软化栽培,即在整个生育期,进行遮光,在最后两天进行绿化过程。此次采用软化栽培方式,以快速达到采收标准。刚"出盘"的幼苗要在弱光区过渡 1 d,在芽苗上市前 2 ~ 3 d,苗盘应放置在光照较强的区域,以使芽苗更好地绿化。

③温度和通风管理。室内的温度,夜晚不应低于 16 ℃,白天不高于 25 ℃。每天至少通风换气 1 ~ 2 次。通风除了具有调节室内气温的作用外,更重要的是能保持生产车间有清新的空气,以减少种苗霉烂和避免室内的二氧化碳严重缺失。

④喷淋和空气湿度管理。必须进行频繁的补水,采取小水勤浇的措施才能满足其对水分的要求。冬天每天喷淋 3 次,夏季每天喷淋 4 次,喷水要均匀,先浇上层,然后依次浇下层,浇水量以喷淋后苗盘内基质湿润,苗盘底部不大量滴水为度。同时还要浇湿栽培地面,以保持室内空气相对湿度在 85% 左右。总的生长前期应少浇水,生长中后期适当加大浇水量。

(6)产品收获

一般播种后经 8 ~ 9 d 即可收获,收获时苗高约 15 cm,顶部小叶已展开,食用时切割梢部 7 ~ 9 cm,每盘可产 350 ~ 500 g。用封口塑料袋、泡沫塑料托盘、透明塑料盒包装,也可整盘活体销售。

4)考核标准

能独立完成豌豆苗的生产。

5)课后作业

①要详细记录芽苗菜整个生育期的生长过程及在生产中出现的问题。

②芽菜栽培后期为什么会出现"倒伏"现象?

③在芽菜培养过程中,为什么有的品种会出现异味?

表 1 芽苗菜整个生长期间管理表

芽菜种类	浸种时间/h	催芽温度/℃	催芽天数/d	出盘标准/cm	出盘后温度/℃	生长周期/d	采收标准/cm
萝卜芽	8 ~ 12	23 ~ 26	2 ~ 3	0.5 ~ 1.0	20 ~ 25	5 ~ 7	6 ~ 7
豌豆苗	24	18 ~ 22	2 ~ 3	1.0 ~ 2.0	18 ~ 22	8 ~ 10	10 ~ 15
苜蓿苗	24	18 ~ 22	2	0.5 ~ 1.0	18 ~ 23	8 ~ 10	3 ~ 5
蕹菜苗	36	20 ~ 23	2 ~ 3	0.5 ~ 1.0	20 ~ 25	10 ~ 12	10 ~ 12
黑豆苗	24 ~ 36	23 ~ 26	2 ~ 3	—	20 ~ 25	10 ~ 13	10 ~ 12
黄豆苗	24	20 ~ 22	2 ~ 3	—	20 ~ 22	10 ~ 12	10 ~ 12

技能训练 12 营养土的配制、盆花的上盆与换盆

1)目的及要求

使学生掌握营养土的配制方法;熟悉盆花养护中上盆及换盆要领及技术。

2) 材料及用具

① 材料。红土、河沙、腐殖土、珍珠岩、有机肥、碎瓦片等。

② 用具。花盆、园艺铲、修枝剪、铁锹、喷壶等。

3) 方法步骤

① 在上课前一周完成各种土料的消毒工作。

② 熟悉各种土料，根据需要进行粉碎、过筛后备用(见表1)。

③ 按照栽培植物对基质的要求，将各种土料按比例混合、配制。

④ 幼苗的上盆。选择大小适宜花盆，垫瓦片，填盆底土、底肥，填培养土，放入幼苗，调整高度，填好土，留出流出沿口。

⑤ 换盆。分开左手手指，按放于盆面植株的基部，将盆提起倒置，并用右手轻扣盆边和盆底，植株的根与基部所形成的球团即可取出。如植株很大，应由两个人配合进行操作，其中一人用双手将植株的根茎部握住，另一人用双手抱住花盆，在木凳上轻磕盆沿，将植株倒出。取出植株后，把植株根团周围以及底部的基质大约去除1/4，同时修剪衰老及受伤的根系，地上部分的枝叶进行适当的修剪或摘除。最后将植株重新栽植到盆内，填入新的栽培基质即可。

4) 考核标准

操作规范，质量标准，能独立完成，成活率达90%以上。

5) 课后作业

记录营养土配置、上盆、换盆的操作过程，比较上盆、换盆的不同之处，调查成活率。

表1　常见机质材料的特性以及制备

种类	特　性	制　备	注意事项
堆肥土	含较丰富的腐殖质和矿物质，pH4.6~7.4；原料易得，但制备时间长	用植物残落枝叶、青草、干枯植物或有机废物与园土分层堆积3年，每年翻动两次，再进行堆积，经充分发酵腐熟而成	制备时，堆积疏松，保持潮湿；使用前需过筛消毒
腐叶土	土质疏松，营养丰富，腐殖质含量高，pH4.6~5.2，为最广泛使用的培养土，适用于栽培多种花卉	用阔叶树的落叶、厩肥或人粪尿与园土层层堆积，经2~13次制成	堆积时应提供有利于发酵的条件，存贮时间不宜超过4年
草皮土	土质疏松，营养丰富，腐殖质含量较少，pH6.5~8，适于栽培玫瑰、石竹、菊花等花卉	草地或牧场上层5~8 cm表层土壤，经1年腐熟而成	取土深度可变化，但不宜过深
松针土	强酸性土壤，pH3.5~4.0；腐殖质含量高，适于栽培酸性土植物，如杜鹃花	用松、柏针叶树落叶或苔藓类植物堆积腐熟，经过1年，翻动2~3次	可用松林自然形成的落叶层腐熟或直接用腐殖质层

续表

种类	特 性	制 备	注意事项
沼泽土	黑色。丰富腐殖质,呈强酸性反应,pH3.5~4.0;草炭土一般为微酸性。用于栽培喜酸性土花卉及针叶树等	取沼泽土上层10 cm深土壤直接作栽培土壤,或用水草腐烂而成的草炭土代用	北方常用草炭土或沼泽土
泥炭土	有两种:褐泥炭,黄至褐色,富含腐殖质,pH6.0~6.5,具防腐作用,宜加河沙后作扦插床用土;黑泥炭,矿物质含量丰富,有机质含量较少,pH6.5~7.4	取自山林泥炭藓长期生长经炭化的土壤	北方不多得,常购买
河沙或沙土	养分含量很低,但通气透水性好,pH在7.0左右	取自河床或沙地	
腐木屑	有机质含量高,持肥、持水性好,可取自木材加工厂的废用料	由锯末或碎木屑熟化而成	熟化期长,常加入人粪尿熟化
蛭石、珍珠岩	无营养含量,保肥、保水性好,卫生洁净		防止过度老化的蛭石或珍珠岩
煤渣	含矿质,通透性好,卫生洁净		多用于排水层
园 土	一般为菜园、花园中的地表土,土质疏松,养分丰富	经冬季冻融后,再经粉碎、过筛而成	带病菌较多,用时要消毒
黄心土	黄色、砖红色或赤红色,一般呈微酸性,土质较黏,保水保肥力较强,腐殖质含量较低,营养贫乏,无病菌、虫卵、草籽	取自山地离地表70 cm以下的土层	用时常要拌入有机和沙、腐木屑、珍珠岩等
塘泥	含有机质较多,营养丰富,一般呈微酸性或中性,排水良好	取自池塘,干燥后粉碎、过筛	有些糖泥较黏,用时常拌沙、腐木屑、珍珠岩等
陶粒	颗粒状,大小均匀,具适宜的持水量和阳离子代换量,能有效地改善土壤的通气条件;无病菌、虫卵、草籽;无养分	由黏土煅烧而成	

技能训练 13　果树（观赏树木）的施肥

1）目的及要求

果树的施肥方法，直接影响肥效。因此，正确地确定施肥方法是很重要的。要求通过实际操作，进一步了解施肥方法与肥效的关系，并掌握土壤施肥和根外追肥的方法。

2）材料及用具

①材料。幼年果园或成年果园，因地制宜地选用下列肥料：土粪，厩肥，硫酸铵，尿素或腐熟的人尿，过磷酸钙或磷酸铵，草木灰或硫酸钾，硼砂，等等。

②用具。镐，锹，水桶，喷雾器，土钻。

3）方法步骤

果树的施肥方法应根据果树根系的分布、肥料种类、施肥时期和土壤性质等条件而定。

（1）土壤施肥方法

①环状施肥法。于树冠下比树冠大小略往外的地方，挖一宽 30～60 cm，深 30～60 cm 的环状沟。将肥料撒入沟内或肥料与土混合撒入沟内，然后覆土。此法适用于根系分布较小的幼树。基肥、追肥均可采用。

②放射状施肥法。于树冠下，距树于约 1 m 处，以树于为中心向外呈放射状挖 4～8 条沟。沟宽 30～60 cm，深 15～60 cm。距树干越远，沟要逐渐加宽加深。将肥料施入沟内或与土拌和施入沟内，然后覆土。此法适用于成年树施肥。

③条沟施肥法。以树冠大小为标准，于果树行间或林间开 1～2 条沟。沟宽 50～100 cm，深 30～60 cm。将肥料施入沟内，覆土。如果两行树冠接近时，可采用隔行开沟，次年更换的方法。此法可用拖拉机开沟，适用成年果树施基肥。

④全园撒施法。先将肥料均匀撒于果园中，然后将肥料翻入土中，深度约 20 cm。当成年果树根系已布满全园时，用此法较好。

⑤盘状施肥法。先在树盘内撒施肥料，然后结合刨树盘，将肥料翻入上中。幼树施追肥可用此法。

⑥注入施肥法。即将肥料注入土壤深处。可用土钻打眼，深度钻到根系分部最多的部位，然后将化肥稀释后，注入穴内。适用于密植园。

⑦穴施法。于冠下挖若干孔穴，穴深 20～50 cm。在穴内施入肥料。挖穴的多少可根据树冠大小及需要而定。此法适用于追施磷、钾肥料或干旱地区施肥。

⑧压绿肥。压绿肥的时期，一般在绿肥作物的花期为宜。压绿肥的方法，可在行间或株间开沟，将绿肥压在沟内。一层绿肥，一层土，压后灌水，以利绿肥分解。

以上 8 种施肥方法的深度，在操作时要注意，基肥可深、追肥要浅。根浅的地方宜浅，根深的地方宜深，要尽量少伤很。施肥后，必须及时灌水。

（2）根外追肥

将矿质肥料或易溶于水的肥料，配成一定浓度的溶液，喷布在叶面上，利用叶面吸收。一般矿质肥料、草木灰、腐熟的人尿、微量元素、生长素均可采用根外追肥。此法简单易行，用肥量少,发挥作用快,可随时满足果树的需要,还可与防治病虫的药剂混合使用,但要注意混合用后无药害和不减效。

①根外追肥的使用浓度。应根据肥料种类、气温、树种等条件而定,在使用前可做小型试验。一般使用浓度为:

尿素:0.3%~0.5%。

过磷酸钙:1%~3%浸出液。

硫酸钾或氯化钾:0.5%~1%。

草木灰:3%~10%浸出液。

腐熟人尿:10%~20%。

硼砂:0.1%~0.3%。

②根外追肥的时间。最好选择无风较湿润的天气进行,在一天内则以傍晚时进行较好。喷施肥料要着重喷叶背,喷布要均匀。

4)考核标准

(1)过程考核(75分)

①操作规范、熟练程度及操作效果(50分)。操作过程正确、规范(10分),熟练、准确性强(10分),能准确说出施肥的时期、肥料种类(10分),能准确标出施肥部位、确定施肥量(10分),表土底土回填正确(10分)。

②出勤率(5分)。

③课堂表现。勤于思考、敢于动手(10分)。

④团队贡献率。分工是否明确,完成的速度及团结互助(10分)。

(2)结果考核(25分)

①两周以后检查施肥效果。施肥效果明显(15分)。

②按时认真完成报告(10分)。

5)课后作业

①通过操作,体会几种施肥方法各有何优缺点。如何根据不同树龄、肥料种类、施肥时期采用不同施肥方法?

②为什么根外追肥要着重喷在叶背面?

技能训练14　园艺植物的整形修剪

1)目的及要求

使学生理解园艺植物整形修剪的意义及修剪方法、修剪所用工具、修剪方法对植物的修剪反应,使学生能根据整形要求对小叶女贞不同生长时期进行修剪。

2)材料及用具

①材料。小叶女贞绿篱、小叶女贞球、刺柏、大叶黄杨等。

②用具。修枝剪、绿篱剪。

3）方法及步骤

按每小组 3 ~ 5 人划分,教师先讲解实习内容和要求,再进行操作示范,然后学生按组在教师指导下完成实训内容。

补充知识:

①整形修剪的意义。培育树形,改善通风条件,树木矮化。

②整形修剪的时期和方法。

（1）修剪时期

①生长期修剪。大部分落叶树木的修剪在此时间内进行。

②休眠期修剪。常绿树种没有明显的休眠期,根和叶几乎周年活动,既适宜冬剪也适宜夏剪。

（2）整形修剪的方法

①抹芽。苗木移植定干后,往往萌发很多萌芽,为了节省养分,应及时将下部无用的芽抹掉,以保证上部芽的旺盛生长。

②摘心。在树木生长过程中,由于生长不平衡而影响到树冠形状时,对强枝旺枝可通过摘心控制其生长,抑制顶端优势,以调整树冠各主枝的长势,达到树冠匀称、丰满的要求。

③短截。短截后可刺激剪口以下芽的萌发,剪口芽的强弱不同,枝条萌发的长势也不同。

④疏枝。疏除枯枝、病虫枝、过密枝、徒长枝、竞争枝、衰弱枝、下垂枝、交叉枝、重叠枝及并生枝等。

⑤刻伤。在枝条或枝干的某处割伤树皮。刻伤切断了韧皮部的一部分输导组织,阻碍养分的向下运输,从而对苗木的生长起到调节作用。

⑥拉枝。采用拉引的办法,使枝条或大枝组改变原来的方向和位置。

（3）绿篱修剪

绿篱种植后剪去高度的 1/3 ~ 1/2,修去平侧枝,统一高度,利用侧枝萌发成枝条,形成紧枝密叶的矮墙,显示立体美。绿篱每年最好修剪 2 ~ 4 次,使新枝不断发生,更新和替换老枝。整形绿篱修剪时,顶面与侧面兼顾,不应只修顶面不修侧面,这样会造成顶部枝条旺长,侧枝斜出生长。从篱体横断而看,以矩形和基大上小的梯形较好,下面和侧面枝叶采光充足,通风良好,不能任枝条随意生长而破坏造型,应每年多次修剪。

（4）小叶女贞球修剪

对球形和方形的小叶女贞造型树进行修剪,要求保持原有树型,剪除当年生新梢的过长枝,使树体具有规则形状,整齐一致。

（5）注意事项

①枝剪一定要锋利,减轻对树体的伤害。

②先观察确定修剪高度和留枝高度,再进行细致修剪。

③边剪边观察,防止局部凹凸不平。

④要注重整体效果。

4）考核标准

①操作规范、熟练程度及操作效果(70 分)。操作过程正确、规范(10 分),修剪速度(20 分),修剪量合理(10 分),修剪整齐度、整体效果评价(以各组为单位,看整体修剪效果

是否整齐、一致,30 分)。

②出勤率(10 分)。

③课堂表现。勤于思考、敢于动手(10 分)。

④团队贡献率。分工是否明确,完成的速度及团结互助(10 分)。

5)课后作业

①园艺植物为什么要进行整形修剪?

②园艺植物整形修剪的技术要点有哪些?

技能训练 15　园艺产品的商品化处理

1)目的及要求

园艺产品采收后进行商品化处理,是改善其感官品质、提高其耐藏性和商品价值的重要途径。通过实训,使学生学会园艺产品采收后商品化处理的主要方法。

2)材料及用具

①材料。香石竹、苹果、柑橘、葡萄。

②用具。分级板、天平、包装纸、包装盒、包装箱、恒温干燥箱、清洗盆、小型喷雾器、刷子、1% 稀盐酸、洗洁精、吗啉脂肪酸盐果蜡、亚硫酸钠、硅胶粉剂、STS 溶液。

3)方法步骤

教师先进行讲解,指导学生操作。学生操作完成后总结,写出实训报告。

(1)脉冲处理

将香石竹的茎端插入 20 ℃ 的 STS 溶液中,处理 20 min,取出备用。

(2)分级

将苹果、柑橘进行严格挑选,将病虫害、腐烂果剔除,然后根据颜色和大小分级,苹果分级从直径 65 ~ 90 mm,每相差 5 mm 为一个等级;柑橘分级从直径 50 ~ 85 mm,每相差 5 mm 为一个等级。葡萄将其果穗中的烂、小、绿粒摘除,根据果穗紧实度、成熟度,有无病虫害和机械伤,能否表现出本品种固有的颜色和风味等,将其分为 3 级。

(3)清洗

用 1% 的稀盐酸和洗洁精分别对苹果和柑橘进行清洗,最后用清水将其冲洗干净,放入恒温干燥箱烘干(温度 40 ~ 50 ℃)。

(4)涂膜上蜡

采用吗啉脂肪酸盐果蜡进行涂膜处理,可将涂膜剂装入喷雾器喷涂果面,或用刷子刷涂果面,也可直接将果实浸入涂膜剂液中浸染 30 s,然后晾干。

(5)包装

涂膜处理后的苹果和柑橘分别进行单果包纸,再装箱;经过挑选分级的葡萄,装入有垫物的纸箱中,同时按果重的 0.2% 称取亚硫酸钠,0.6% 称取硅胶粉剂,然后混合,分成若干个纸包,放入葡萄箱的不同部位,放入冷库贮藏;将脉冲处理好的香石竹按照 12 支一束包

装整齐。

4）考核标准

能正确完成鲜切花的脉冲处理及包装；正确完成水果的分级、清洗、涂膜和包装等商品化处理程序。

5）课后作业

园艺产品采后的商品化处理有哪些重要作用？

参考文献

［1］北京林业大学园林花卉教研组. 花卉学［M］. 北京：中国林业出版社,1998.

［2］程智慧. 园艺学概述［M］. 北京：中国农业出版社,2006.

［3］包满珠. 花卉学［M］. 北京：中国农业出版社,2009.

［4］周兴元. 园林植物栽培［M］. 北京：高等教育出版社,2010.

［5］郭学望,包满珠. 园林树木栽植养护学［M］. 北京：中国林业出版社,2009.

［6］温国胜,杨京平,陈秋夏. 园林生态学［M］. 北京：化学工业出版社,2007.

［7］韩振海,陈昆松. 实验园艺学［M］. 北京：高等教育出版社,2006.

［8］范双喜,张玉星. 园艺植物栽培学实验指导［M］. 北京：中国农业大学出版社,2011.

［9］杨洪强. 绿色无公害果品全编［M］. 北京：中国农业出版社,2003.

［10］胡繁荣. 园艺植物生产技术［M］. 上海：上海交通大学出版社,2007.

［11］蒋锦标. 果树生产技术［M］. 北京：中国农业大学出版社,2011.

［12］李疆,高疆生. 干旱区果树栽培技术［M］. 乌鲁木齐：新疆科技卫生出版社,2003.

［13］王庆菊,孙新政. 园林苗木繁育技术［M］. 北京：中国农业大学出版社,2007.

［14］朱立新,李光晨. 园艺通论［M］. 北京：中国农业大学出版社,2009.

［15］陈杏禹. 蔬菜栽培［M］. 北京：高等教育出版社,2010.

［16］张振贤. 蔬菜栽培学［M］. 北京：中国农业大学出版社,2006.

［17］魏岩. 园林植物栽培与养护［M］. 北京：中国科学技术出版社,2003.

［18］石爱平. 花卉生产与应用技术［M］. 北京：气象出版社,2010.

［19］杨艳芳. 果树蔬菜生产技术［M］. 武汉：华中师范大学出版社,2011.

［20］周科强. 蔬菜栽培［M］. 北京：中国农业出版社,2007.

［21］刘金海. 观赏植物栽培［M］. 北京：高等教育出版社,2005.

［22］郑出淑. 切花生产理论与技术［M］. 北京：中国林业出版社,2008.

［23］李瑞云,张华. 我国园艺业发展现状、趋势及对策［J］. 中国农业资源与区划,2010(4).